BIBLIOTHÈQUE SCIENTIFIQUE CONTEMPORAINE

LA

GÉOGRAPHIE

ZOOLOGIQUE

LA
GÉOGRAPHIE
ZOOLOGIQUE

PAR

Le Dʳ E.-L. TROUESSART

Avec 63 figures intercalées dans le texte
et deux cartes

PARIS
LIBRAIRIE J.-B. BAILLIÈRE et FILS
RUE HAUTEFEUILLE, 19, PRÈS DU BOULEVARD SAINT-GERMAIN

1890
Tous droits réservés

PRÉFACE

L'étude de la distribution géographique des animaux constitue, à l'époque actuelle, une science dont l'utilité est universellement reconnue par tous les zoologistes. Il n'existe cependant aucun livre, écrit en langue française, où soient exposés les principes et les éléments de cette science. On a essayé ici de combler cette lacune.

J'ai respecté, au moins dans leurs grandes lignes, les divisions établies par Wallace et qui sont devenues classiques. Mais, les progrès accomplis dans la science depuis quinze ans nécessitaient une revision complète du sujet, et les dimensions de ce volume m'imposaient un plan différent. — C'est l'étude des Monographies de Classes, d'Ordres et des Faunes locales les plus récentes qui a servi de base à la rédaction de ce livre, résumé de matériaux considérables amassés depuis plus de dix ans.

Cette longue étude m'ayant convaincu qu'il était impossible de faire cadrer avec les divisions de Wallace la distribution géographique des types inférieurs du règne animal, j'ai dû consacrer à chaque classe autant de chapitres différents dont j'ai puisé les éléments dans les Mémoires écrits par des spécialistes, mais généralement peu consultés. Cette partie du sujet est d'ordinaire très négligée dans les traités de même nature, et les naturalistes qui s'occupent des Invertébrés me sauront gré, je l'espère, d'avoir donné à cette étude toute l'étendue qu'elle mérite.

La première partie de ce livre (chap. I à V) est consacrée à la description des grandes régions zoologiques continentales qui ont pour base la distribution géographique des vertébrés supérieurs. L'admission des deux Régions *Arctique et Antarctique,* la délimitation différente des Sous-Régions Sibérienne, Mantchourienne et Méditerranéenne, sont les principaux changements que j'ai cru devoir apporter à la classification de Wallace.

Le chapitre VI étudie les moyens de dispersion des animaux, qui doivent servir de base à une bonne classification zoogéographique et les *Caractères fauniques* des différentes Régions, en se plaçant au point de vue philosophique dont l'importance est trop souvent méconnue en Géographie Zoologique. — L'indication des *Méthodes graphiques* en usage dans cette science termine ce chapitre. Les cartes, tableaux et diagrammes, que nous avons multipliés autant que notre format le permettait, servent à illustrer ces procédés d'étude qui doivent être familiers à tous les naturalistes.

Dans la deuxième partie (chap. VII à XI), j'étudie successivement et méthodiquement la distribution géographique des Animaux terrestres, des Animaux d'eau douce, des Animaux ailés ou aériens, des Animaux marins, puis la Faune des grandes profondeurs et celle des hauts sommets, les Faunes côtières, lacustres, souterraines, etc., en donnant à chaque classe, à chaque ordre, l'importance qu'ils méritent.

Le chapitre XII, enfin, est consacré à la recherche des relations qui existent entre la Paléontologie et la Géographie zoologique. L'ordre d'apparition des différentes classes, le lieu d'origine des principaux types du Règne animal, les migrations que ces types ont accomplies d'une époque géologique à l'autre, sont étudiées en faisant ressortir les données que cette étude permet d'appliquer à leur distribution géographique actuelle.

Parmi les groupes zoologiques dont l'étude au point de vue géographique me semblait indispensable, il en est plusieurs qui n'avaient encore été l'objet d'aucun travail d'ensemble. Grâce au concours dévoué de spécialistes bien connus, j'ai pu combler cette lacune. MM. E. Simon, pour les Arachnides, le baron de Sélys Longchamps et R. Martin, pour les Odonates, Künckel d'Herculais, pour divers groupes d'insectes, I. Bolivar (de Madrid), pour les Orthoptères, m'ont donné les renseignements les plus précieux. M. Schmarda (de Vienne) m'a envoyé la collection complète des Comptes rendus zoogéographiques qu'il publie, depuis plus de 25 ans, dans l'Annuaire Géographique de E. Behm, comme complément de son grand ouvrage sur la Distribution géographique des animaux, paru en 1853. — Je prie ces naturalistes d'accepter ici l'expression de toute ma gratitude.

Paris, 31 mars 1890.

Dr E.-L. TROUESSART.

TABLE PAR ORDRE DES MATIÈRES

ERRATA

LA
GÉOGRAPHIE ZOOLOGIQUE

CHAPITRE Ier

Introduction. — Grandes régions zoologiques du Globe : leurs limites et leurs rapports avec les Continents actuels. — Régions et sous-régions : base de ces régions zoogéographiques.

Le voyageur européen qui, pour la première fois, prend passage sur un paquebot transatlantique et débarque, quelques jours après, sur les côtes de l'Amérique inter-tropicale, ne peut s'empêcher d'être surpris et charmé du merveilleux tableau qui se déroule à ses yeux. Si prévenu qu'il soit, ou si peu observateur des choses de la nature qu'on le suppose, le spectacle est si nouveau, si différent de celui dont il a pris l'habitude dans les campagnes de la mère-patrie, qu'il gardera de cette pre-mière impression un éternel souvenir. Sur ce sol où la main de l'homme n'a pas encore bouleversé l'œuvre cent fois séculaire de la nature, la faune et la flore se parent à l'envi pour captiver ses regards. Du milieu d'un fouillis inextricable de plantes toujours vertes, s'élancent avec hardiesse jusqu'à trente ou quarante mètres de hauteur les tiges droites de palmiers semblables à de minces colonnes, qui balancent au moindre souffle leur panache de feuillage élégamment découpé et se détachent avec vigueur sur le bleu éclatant du ciel. Des fleurs aux vives couleurs constellent les buissons et relèvent le tapis de verdure qui s'étend à leur pied.

Au milieu de cette végétation exubérante, des animaux sans nombre s'agitent sous un soleil ardent. Oiseaux au plumage bariolé, insectes aux formes étranges ou brillants de reflets métalliques, reptiles monstrueux, tout est nouveau pour l'Européen, qui ne peut même pas donner un nom à la plupart des êtres qui passent devant ses yeux, tant leur apparence diffère de celle des animaux qui vivent dans notre pays. — Telle fut l'impression de Christophe Colomb, lorsqu'il aborda pour la première fois à l'île Longue, une des Antilles, le 19 octobre 1492. Il donna à cette île le nom d'Isabelle, reine d'Espagne, et au cap sur lequel il débarqua le nom d'*Hermoso*, qui veut dire « beau » en espagnol. Malgré l'ignorance où devait être à cette époque un aventurier tel que Colomb, plus préoccupé de conquérir, à la pointe de son épée, de l'or et des productions naturelles d'une valeur commerciale, que d'enrichir la science de ses découvertes, il ne peut s'empêcher de s'écrier : « Mes yeux ne peuvent se lasser de contempler cette verdure si belle et ces feuillages si différents de ceux de nos arbres. Je suis persuadé que parmi ces plantes et ces arbustes, il y en a beaucoup qui seraient très précieux en Espagne pour la médecine, l'épicerie et la teinture ; malheureusement je n'y connais rien, ce qui me cause une grande contrariété. — En arrivant au cap, les fleurs et les arbres répandaient un si doux parfum que nous respirions l'air avec délices.... » Plus tard, à son troisième voyage, lorsqu'il aborde enfin sur le continent américain qu'il prenait encore pour une île, il dit : « Il y a dans cette île des animaux de toute grandeur, et tous différents de ceux que l'on voit dans nos climats. » Ainsi ce grand génie semble avoir pressenti toute l'importance de la Géographie Zoologique, science dont Buffon devait jeter les bases, près de trois siècles après la découverte de l'Amérique, en insistant précisément sur les différences qui distinguent la faune américaine de celle de l'Ancien Continent.

Ce serait pourtant une erreur de croire que la flore et la faune du Nouveau Continent se séparent partout, par des caractères aussi tranchés, de celle de l'Europe. Si, au lieu d'aborder dans l'une des Antilles, en Colombie, dans les Guyanes ou au Brésil, notre voyageur avait débarqué au Canada ou aux Etats-Unis, la différence eût été beaucoup moins sensible, ou même eût semblé nulle à tout autre qu'à un naturaliste de profession. Là, point de palmiers toujours verts, point d'oiseaux et d'insectes aux couleurs éclatantes, mais des forêts de pins ou d'arbres dont les rameaux se dépouillent de leurs feuilles à l'approche de l'hiver, des animaux souvent identiques, ou tellement semblables à ceux que l'on voit en Europe, que les premiers colons leur ont donné, sans hésiter, les mêmes noms, prenant plaisir à peupler ainsi, par l'imagination, leur nouvelle patrie des êtres qui leur rappelaient les campagnes où s'était passée leur enfance.

Si, poursuivant sa route par terre à travers l'Amérique du Nord, sous le 50ᵉ parallèle de latitude Nord, qui est à peu de choses près la latitude de Paris, notre voyageur se dirige toujours à l'Ouest, il arrivera sur les bords de l'Océan Pacifique sans trouver de grands changements dans la faune et la flore des pays qu'il traverse. Qu'il s'embarque alors sur un des paquebots qui relient la côte occidentale de l'Amérique Septentrionale au Japon et qu'il débarque à Yokohama, dans l'île du milieu de cet archipel, il y retrouvera des animaux et des plantes identiques ou très peu différents de ceux qu'il a vus en Europe et aux Etats-Unis. Qu'il passe ensuite sur le continent asiatique et continuant sa route vers l'Ouest entre le 40ᵉ et 50ᵉ degré de latitude Nord, qu'il traverse successivement la Chine, le nord de la Mongolie, le sud de la Sibérie, la Russie et l'Allemagne pour rentrer en France après avoir fait le tour du Monde *dans l'hémisphère Nord,* il reviendra avec cette impression que la flore et la faune de cette zone du globe présentent assez peu de variété, au moins dans leurs traits principaux.

Plus au nord encore, sous le Cercle polaire arctique (70° de latitude Nord), notre voyageur aurait rencontré une faune et une flore bien distinctes de celles de l'Europe tempérée ; mais la ressemblance, souvent éloignée ou superficielle, qui l'avait frappé en comparant les productions naturelles de l'Europe, de l'Amérique et de l'Asie septentrionales, devient ici une identité réelle. Si l'on pouvait faire, en suivant le 70° parallèle, le tour entier du Cercle arctique, on trouverait partout les mêmes plantes, singulièrement diminuées sous le rapport de la taille et du nombre par la rigueur du climat, partout les mêmes animaux armés et vêtus comme il convient pour vivre dans ces régions toujours glacées.

Bien différente serait l'impression de notre voyageur si, au lieu de suivre la direction de l'Est à l'Ouest, il se dirigeait du Nord au Sud suivant le sens du méridien. Qu'il passe de l'Amérique du Nord à l'Amérique du Sud en suivant la voie de terre, il trouvera, dès le Mexique, une faune très différente de celle des Etats-Unis, et la différence ne fera que s'accuser davantage en traversant l'isthme de Panama, la Colombie et le Brésil. Qu'il revienne sur l'Ancien Continent et fasse un voyage du même genre en passant de l'Europe à l'Afrique méridionale ou du nord de l'Asie aux Indes Orientales, sur ces trois points du globe il se trouvera transporté au milieu de flores et de faunes dont la richesse est en rapport avec un climat tropical, et qui diffèrent essentiellement de celles des régions tempérées situées au nord du Tropique du Cancer.

Il semble donc que cette variété des faunes et des flores soit entièrement sous la dépendance de la température et des conditions qui en dépendent. Mais de nouvelles explorations convaincront notre voyageur qu'il n'en est rien, ou, tout au moins, que la température, ou plutôt, — suivant l'expression consacrée, — le *climat*, n'est qu'un des facteurs de la question et non pas toujours le plus important.

En effet, que, partant des côtes de l'Amérique intertropicale et se dirigeant cette fois vers l'Est, il vienne aborder dans le golfe de Guinée, sur la côte occidentale d'Afrique, il y trouvera — sous un climat très peu différent de celui du Brésil, — une faune absolument distincte de celle de ce pays. Supposons qu'il traverse l'Afrique dans toute sa largeur et, marchant toujours à l'est, qu'il passe dans la grande île de Madagascar, véritable petit continent satellite de l'Afrique, il sera frappé des différences qui séparent la faune malgache de celle du continent africain. Qu'il passe de là dans l'Inde et dans l'archipel Malais, puis à la Nouvelle-Guinée et dans l'Australie, il constatera l'existence de nouvelles faunes, très différentes entre elles, et très différentes de celles de Madagascar, de l'Afrique australe et de l'Amérique intertropicale. Il y a là en effet cinq régions zoologiques qui se distinguent par des caractères de premier ordre.

Mais peut-être dira-t-on que ces différences, résultat d'un climat intertropical, s'atténuent et disparaissent sous d'autres latitudes, et qu'en poussant plus au Sud, vers les régions tempérées de l'hémisphère austral, notre voyageur retrouverait la flore et la faune des régions tempérées de l'hémisphère boréal? Faisons-lui faire le voyage et nous constaterons qu'il n'en est rien : dans les régions froides du sud de la Patagonie et de la Terre-de-Feu, comme dans l'autre hémisphère, en Tasmanie et à la Nouvelle-Zélande, la faune et la flore présentent des caractères absolument particuliers et qui les rapprochent beaucoup plus de celles de l'Amérique méridionale et de l'Australie que de celles des régions tempérées de l'hémisphère boréal. Plus au sud encore, on retrouve les traces d'une faune antarctique qui, malgré sa pauvreté relative, due à l'absence de grandes étendues de terre habitables, est cependant bien distincte de la faune arctique, et montre nettement qu'il n'y a jamais eu identité entre les populations zoologiques des deux pôles.

Ainsi donc ces Régions Zoologiques ont une existence propre indépendamment de toute question de température ou de climat. La présence de vastes et profonds océans qui séparent, à l'époque actuelle, les grands continents, paraît avoir une importance beaucoup plus grande et plus réelle, au point de vue de la délimitation des faunes terrestres. Mais on aurait tort de donner à cette cause, plus qu'à la précédente, un rôle exclusif, et nous verrons que les grandes Régions Zoologiques sont loin de coïncider avec les continents des géographes modernes. C'est ainsi que la limite entre la faune de l'Amérique du Nord et celle de l'Amérique du Sud ne se trouve pas, comme on serait tenté de le croire, dans l'isthme de Panama, mais beaucoup plus au Nord, dans les régions désertes qui séparent le sud des États-Unis et le Texas du Mexique. La limite entre la faune européenne et la faune africaine n'est pas établie par la Méditerranée : cette limite se trouve reportée au sud du Sahara. De même, en Asie, ce n'est pas une mer, mais le vaste massif des monts Himalaya qui établit la limite entre la faune du sud de la Sibérie ou de la Chine et celle de l'Inde. L'Arabie, que les géographes rattachent à l'Asie, appartient par sa faune à l'Afrique, etc. On pourrait citer beaucoup d'autres exemples.

Cet aperçu rapide ne peut nous donner qu'une idée générale, et forcément très superficielle, de la diversité des faunes terrestres. Pour s'en faire une idée plus précise, il est nécessaire de serrer le sujet de plus près et d'entrer dans quelques détails.

Les « *cinq parties du monde* » admises par les géographes classiques constituent une division tout à fait artificielle des grandes masses continentales du globe.

Explication de la Carte I

RÉGIONS ZOOLOGIQUES DU GLOBE

Les 8 *grandes Régions Zoologiques* sont indiquées par des signes conventionnels dont l'explication se trouve au bas de la Carte (à gauche).

Les *Sous-Régions* sont indiquées, dans chaque Région, par des *chiffres arabes* entourés, sauf pour les deux Régions Arctique et Antactique qui n'ont pas de subdivisions. — Les autres Régions se subdivisent comme il suit :

Région Paléarctique : Sous-Régions (1) Européenne ; (2) Méditerranéenne ; (3) Sibérienne ; (4) Mantchourienne.

Région Néarctique : Sous-Régions (1) Canadienne ; (2) Alléghanienne ; (3) Centrale ; (4) Californienne.

Région Orientale : Sous-Régions (1) Indienne ; (2) Ceylanaise ; (3) Indo-Chinoise ; (4) Malaise.

Région Ethiopienne : Sous-Régions (1) Orientale-Centrale ; (2) Occidentale ; (3) Australe ; (4) Malgache.

Région Néotropicale : Sous-Régions (1) Mexicaine ; (2) Antillienne ; (3) Brésilienne ; (4) Patagonienne.

Région Australienne : Sous-Régions (1) Papoue ; (2) Australienne proprement dite ; (3) Néo-Zélandaise ; (4) Polynésienne.

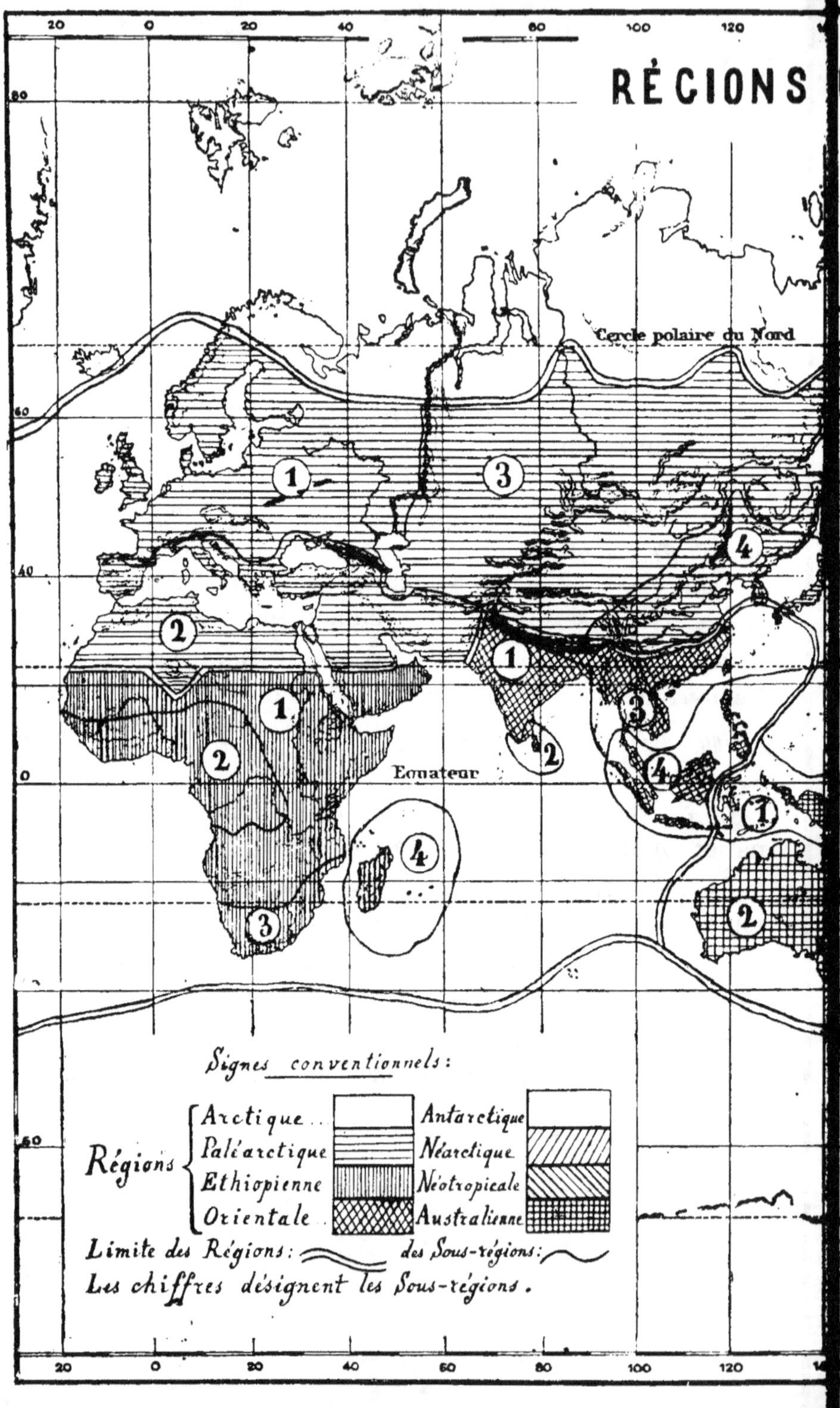

RÉGIONS
Cercle polaire du Nord
Equateur
Signes conventionnels:
Régions
Arctique
Paléarctique
Ethiopienne
Orientale
Antarctique
Néarctique
Néotropicale
Australienne
Limite des Régions: des Sous-régions:
Les chiffres désignent les Sous-régions.

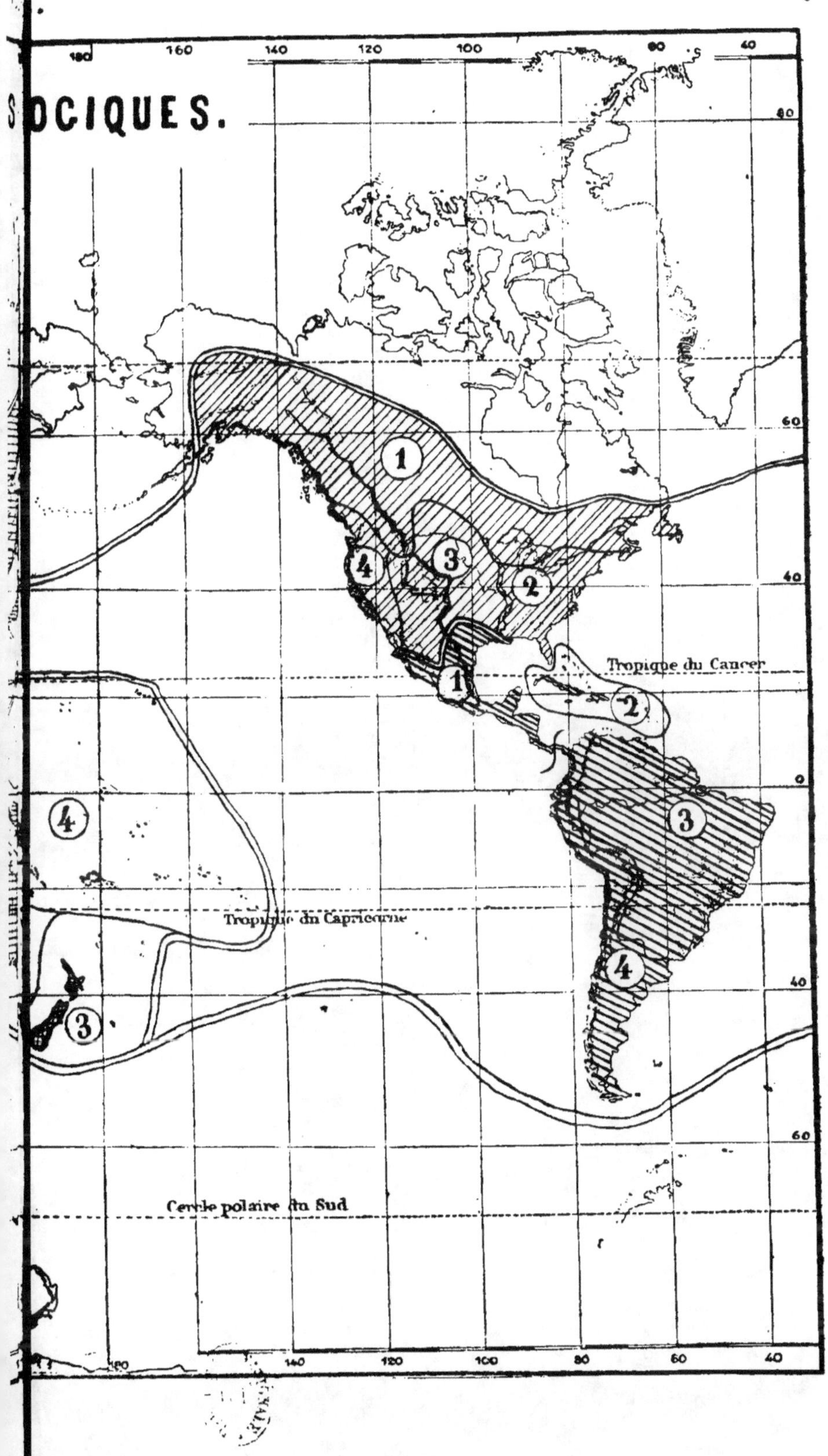
OCIQUES.
180
160
140
120
100
80
40
80
60
40
1
3
4
2
1
2
Tropique du Cancer
0
3
4
4
3
Tropique du Capricorne
40
60
Cercle polaire du Sud
180
140
120
100
80
60
40

En réalité, et si l'on examine ces continents exclusivement au point de vue de la géographie physique, on constate d'abord qu'il existe deux grandes agglomérations continentales : l'ancien continent (comprenant l'Europe, l'Asie, l'Afrique avec les îles qui en dépendent), et le nouveau continent (comprenant les deux Amériques) ; en outre, une troisième agglomération, propre à l'hémisphère austral, est constituée par l'Australie avec les grandes îles voisines (Nouvelle-Zélande, Nouvelle-Guinée, etc.) et les archipels épars dans l'Océan Pacifique. Le tout constitue, pour beaucoup de géographes, *six* et non pas *cinq* continents ou parties du monde, savoir : l'Europe, l'Asie, l'Afrique, l'Amérique du Nord, l'Amérique du Sud et l'Australie (ou Océanie).

Mais il existe, à chacun des pôles, une masse de terre considérable, dont les géographes n'ont pas tenu compte dans cette division primordiale du globe.

Il est vrai que ces deux continents polaires, actuellement ensevelis sous une épaisse calotte de glace, présentent, au point de vue économique et politique, beaucoup moins d'importance que les autres continents. Aussi les géographes ont-ils rattaché, d'une manière un peu forcée, le continent arctique, ou plutôt le Groënland, seule partie de ce continent qui soit habitée par l'homme, à l'Amérique du Nord. Quant au continent antarctique, qui est inhabité et beaucoup moins bien connu, ils ne se sont pas préoccupés de lui donner un état-civil, et se sont contentés de le désigner sous le nom un peu vague de « *Terres Antarctiques* ».

Au point de vue de la géographie physique, cependant, cette manière de voir est inadmissible. Le continent antarctique a une superficie double de celle de l'Europe[1], et le continent arctique (en y comprenant non seulement le Groënland, mais encore les grandes îles au nord de l'Amérique, désignées sous le nom de *terres* de Baffin,

---

1. Grove, *Océans et Continents*, p. 81 (*Bibliothèque utile*).

de Cumberland, de Melville, etc., le Spitzberg, la Nouvelle-Zemble et même l'Islande que l'Europe et l'Amérique se disputent encore dans la plupart des traités de géographie), n'a pas une étendue beaucoup moindre. Ces deux continents ne peuvent donc être considérés comme des valeurs négligeables au point de vue de la répartition des terres et des mers.

Au point de vue de la géographie zoologique, ils ont plus d'importance encore. La *faune arctique* est depuis longtemps connue et signalée comme une des mieux caractérisées du globe, et, plus récemment, M. Alph. Milne Edwards a démontré, dans un savant mémoire couronné par l'Institut[1], que la *faune antarctique*, bien qu'elle ne soit plus représentée à l'époque actuelle que par des oiseaux et des mammifères marins, n'en offre pas moins des caractères bien tranchés et qui ne permettent pas de la rattacher aux autres faunes.

Ainsi donc la géographie physique nous enseigne qu'il existe, non pas *six*, mais *huit* continents, en ajoutant à ceux déjà énumérés les deux continents polaires (*Continent Arctique* et *Continent Antarctique*).

Une classification zoogéographique idéale serait celle qui ferait coïncider ses divisions primaires, ou *Régions*, avec ces huit grands continents. Mais nous avons déjà dit que cette classification serait inexacte et contre nature, attendu que des mers, d'origine probablement récente, séparent à l'époque actuelle des contrées appartenant par leur faune à une même Région zoologique. Tout au moins pourrons-nous chercher à faire coïncider ces divisions par *leur nombre*, sinon par leurs limites, avec celles de la géographie physique : c'est le seul moyen de mettre en évidence, de faire toucher du doigt, les différences qui séparent ces deux points de vue de la science géographique.

1. A. Milne Edwards, *Recherches sur la Faune des Régions australes* (*Annales des sciences naturelles* et *Bibl. des Hautes Etudes*, 1879-82).

Les divisions proposées, en 1835, par Sclater[1] et adoptées, presque sans changements, par Wallace, en 1876[2], présentent précisément cet avantage, et c'est ce qui a dû contribuer, par-dessus tout, à les faire accepter par la grande majorité des naturalistes. Ces divisions sont aujourd'hui classiques et il est indispensable de les connaître. Nous les suivrons ici, à peu de choses près, en jetant un premier coup d'œil d'ensemble sur les faunes continentales.

Grandes Régions continentales d'après Sclater et Wallace ; bases de cette division zoogéographique du globe ; subdivision en sous-régions. — Sclater et Wallace ont proposé de diviser les faunes continentales du globe en *six* grandes régions, chacune desquelles se subdivise elle-même en quatre sous-régions. Cette classification est essentiellement basée sur l'étude de la distribution géographique des Vertébrés supérieurs terrestres, c'est-à-dire des Mammifères, des Oiseaux et des Reptiles, à l'exclusion des Amphibiens et des Poissons d'eau douce. Ceux-ci, en effet, comme nous le verrons plus tard, ont une distribution très différente de celle des animaux terrestres, et il en est de même des Invertébrés, quel que soit leur mode d'existence. Nous rechercherons, dans la suite de cet ouvrage, les causes de cette différence fondamentale.

Il peut paraître injuste de laisser ainsi de côté tous les types inférieurs du règne animal, qui apportent cependant un contingent important à la faune *terrestre* de chaque région : par exemple, les Insectes, les Arachnides, les Myriapodes, les Mollusques terrestres, etc. Mais d'abord il faut noter qu'il est à peu près impossible de tirer parti

---

1. Sclater, *A Treatise on the Geography and Classification of Animals*, in Lardner's *Cabinet Cyclopedia*, 1835.
2. Wallace, *The Geographical Distribution of Animals*, 2 vol. in-8° avec cartes et planches, 1876.

simultanément des caractères fournis par ces types inférieurs, leur *distribution géographique étant très différente de celle des vertébrés supérieurs*, ainsi que nous le montrerons plus loin en étudiant les causes de ce désaccord. Ensuite, le choix des Vertébrés supérieurs pour caractériser les régions zoologiques modernes, a sa raison d'être et s'impose, pour ainsi dire, de lui-même, comme il est facile de le prouver.

Les divisions de la géographie physique et politique sont fondées sur la répartition actuelle des Continents et des Mers, sur la distribution géographique des races humaines, qui est l'une des bases principales de la division des continents entre les différents peuples, devenus des *nations* dans les temps modernes, et sur les relations politiques et commerciales qui existent entre ces nations. Ces divisions sont donc *faites essentiellement par l'homme et pour l'homme* venu le dernier à la surface du globe, et dont les migrations ont tellement changé la répartition primitive qu'il est presque impossible de déterminer, avec précision, le berceau primitif de chaque race. L'apparition de l'homme, du reste, paraît avoir coïncidé avec la distribution des continents et des mers qui caractérise l'ordre de choses actuel, mais qui n'a pas toujours existé, comme nous l'enseigne la Géologie.

L'observation ayant montré que la distribution géographique des animaux ne concordait pas exactement avec les divisions de la Géographie physique, il était naturel de s'adresser, pour caractériser les divisions zoogéographiques qu'il s'agissait d'établir, aux animaux qui se rapprochent le plus de l'homme, c'est-à-dire aux Mammifères et aux Oiseaux, qui ont apparu, les derniers avant lui, à la surface du globe, et dont l'évolution était déjà complète à l'époque géologique qui a précédé la nôtre, c'est-à-dire pendant la période tertiaire. Ceci nous donne, dès à présent, une autre notion qui n'est pas sans importance : c'est que les grandes Régions zoologiques de Sclater et de Wallace reconstituent, dans une certaine mesure, et en ne tenant compte que des grandes lignes, les *continents de l'époque tertiaire*.

Ainsi donc, les Régions zoologiques continentales dont nous allons bientôt parler sont essentiellement caractérisées par les Mammifères et les Oiseaux qui font partie de leur faune. On y ajoute en général les Reptiles, mais la distribution géographique de cette classe diffère déjà essentiellement de celle des deux autres, ce qui n'a rien d'étonnant, puisque les Reptiles remontent à une époque beaucoup plus ancienne que les Vertébrés à sang chaud. L'évolution de la classe des Reptiles était déjà complète à l'époque secondaire, et pour se rendre compte de sa distribution géographique, il faudrait reconstituer, en quelque sorte, les continents de cette époque, qui différaient beaucoup de ceux de l'époque tertiaire. La même observation s'applique aux Amphibiens et aux Poissons d'eau douce, dont la distribution géographique a des origines encore plus anciennes.

Enfin, les Insectes et les Mollusques terrestres remontent à l'époque primaire (ou paléozoïque), c'est-à-dire à la première apparition des continents, et les remarques qui précèdent s'appliquent à ces types inférieurs avec plus de rigueur encore qu'aux Reptiles et aux animaux d'eau douce. Nous verrons que la répartition presque universelle de certaines familles et de certains genres d'Insectes et de Mollusques s'explique par leur antiquité géologique et leur persistance à travers les âges : nous verrons aussi que les cartes dressées pour indiquer leur distribution géographique diffèrent beaucoup de celles qui se rapportent aux animaux supérieurs. Il est donc impossible de les faire entrer en ligne de compte en même temps que ceux-ci, et leur répartition géographique doit être étudiée dans autant de chapitres distincts.

Ces explications étaient nécessaires avant d'aborder l'étude des Régions zoologiques continentales du Globe.

Les six grandes Régions continentales admises par Sclater et Wallace sont les suivantes[1] :

1° La *Région Paléarctique* qui comprend l'Europe, le nord de l'Asie jusqu'au massif central des monts Himalaya et le nord de l'Afrique jusqu'au Sahara inclusivement.

2° La *Région Néarctique* qui comprend l'Amérique du Nord jusqu'aux plaines désertes du nord du Mexique.

3° La *Région Indienne* ou *Orientale* qui comprend l'Asie au sud des monts Himalaya et les îles de la Sonde (Malaisie) jusqu'à Célèbes et Lombock exclusivement.

4° La *Région Éthiopienne* qui comprend l'Afrique au sud du Sahara, le sud de l'Arabie, Madagascar et les îles Mascareignes.

5° La *Région Néotropicale* qui comprend tout le sud du continent américain depuis le nord du Mexique jusqu'au cap Horn.

6° La *Région Australienne* qui comprend l'Australie et toutes les îles au sud-est de la Malaisie depuis Célèbes et Lombock jusqu'à la Nouvelle-Zélande, ainsi que les archipels dispersés dans l'Océan Pacifique (Polynésie).

Chacune de ces régions se subdivise en quatre sous-régions que nous indiquerons en traitant de chacune d'elles.

A ces six régions de Wallace, nous croyons devoir en ajouter, comme nous l'avons déjà dit, deux autres, qui sont :

La *Région Arctique*, ou du Pôle Nord ;

La *Région Antarctique*, ou du Pôle Sud,
ce qui porte à *huit* le nombre total des grandes Régions zoologiques du globe que nous admettons dans cet ouvrage (voy. Carte I, p. 8).

---

1. L'ordre dans lequel nous groupons ces grandes régions diffère sensiblement de celui suivi par Wallace. Nous avons cherché à rapprocher les régions qui présentent le plus de rapports entre elles.

Il est à remarquer que, lorsqu'elles ne coïncident pas avec les limites des grands continents actuels, les limites des six régions de Wallace ont cependant, presque partout, des barrières naturelles constituées par des déserts ou de grands massifs de montagne : tel est, en Afrique, le désert du Sahara qui se continue en Asie par le désert du nord de l'Arabie (Djebel-Et-Tih), celui du nord de la Perse (Dasht-i-Kavir) et le grand désert de Gobi, au nord du massif central formé par le Thibet et l'Himalaya. Sur le Nouveau Continent un désert semblable occupe tout le centre de l'Amérique du Nord entre les montagnes Rocheuses et les monts Alleghanys, et s'étend même des deux côtés du contrefort méridional des montagnes Rocheuses, occupant la plus grande partie du Texas, le Nouveau-Mexique et le nord du Mexique. Cette ceinture de déserts qui forme ainsi la limite naturelle entre la Région Paléarctique et les Régions Indienne et Ethiopienne d'une part, entre la Région Néarctique et la Région Néotropicale de l'autre, s'est formée vers la fin de l'époque secondaire du lit desséché d'anciennes mers, et constitue ce que Jean Reynaud a nommé *Equateur de contraction*[1] et le Dr Pucheran, *Equateur zoologique*[2], parce qu'en effet les faunes diffèrent des deux côtés de cet équateur.

Un naturaliste américain, A. Heilprin[3] a essayé de mettre en pratique cette notion de l'Equateur zoologique. Sur la carte qu'il donne des grandes régions zoologiques du globe, il indique par des traits ombrés cette ceinture de déserts commune aux deux continents et la désigne sous le nom de *Contrées de transition*, sortes de *Territoires contestés* ne pouvant être rattachés ni à

1. Jean Reynaud, *Terre et Ciel*, Paris, 1854, p. 404. — Voyez aussi : A. Maury, *La Terre et l'Homme*, 3⁰ édit., 1869, p. 357.
2. Pucheran, *Sur les indications que peut fournir la géologie*, etc. (*Revue et Magasin de zoologie*, 1865), p. 96, 97 du tirage à part.
3. Heilprin, *The Geographical and Geological Distribution of Animals*, 1887.

l'une ni à l'autre des Régions qu'ils séparent. Cette manière de voir et de figurer les choses met en évidence l'existence de cette zone de déserts, mais elle a le tort de compliquer les descriptions et les cartes zoogéographiques. Les contrées de transition étant en réalité des régions où deux grandes faunes *tendent à se confondre* et se confondent en réalité dans une certaine mesure, — et non pas des régions absolument dénuées de faune, — il est préférable de conserver la notation ancienne, rendue classique par les travaux de Sclater et de Wallace, et de figurer la limite entre deux régions voisines par une simple ligne coïncidant plus ou moins exactement avec le point de contact *moyen* des deux faunes.

Une autre division de premier ordre, et qui ne coïncide pas avec celle que forme l'Equateur zoologique, a été proposée par Huxley[1]. Le savant naturaliste anglais estime que les faunes terrestres se divisent tout d'abord en deux grandes zones, qu'il appelle Arctogée (zone de l'hémisphère nord) et Notogée (zone de l'hémisphère sud). L'Arctogée comprend les Régions Paléarctique, Néarctique, Ethiopienne et Indienne; la Notogée est formée par les deux seules régions Néotropicale et Australienne, qui présentent, en effet, plus de rapports entre elles qu'elles n'en offrent avec les quatre autres Régions.

Sclater, de son côté, se basant surtout sur l'étude des Oiseaux, partage les six grandes régions en deux groupes: Paléogée comprenant les quatre régions de l'hémisphère oriental, et Néogée comprenant les deux régions de l'hémisphère Occidental ou Américain. — Chacune de ces deux classifications, celle de Huxley et celle de Sclater, trouve des applications dans l'étude de certains groupes zoologiques considérés isolément, ainsi que nous le verrons par la suite.

Mais ce n'est pas tout, Wallace a montré que les six

---

1. *Proceedings of the Zoological Society*, 1868.

régions qu'il admet peuvent se grouper deux à deux de la manière suivante :

Paléarctique et *Néarctique* (ou *Zone Arctique*) ;

Éthiopienne et *Indienne* (ou *Zone tropicale* de la *Paléogée*) ;

Néotropicale et *Australienne* (ou *Zone Antarctique*).

Ces deux dernières régions ont moins de rapport entre elles que les précédentes et surtout que les deux premières qui sont presque identiques par leur faune mammalogique, au point que beaucoup de naturalistes les réunissent en une seule sous le nom de *Région Holarctique*.

Ce n'est pas ici le lieu de discuter les raisons qui nous ont fait adopter, outre les six Régions de Wallace, deux autres régions circumpolaires sous les noms de *Région Arctique* et *Région Antarctique*. Il nous suffira de dire que ces deux régions sont universellement admises par les botanistes qui se sont occupés de la distribution géographique des plantes [1]. Dans tous les cas, si l'on n'admet pas comme distinctes les trois régions Arctique, Paléarctique et Néarctique, il nous paraît plus naturel d'admettre une *Région Holarctique* qui les réunirait toutes trois en une seule, — au lieu des deux régions Paléarctique et Néarctique de Wallace, — tout en conservant une Région Antarctique bien distincte des régions Néotropicale et Australienne. — Nous avons préféré, pour innover le moins possible, conserver les régions de Wallace avec l'addition des deux régions Arctique et Antarctique, qui nous a paru nécessaire. C'est par l'étude de ces deux dernières régions que nous commencerons notre revue de la faune du globe.

---

1. Et cela, bien que les limites de ces deux régions ne puissent être fixées d'une façon précise, leur faune et leur flore se fondant insensiblement avec celles des régions voisines.

Nous avons dit que les six autres régions se subdivisaient chacune en quatre sous-régions. Les régions Arctique et Antarctique sont les seules qui ne comportent pas de subdivisions de ce genre, par la raison qu'elles constituent de véritables zones circumpolaires dont la faune présente une remarquable uniformité dans toute son étendue suivant le sens des parallèles.

CHAPITRE II

La Région Arctique et la Région Antarctique.

I.

La *Région Arctique* forme dans l'hémisphère nord une région zoologique circumpolaire sans limite méridionale bien précise. On peut néanmoins faire coïncider cette limite avec la ligne isotherme de 0°, c'est-à-dire avec la ligne qui réunit tous les points de l'hémisphère septentrional où la *température moyenne* de l'année est d'environ 0°. On sait que cette ligne ne coïncide pas avec le parallèle nommé par les géographes *Cercle polaire arctique :* au lieu d'être droite, elle est fortement sinueuse et coupe deux fois le cercle arctique, s'avançant vers le sud sur les deux continents et remontant vers le pôle dans le nord de l'Atlantique, où elle traverse l'Islande. En ce point elle décrit une sinuosité bien marquée qui remonte le long des côtes de la Norwège jusqu'au cap Nord, extrémité septentrionale de l'Europe : cette pointe est due à la présence du *Gulf-Stream*, courant qui réchauffe les eaux de l'Atlantique du Nord et dont l'action se fait sentir plus loin encore.

Si l'on jette les yeux sur une carte, on voit que les régions du globe ainsi délimitées constituent en réalité le bassin de *l'Océan glacial arctique*. Les terres qui forment le littoral septentrional de ce bassin ont une étendue beaucoup plus considérable qu'on ne pourrait le croire d'après le peu de place qu'on leur consacre généralement dans les traités de géographie. Le Groënland, qui en est la partie la mieux connue, est à lui seul grand comme la Russie ou la moitié de l'Europe. On trouve ensuite, en allant vers l'Ouest, la Terre de Baffin qui ne fait qu'un, selon toute apparence, avec la terre de Cumberland, et plus au Nord la Terre de Grinnell, l'archipel de Parry, l'île Melville, la Terre Victoria ou du Prince-Albert, et enfin l'île de Banks, toutes situées au nord du Continent Américain. La plupart de ces îles ont une étendue égale ou supérieure à celle de la France. Plus à l'est, la Nouvelle-Zemble, le Spitzberg et même l'Islande appartiennent également à la Région Arctique. Le bord méridional de ce grand bassin est formé par les côtes septentrionales de l'Amérique du Nord, de la Sibérie et de l'Europe, bordées de vastes plaines éternellement couvertes d'une épaisse couche de neige glacée et qui portent dans l'Ancien Continent le nom de *Toundras*, celui de *Barren-Grounds* (Terres stériles) dans l'Amérique du Nord ; *déserts de glaces* qui forment ici une limite naturelle analogue à celle des *déserts de sables* au sud de la Région Paléarctique.

L'aspect des terres, îles ou presqu'îles que baigne, au nord du nouveau continent, l'Océan Arctique est absolument identique. Reliées les unes aux autres par une épaisse couche de glace qui ne fond jamais, elles semblent faire partie d'un seul et même continent, et c'est ce qui explique pourquoi leurs limites septentrionales sont très mal connues : aussi le nom de *terres* a-t-il été appliqué à plusieurs d'entre elles, faute de pouvoir décider si l'on avait affaire à de véritables îles ou à des presqu'îles faisant partie d'un continent plus vaste relié lui-même au Nord du Groënland.

Du reste, l'Océan glacial tout entier ne forme, pendant la plus grande partie de l'année, qu'un vaste champ de glace unissant le Groënland d'une part à la Sibérie, de l'autre aux Barren-Grounds de l'Amérique du Nord. Cette vaste étendue glacée est ce qu'on a appelé le *Glacier Arctique,* glacier dont l'étendue est variable suivant les saisons et suivant les années. Il est à peu près certain que pendant le court été des régions polaires, les eaux de l'Océan Arctique coulent partout librement au nord des deux Continents.

Quoi qu'il en soit, l'existence de ce glacier, recouvrant chaque année pendant plus de six mois toute la surface de l'Océan boréal, explique l'unité et l'uniformité absolue de la faune terrestre qui peuple ces régions désolées. — Ce glacier, cependant, n'a pas partout la même étendue, la même épaisseur. Au nord de l'Europe, dans les parages de l'île Jan Mayen et du Spitzberg, il est attaqué, battu en brèche et fondu en partie par une branche du *Gulf-Stream.* Une seconde branche de ce même courant diverge à l'Ouest, pénètre dans la mer de Baffin, remonte le long de la côte occidentale du Groënland et s'étend jusqu'au détroit de Smith, entre ce dernier continent et la terre de Grinnel. L'existence de ce courant est démontrée par la présence sur la côte ouest du Groënland de montagnes de glace flottant dans la direction du Nord. Ces deux branches du Gulf-Stream sont probablement la cause de la présence d'une *mer libre* au voisinage du pôle. L'existence de cette mer libre, ou tout au moins d'un ou de plusieurs bras de mer, au centre même de la région zoologique qui nous occupe, indique en ce point un foyer de vie d'une grande importance pour la faune arctique et nous devons nous y arrêter un instant.

C'est en 1864 que Kane, ou plutôt l'un de ses lieutenants, Morton, découvrit, près du 82ᵉ degré de latitude nord, la mer libre du pôle qui a reçu le nom du chef de l'expédition (*mer de Kane*). C'est en poussant toujours vers le nord par la mer de Baffin et le détroit de Smith, puis, lorsque ce bras de mer ne fut plus navigable par suite de l'obstruction des glaces, en continuant son chemin en traîneau sur la neige glacée, par la Terre de Grinnel, que Morton parvint jusqu'à cette latitude élevée. Depuis plus de quinze jours de marche les voyageurs n'avaient rencontré aucune trace de vie.

En ce point, la glace qui les portait commença à craquer sous le poids du traîneau et le brouillard, se dissipant en partie, permit à Morton d'apercevoir, à moins de quatre kilomètres, un chenal d'eau libre dans lequel la marée montait rapidement, entraînant des glaçons qui marchaient aussi vite que les voyageurs. Des bandes d'oiseaux tournoyaient au-dessus de cette surface d'un bleu foncé. Du sommet d'un cap élevé (*Cap Constitution*), Morton, grâce à la pureté de l'air, aperçut la côte se prolongeant à l'ouest, sur une étendue présumée de 80 kilomètres ; à l'Est la terre s'abaissait rapidement et vers le Nord on ne voyait que la mer. D'après les évaluations de Morton et de Kane, cette mer aurait eu plus de 4,000 milles [1] carrés.

La végétation et la vie animale, qui avaient fait défaut plus au sud, éclataient ici de toutes parts. Il y avait en ce point plus de verdure que les voyageurs n'en avaient vu depuis leur entrée dans le détroit de Smith. Des vols de canards, notamment de Cravants (*Anas bernicla*), de Mouettes (*Larus glaucus, Larus tridactylus*), d'Hirondelles de mer (*Sterna arctica, Sterna macrura*) et d'autres encore, se jouaient à la surface de la mer. Jamais Morton n'avait vu tant d'oiseaux réunis. Les Eiders (*Somateria mollissima*) étaient si nombreux qu'on en tuait deux d'un seul coup de fusil. Des phoques de plusieurs espèces se reposaient sur des blocs de glace arrêtés dans le chenal Kennedy, à l'entrée du détroit.

Les Hirondelles de mer qui couvraient les rochers étaient déjà occupées de leur ponte, malgré l'époque peu avancée de la saison (juin), et l'on sait que ces oiseaux, vivant de pêche, ont absolument besoin de l'eau libre.

---

1. Le mille anglais vaut environ 1,800 mètres.

Il en est de même de l'Oie de Brent (*Anas bernicla*) qui se nourrit de plantes marines et des mollusques qui y adhèrent. Enfin le Pétrel arctique (*Procellaria glacialis*), n'avait pas été vu depuis plus de 325 kilomètres au sud, dans les parages de la pêche à la Baleine. On en voyait ici des troupes nombreuses se balançant au-dessus de la crête des vagues [1].

Cinq ans après l'expédition de Kane, un autre explorateur, Hayes (1861), reprit la route du pôle par le même chemin et parvenu entre le 81e et le 82e degré de latitude nord, aperçut la mer libre déjà signalée par Morton. La relation de Hayes est de tout point d'accord avec celle de ce dernier. Comme lui, il signale l'abondance de la vie sur les bords de cette mer polaire, et aux oiseaux déjà signalés par Kane il en ajoute plusieurs autres, notamment le Guillemot à miroir blanc (*Uria grylle*) qui niche sous ces latitudes élevées.

Les voyageurs qui, plus récemment, ont essayé de retrouver les rivages de la mer polaire, n'ont pas tous été si heureux, ce qui a porté la plupart d'entre eux à nier ou à contester l'existence réelle de cette mer. Parmi ces contradicteurs de Kane et de Hayes, il faut signaler Marckam, qui en 1875, dépassa le 83e degré de latitude nord sans découvrir la mer, et Nordenskjoeld. La prétendue mer de Kane ne serait qu'un golfe ou un étroit bras de mer, continuation du détroit de Smith, et ce bras de mer lui-même ne serait complètement débarrassé des glaces que dans les années exceptionnellement favorables.

Cependant deux explorateurs autrichiens, Payer et

1. Feilden (*Proc. Zool. Soc.*, 1877), outre les oiseaux indiqués ci-dessus, indique les suivants comme ayant été rencontrés entre le 82e et le 83e degrés de lat. N.: *Plectrophanes nivalis*, *Nyctea scandiaca*, *Stercorarius longicaudatus* (tous deux se nourrissant de Lemmings), *Strepsilas interpres*, *Calidris arenaria*, *Phalaropus fulicarius*, *Tringa canutus*, etc.

Weyprecht, abordèrent, en 1872, le Glacier Arctique par l'Est, c'est-à-dire en poussant au nord de la Nouvelle-Zemble, et découvrirent vers le 81° degré de latitude la *Terre du prince Rodolphe*, et au nord de cette terre une mer libre qui semble bien la même que celle de Kane (1874). Leur récit présente une analogie frappante avec ceux de Kane et de Hayes :

« ....Un grand détour nous conduisit à la côte ouest de la Terre du prince Rodolphe, d'où pour la troisième fois nous nous dirigeâmes vers le Nord. — Un changement étrange s'était opéré dans la nature. Du côté du Nord le ciel était lourd et de couleur bleuâtre. Des vapeurs d'un jaune sale s'amoncelaient sous l'action du soleil. La température s'élevait, la neige s'amollissait sous nos pieds, et si des vols d'oiseaux venant du Nord nous avaient déjà surpris précédemment, nous fûmes plus étonnés encore de voir les parois des rochers littéralement couvertes d'oiseaux. D'innombrables essaims s'élevaient tout à coup et remplissaient l'air de cris et de joyeux battements d'ailes : c'était le retour du temps de la couvaison. Partout on apercevait des pistes d'Ours blanc, de Lièvre et de Renard. Des phoques étaient couchés sur la glace... Après avoir doublé l'*Alken Cap* (cap des Pingouins), véritable volière où tout s'agitait et chantait, nous arrivâmes aux deux colonnes solitaires du *Saulen Cap*. Là commençait la mer libre.

« Le point de vue était d'une sublime beauté... On apercevait au loin une mer d'un bleu sombre et parsemée des blanches perles de ses montagnes de glace. De lourds nuages flottaient traversés de temps en temps par les rayons ardents du soleil qui faisait miroiter la surface des eaux,... et dans le lointain, paraissant s'élever à une hauteur énorme, les glaciers de la Terre du prince Rodolphe se dessinaient en blanc rosé à travers la brume[1]. »

---

1. *Vivien de Saint-Martin*, l'Année géographique, 1875, p. 339 et suiv.

Malgré ce tableau plein de promesses, la conclusion de nos explorateurs n'en est pas moins que cette mer n'est pas navigable, et qu'un navire n'aurait pu s'avancer à plus de 18 ou 20 milles vers le Nord sans être de nouveau arrêté par les glaces.

Mais ces considérations importent peu au point de vue qui nous occupe. Du récit de ces explorations aventureuses il nous suffit de retenir ce fait incontestable, c'est qu'une faune d'une abondance extrême, comprenant des quadrupèdes terrestres, des mammifères et des oiseaux marins, existe encore sous le 82ᵉ degré de latitude nord. Ces oiseaux y nichent en grand nombre. Or on considère comme la patrie d'un animal le point du globe où il se reproduit chaque année.

Nous n'avons insisté sur ces faits que pour les rapprocher de considérations d'un autre ordre qui se rattachent à la géologie et à la paléontologie.

L'exploration géologique du Groënland, du Spitzberg et de la terre de Grinnel nous a révélé l'existence dans ces régions polaires, à une époque qui a dû coïncider avec la période crétacée et le commencement de la période tertiaire, d'une flore et d'une faune présentant nettement un caractère subtropical. Des Fougères arborescentes, des Cycadées, des *Sequoia*, des Peupliers au tronc élevé, formaient de véritables forêts dans ces régions polaires dont les arbres rabougris ne dépassent pas, à l'époque actuelle, les dimensions des bruyères et des graminées de nos régions tempérées. Un monde nombreux d'insectes s'agitait à l'ombre de ces végétaux qui leur servaient de nourriture : des Coléoptères variés (*Curculionidæ, Buprestidæ, Chrysomelidæ, Silphidæ*, des hydrophiles habitants des eaux douces, des Cicadelles et des Punaises, des Sauterelles enfin, indiquent un climat à température élevée et comparable, au moins, à celui du sud de la France et des rivages de la Méditerranée. Les paléontologistes supposent que cette flore et cette faune émigrèrent plus tard vers le centre de l'Europe, car ces animaux et ces plantes présentent la plus grande analogie avec ceux qui caractérisent la période miocène dans notre pays.

Il semble donc que la flore et la faune de nos régions tempérées, et même jusqu'à un certain point celles des régions intertropicales, soient *filles*, pour ainsi dire, de la flore et de la faune des régions polaires. Le refroidissement de ces régions en a chassé peu à peu la plupart des plantes et des animaux, et l'on sait que ce froid intense s'est étendu jusqu'aux bords de la Méditerranée pendant la *période glaciaire*, puisque des animaux caractéristiques de la faune Arctique, le Renne, par exemple, ont laissé leurs débris dans le sud de la France.

C'est en rapprochant ces faits bien constatés que des naturalistes éminents ont été amenés à admettre que le foyer ou le berceau initial de nos faunes actuelles doit être cherché sur les continents polaires, notamment sur ce continent Arctique, qui d'après les documents géologiques dont nous venons de parler reliait probablement, au début de l'époque miocène, la terre de Grinnel et l'archipel Nord-Américain au Spitzberg, en englobant le Groënland actuel.

Un savant ornithologiste anglais, le chanoine H.-B. Tristam, a appelé l'attention des naturalistes sur cette migration séculaire de la faune arctique[1]. Il a montré, en s'attachant spécialement à l'étude des Oiseaux, qu'un très grand nombre de types répandus actuellement sur tout l'hémisphère septentrional, et même sur tout le globe, étaient manifestement originaires du continent Arctique de l'époque miocène. Les migrations que ces Oiseaux accomplissent encore à l'époque actuelle, *revenant toujours nicher vers le Nord*, sont l'indice incontestable du changement de climat des régions circumpolaires et du déplacement de leur faune, car, nous l'avons

---

1. H.-B. Tristam, *The Polar Origin of Life* (*The Ibis*, 1887, p. 236. — 1888, p. 204).

déjà dit, la véritable patrie d'un animal est le point du
globe où il revient chaque année pour se reproduire. —
Nous verrons que des considérations exactement semblables s'appliquent à la faune antarctique, de telle sorte
que l'on peut diviser les Mammifères et les Oiseaux marins en deux groupes géographiques : ceux qui sont originaires des terres arctiques et ceux qui sont originaires
des terres antarctiques.

Faune Arctique. — A l'époque actuelle, la faune terrestre arctique est à la fois d'une grande pauvreté et
d'une remarquable uniformité. L'Ours blanc (*Ursus mari-
timus*) règne en maître sur cette vaste région où sa grande
taille, sa force et sa voracité ne sont mises en échec que
de loin en loin par la présence de l'homme. Il se nourrit
surtout de poissons et de phoques et ne recherche les
animaux terrestres que lorsque l'épaisseur de la glace
l'empêche de se livrer à la pêche : tout lui est bon alors,
depuis les cadavres de Cétacés échoués sur le rivage jusqu'aux oiseaux et à leurs œufs. Lorsque l'intensité du
froid lui ôte cette ressource, il se creuse un terrier dans
la neige et s'y engourdit pendant des mois entiers : c'est
pendant ce sommeil hivernal que la femelle met bas. Il
remonte vers le pôle, selon toute apparence, plus qu'aucun autre mammifère : nous avons vu que les explorateurs l'ont rencontré par 82° de lat. nord. Vers le sud,
il dépasse rarement 55° : il se laisse quelquefois entraîner
par les blocs de glace jusque sur les côtes de l'Islande.
— Les Carnivores de plus petite taille qui l'accompagnent
presque partout sont le Renard bleu [1] et blanc (fig. 1)
(*Vulpes lagopus*), et l'Hermine (*Mustela erminea*). Ce

1. La couleur variable de cette espèce serait due à l'âge ou au
sexe et non, comme on l'a cru pendant longtemps, au changement des saisons. Les jeunes et les femelles sont bruns ou d'un
gris bleuâtre; le mâle adulte seul devient entièrement blanc et
l'on trouve tous les passages. (Voyez: Max Schmidt, *Zoological
Garden*, 1871, p. 303.)

sont là les trois seuls carnivores du Groënland et du
Spitzberg. Le Glouton (*Gulo luscus*), qui habite tout le
pourtour méridional du bassin de l'Océan Arctique, ne
se trouve pas au Groënland, quoi qu'on en ait dit : le point
le plus septentrional où il ait été signalé est l'archipel de
Parry (ou Nouvelle-Géorgie du Nord), par 75° de latitude au nord de l'Amérique septentrionale.

Les Herbivores sont représentés dans la région arc-

Fig. 1. — Renard bleu, ou Isatis, type de la Région Arctique
(1/8 de grand. nat.).

tique par le Renne (*Cervus tarandus*), l'animal le plus
utile aux Groënlandais et aux Esquimaux, qui habitent
ces régions glacées, après ou même avant le chien (*Canis
domesticus*). Ces deux animaux domestiques y remplacent tous les autres, le premier fournissant le lait, la
viande de boucherie, etc., tous deux servant de bêtes de
trait. Le Renne sauvage ou domestique est d'une grande
sobriété que nécessite la rigueur du climat polaire : pendant l'hiver il ne se nourrit que d'une sorte de lichen

(*lichen des Rennes*) qu'il sait déterrer sous la neige à l'aide de ses sabots. Un autre ruminant beaucoup moins répandu, le Bœuf musqué (*Ovibos moschatus*), ne se trouve plus que sur la limite méridionale de la région arctique, dans l'Amérique du Nord. Mais on a trouvé des traces de sa présence, à une époque peu éloignée de nous, dans le nord de la Sibérie et même au Groënland [1] et à l'île Melville. Actuellement il visite encore pendant l'été les terres de l'archipel de Parry et il en est de même du Renne dont les troupeaux vivant à l'état sauvage émigrent plus au sud pendant l'hiver.

Les Rongeurs sont représentés dans la faune arctique par le Lièvre polaire (*Lepus glacialis* ou *arcticus*), qui ne constitue qu'une race septentrionale du Lièvre variable (*Lepus variabilis*) des Alpes. La seule différence, c'est que ce dernier devient fauve en été, tandis que le Lièvre polaire reste blanc toute l'année. Au rapport de Payer, ce Lièvre s'étend jusqu'au 82° de latitude nord, et la rapidité de sa course lui permet de se transporter d'un lieu à un autre à la recherche des plantes rares et délicates dont il se nourrit. Au besoin il se creuse des galeries ou se laisse ensevelir sous la neige et y reste quelquefois des semaines sans prendre de nourriture. — Mais le rongeur le plus commun de cette région est le Lemming (*Myodes* ou *Cuniculus torquatus*), espèce de Rat voisin de nos Campagnols, qui se creuse un terrier compliqué sous la neige et se trouve souvent dans les huttes des Groënlandais. Cette espèce est célèbre par les migrations que le manque de nourriture la force quelquefois à accomplir par bandes innombrables et dont plusieurs ont été observées en Laponie et dans le nord de la Scandinavie.

Ces six ou sept espèces de mammifères terrestres [2]

---

1. Un animal de cette espèce fut tué au Groënland en 1859. (Brown, *Proc. Zool. Soc. Lond.*, 1868.)

2. Dont quatre seulement (l'Ours blanc, le Renard polaire, le

sont les seules qui appartiennent légitimement à la faune arctique, car le Loup, qui s'avance quelquefois jusqu'aux îles Parry et à la Nouvelle-Zemble, et l'Élan (*Cervus alces*), qui se montre à la limite méridionale de cette région, appartiennent en réalité, de même que le Glouton et le Bœuf musqué, aux régions Paléarctique et Néarctique.

Parmi les Oiseaux terrestres, il n'en est pas un seul que l'on puisse considérer comme propre à cette faune, et cela se comprend sans peine d'animaux qui, grâce à leurs ailes, peuvent fuir, au moins pendant l'hiver, des régions trop inhospitalières. Le plus caractéristique est le Bruant des Neiges (*Plectrophanes nivalis*), qui se retrouve, du reste, de même que le Lièvre polaire, dans les Alpes et sur la plupart des hautes montagnes d'Europe. Sur 34 espèces d'Oiseaux qui se montrent en Groënland, 32 se retrouvent en Islande, 20 au Spitzberg, 27 dans l'Amérique du Nord et 24 en Sibérie. Sur ce chiffre il y a seulement 5 Passereaux, 3 Rapaces, 1 Gallinacé (*Lagopus albus*), 4 Echassiers et 21 Palmipèdes, ou Oiseaux exclusivement marins. Nous avons vu que ces derniers étaient les seuls à pénétrer jusque dans l'extrême Nord.

Quant aux Reptiles et aux Poissons d'eau douce, ils font complètement défaut. — Les Mollusques terrestres et d'eau douce du Groënland sont peu nombreux, et la plupart se retrouvent en Islande et dans le nord de l'Europe. Les premiers comprennent : *Vitrina Angelicæ, Hyalina alliaria, Conulus Fabricii, Pupa Hoppi;* les seconds (c'est-à-dire les espèces d'eau douce) : *Succinea (Lucena) groenlandica, Planorbis arcticus, Limnæa Vahlii, Limnophysa Hollboelii, Pisidium Stenbuchii*[1]; en tout 9 espèces.

Renne et le Lemming) peuvent être considérés comme spéciales à cette Région. A l'époque glaciaire (quaternaire) ces quatre espèces se sont avancées jusque dans le centre de l'Europe.

1. Mörch, *American Journal of Conchyliology*, 1868, p. 25.

Les Insectes ne dépassent pas une trentaine d'espèces, savoir : 3 Hyménoptères (dont *Bombus pratorum*), 4 Diptères, 6 Lépidoptères, et une dizaine de Coléoptères. Cette faune entomologique est un peu plus riche dans le sud du Groënland, d'après Fabricius ; mais les Buprestes, les Curculionides, les Sauterelles qui vivaient dans ce pays à l'époque miocène y font maintenant complètement défaut. Enfin quelques Araignées (*Lycosa aquilonaris, L. sociata*), et les parasites que l'on trouve sur l'homme et les animaux, achèvent de donner une idée de la pauvreté de cette faune terrestre.

Par contre, partout où la mer peut battre librement contre les glaces ou contre les rochers, la vie s'accuse avec une variété et une richesse qui rivalisent avec celles des régions intertropicales. Les Poissons, les Crustacés, les Echinodermes, les Annélides, les Mollusques se comptent par centaines (d'après Sars, les Mollusques marins arctiques ont plus de 250 espèces), ce qui explique l'abondance des Mammifères et des Oiseaux marins qui se nourrissent de leur pêche.

Les Mammifères marins les plus remarquables de la Région arctique sont les Morses (*Trichecus*) et les Phoques (*Phoca* ou *Calocephalus*). Les premiers paraissent avoir deux espèces, l'une propre au nord de l'Atlantique et à la partie correspondante de l'Océan Arctique (*Trichecus* [ou *Odobœnus*] *rosmarus*), l'autre (*Trichecus* [*Odobœnus*] *obesus*), remarquable par ses défenses deux fois plus longues et ses formes plus lourdes[1], occupe une ère géographique plus restreinte au nord du Pacifique, dans la mer de Behring et dans la partie de l'Océan Arctique qui s'étend à l'ouest du grand Archipel Nord-Américain. Toutes deux se montrent accidentellement au sud jusque vers le 55° de lat. nord, et à une époque antérieure s'avançaient plus loin encore, comme le prouvent

______

1. J.-A. Allen. *History of North American Pinnipeds*, 1880. p. 14 et suiv.

les restes fossiles trouvés sur les côtes de l'Europe et de l'Amérique Septentrionale.

Les Phoques sont plus nombreux et plus caractéristiques encore, malgré les migrations qui les ont poussés au sud le long des côtes de l'Atlantique et du Pacifique et jusque dans la Méditerranée; mais le nombre des espèces qui se sont acclimatées sous les zones tempérées et intertropicales est très restreint. Toutes les autres

Fig. 2. — Phoque du Groënland, type de la Région Arctique
(1 20 de grand. nat.).

reviennent chaque année vers le Nord pour se reproduire, pendant le court été de ces latitudes, notamment sur les champs de glace qui entourent l'île Jan Mayen, ou plus au Nord encore; c'est là que les navires armés pour cette chasse vont au printemps les détruire par milliers. — Les espèces que l'on doit considérer comme caractéristiques de la région arctique sont : *Phoca groenlandica* (fig. 2), *Phoca fœtida*, *Erignathus barbatus*,

Halichœrus gryphus, Cystophora cristata, les deux premières surtout. Notre phoque commun d'Europe (*Phoca vitulina*) vit aussi dans les mers arctiques.

Parmi les Cétacés caractéristiques de l'Océan Arctique, il faut signaler au premier rang le Narval (*Monodon monoceros*), type très singulier et qui ne se trouve nulle part ailleurs, puis le *Beluga*, ou dauphin blanc, la Baleine franche (*Balæna mysticetus*), celle-ci représentée plus au sud par des espèces voisines. Les autres Cétacés qui fréquentent ces parages (*Balænoptera rostrata, B. Sibbaldi, Megaptera boops, Hyperoodon rostratus, Delphinapterus leucas*, etc.), n'ont rien de caractéristique, car ils se retrouvent dans les mers tempérées.

Les Oiseaux nageurs, ou qui vivent du produit de leur pêche, sont, comme les phoques, très abondants dans toute l'étendue de la Région arctique, partout où la glace plus mince leur permet d'exercer leur industrie. Au premier rang se placent les Pingouins (*Alcidæ*), qu'il ne faut pas confondre avec les Manchots (*Spheniscidæ*), qui les représentent, comme nous le verrons, dans la Région Antarctique. Dans ces deux types, il est vrai, les ailes sont transformées en nageoires, mais tandis que les Manchots sont tous incapables de voler, la plupart des Pingouins peuvent encore s'envoler de terre avec une certaine facilité. Cela tient à ce que les plumes de leurs ailes sont chez ces derniers de véritables *pennes,* tandis que chez les Manchots le membre antérieur n'est plus recouvert que de plumes courtes et larges qui sont de véritables écailles.

Les Pingouins (*Alca*), avec leurs proches alliés, les Guillemots (*Uria*) et les Plongeons (*Colymbus*), sont, encore plus que les phoques, des types caractéristiques de la Région Arctique. Leurs migrations les ont entraînés beaucoup moins loin que ces derniers, et aucun d'entre eux ne dépasse au sud le tropique du Cancer: tous reviennent nicher vers le Nord. — De tous les Pingouins (*Alca*) le plus grand et le plus remarquable est le Pingouin brachyptère *Alea impennis*, ou *grand pingouin*, le seul dont les ailes soient trop courtes pour voler. Cette espèce était déjà très rare au commencement de ce siècle et on la considère aujourd'hui comme éteinte. On ne l'a jamais rencontrée dans l'extrême Nord, tandis qu'autrefois, et notamment à l'époque glaciaire, elle devait se montrer dans toutes les mers de l'Europe Septentrionale. — Deux espèces plus petites, le Pingouin macroptère *Alca torda* et le Macareux moine *Mormon fratercula* (fig. 3) ou *Alca arctica*, sont au contraire très

Fig. 3. — Macareux moine, type de la Région Arctique
(1/8 de grand. nat.)

répandus dans toute la région qui nous occupe et jusqu'au nord du 80° de latitude boréale, où leurs troupes innombrables couvrent les rochers partout où la mer est libre de glace. Les Guillemots *Uria* sont représentés dans l'extrême nord, comme nous l'avons vu, par le Guillemot à miroir blanc *Uria grylle* et par une espèce plus petite, le Guillemot nain *Mergulus alle*. Quant aux Plongeons *Colymbus*, ils pénètrent moins loin vers le Nord et se tiennent généralement entre les 76° et 59° degrés de latitude boréale.

Nous avons déjà donné p. 24-25, en parlant des voyages

à la mer libre du Pôle, une liste assez complète des Oiseaux que l'on rencontre au point le plus septentrional que le pied de l'homme ait foulé jusqu'à ce jour, c'est-à-dire entre le 82e et le 83e degré de latitude boréale. Parmi les palmipèdes lamellirostres, c'est-à-dire les Oies et les Canards (*Anatidæ*), type que l'on peut considérer comme cosmopolite à l'époque actuelle, le genre Eider (*Somateria*) est un de ceux qui caractérisent le mieux la région arctique et l'Eider à duvet (*Somateria mollissima*) se trouve au nord du 80e degré de latitude boréale. D'autres genres moins exclusivement septentrionaux appartiennent cependant d'une façon incontestable, par leur origine, à la région arctique : tels sont, parmi les lamellirostres, les genres *Harelda, Fuligula, Bucephala, Oidemia*, etc., c'est-à-dire les Macreuses, les Milouins, les Morillons, et probablement aussi les Oies (*Anser*), et les Cygnes blancs (*Cygnus*).

Les palmipèdes longipennes, grâce à leur vol puissant, ont pu se répandre aisément dans toutes les mers du globe. M. A. Milne Edwards, en étudiant les éléments de la faune antarctique, qui va nous occuper bientôt, a recherché avec soin quels étaient les types de ce groupe que l'on pouvait attribuer à la région du pôle Sud. Un travail analogue est encore à faire pour la région arctique, et cette étude sortirait du cadre de cet ouvrage : qu'il nous suffise de dire que le groupe tout entier des Mouettes et des Goëlands (*Laridæ*), les genres ou sous-genres *Rhodostethia, Rissa, Pagophila, Puffinus, Fulmarus*, et probablement aussi les Cormorans (*Phalacrocorax*) et les Fous (*Sula*), semblent devoir se rattacher *au moins par leur origine*, à la faune arctique.

II.

La *Région Antarctique* est beaucoup moins connue, surtout dans sa région continentale, que la *Région Arc-*

tique. Cette région parait totalement dépourvue d'animaux terrestres, et la rigueur du froid en a toujours éloigné l'homme lui-même : le continent antarctique est totalement inhabité. On peut donner pour limite à cette Région, comme nous l'avons fait pour la précédente, la ligne isotherme de 0°, beaucoup moins sinueuse ici que dans l'hémisphère Nord, par la raison qu'elle ne traverse aucun continent : elle passe au sud de l'Amérique entre la Terre-de-Feu et la Terre Louis-Philippe et ne s'écarte guère du 60° degré de latitude australe, qu'elle côtoie dans toute l'étendue de l'Océan glacial Antarctique. Nous verrons que la plupart des animaux caractéristiques de cette région australe ont franchi cette limite vers le nord, fuyant le froid extrême des terres antarctiques. Dans l'étude de cette faune nous suivrons le remarquable travail publié par M. A. Milne Edwards[1], qui a le premier mis hors de toute contestation l'existence réelle d'une *faune antarctique*.

Le continent qui limite au sud le vaste bassin de l'Océan glacial Antarctique, et dont nous avons déjà indiqué (p. 11) l'étendue *présumée*, d'après le peu qu'on en sait, est presque partout bordé d'une épaisse ceinture de glace que les explorateurs n'ont pu franchir que sur des points isolés, permettant d'atteindre la terre ferme. Ces *terres*, qui semblent les promontoires les plus septentrionaux du Continent Antarctique, ont reçu des noms particuliers.

Tout à fait au sud de l'Australie, par delà le 66° degré de latitude australe, est la terre d'Adélie, découverte par Dumont d'Urville (1840). A l'Ouest, cette terre se relie à la Terre de Wilkes, qui elle-même parait se continuer par la terre d'Enderby située à peu près sous le méridien de Madagascar. A l'Est, la terre d'Adélie se continue par la terre Victoria découverte par J. C. Ross, et située sous

<hr>

1. *Recherches sur la Faune des Régions australes* (*Bibliothèque de l'École des Hautes Études*, t. XX et XXI, 1879-80).

le méridien de la Nouvelle-Zélande. La côte de cette contrée remonte beaucoup vers le pôle, puis se dirige à l'est, se prolongeant probablement fort loin sous le 78ᵉ degré de latitude. On suppose que, de ce côté, le continent antarctique s'étend jusqu'au sud du Cap Horn, où l'on trouve d'autres terres qui semblent former l'autre bord de cette énorme échancrure et ramènent les rives du Continent Austral sous le 65ᵉ degré de latitude. Ce sont la terre d'Alexandre Iᵉʳ, la terre de Graham, la terre de Palmer, la terre de Louis-Philippe, au nord desquelles se trouvent les îles Shetland du Sud et les Orcades du Sud. Plus loin à l'Est, la mer a été trouvée navigable jusque sous le 75ᵉ degré, entre la terre Louis-Philippe et la terre d'Enderby, notre point de départ à l'Ouest.

Vers le Nord, l'Océan glacial Antarctique se continue, sans ligne de démarcation bien tranchée, — entre les trois grandes échancrures formées par l'Amérique Méridionale, l'Afrique et l'Australie, — avec les Océans Atlantique, Indien et Pacifique. Mais le bord septentrional de ce grand bassin est jalonné par des îles qui ont une grande importance pour la faune de la Région Antarctique. Ces îles sont, en partant de l'Ouest et en allant toujours vers l'Est, les îles Falkland (sur les côtes de l'Amérique méridionale), puis l'archipel de la Géorgie du Sud, les îles Sandwich du Sud, l'île Bouvet, l'île de Tristan-d'Acunha, les îlots au sud de Cap de Bonne-Espérance, l'île du Prince-Edouard, la terre de Kergueleu, les îles Crozet, Saint-Paul et Amsterdam, la Tasmanie, et enfin au sud de la Nouvelle-Zélande, l'île Stewart, les îles Auckland, Campbell, Macquarie et Emeraude. Ces îles, souvent très éloignées l'une de l'autre, représentent la limite nord de la Région Antarctique.

La végétation terrestre fait presque complètement défaut sur les terres antarctiques : mais une végétation sous-marine des plus abondantes se rencontre dans presque toute l'étendue de la zone océanique comprise entre le

44e degré de latitude australe et les glaces qui entourent le pôle : elle paraît manquer seulement dans le sud-est du Pacifique, où la profondeur de la mer est énorme, mais elle est très vigoureuse au sud de l'Océan Atlantique et de l'Océan Indien, où elle attire les animaux marins de toute sorte qui servent eux-mêmes de nourriture aux Mammifères et aux Oiseaux nageurs et aux Oiseaux grands voiliers. C'est ce qui explique l'abondance dans ces parages de ces Vertébrés supérieurs, qui vivent du produit de leur pêche, et qui s'éloignent volontiers des continents.

De même que la faune arctique, la faune antarctique présente dans toute son étendue une remarquable uniformité, et de même aussi, riche en individus, elle est pauvre en espèces. Mais elle possède également un certain nombre de types qui lui sont propres, et qu'on ne rencontre pas ailleurs, si ce n'est dans quelques régions voisines. Ce sont les Oiseaux qui caractérisent le mieux cette faune.

Les Manchots *Spheniscidæ* ou *Aptenodytidæ* sont le type ornithologique essentiellement caractéristique de la Région Antarctique où ils représentent et remplacent les Pingouins (*Alcidæ*) de la Région Arctique (fig. 4). Nous avons indiqué plus haut, en parlant de la faune propre à cette région, les particularités qui distinguent ces deux types et les séparent de la façon la plus nette. Les Manchots sont, pour ainsi dire, les moins oiseaux de tous les Oiseaux, et leur organisation interne diffère beaucoup même de celle des Pingouins, qui leur ressemblent tant au premier abord. Ils sont plantigrades et leur aile est une véritable nageoire semblable à celle des Mammifères marins, et dont ils s'aident parfois pour marcher à quatre pattes : dans l'eau, ils nagent et plongent avec une facilité extrême. De même que les Phoques ils ne viennent guère à terre que pour se reproduire, et alors ils se réunissent en bandes innombrables. Pour couver leurs œufs qu'ils déposent à terre et pour élever leurs petits, ils ont besoin d'une grande tranquillité, et c'est ce qui explique pourquoi ils choisissent de préférence les îles désertes ou les récifs situés à quelques milles des continents et où ils sont sûrs de ne pas être dérangés par l'homme ou par les carnivores terrestres. Cette condition a dû avoir une grande influence sur leur distribution géographique

Fig. 4. — Manchot de la Patagonie, type de la Région Antarctique
(1 10 de grand. nat.).

actuelle. Tous se nourrissent de poissons ou d'autres animaux marins.

Les îles Falkland (ou Malouines), situées à bonne distance des côtes de la Patagonie, sont une de leurs principales stations : on y trouve réunies près de la moitié des espèces propres à la Région qui nous occupe (*Aptenodytes patachonica*, *A. longirostris*, *Eudyptes chrysocoma*, *E. nigrivestis*, *E. chrysolopha*, *Pygoscelis antarctica*, *P. papua*, *Spheniscus demersus*), soit huit espèces au moins. Plusieurs se retrouvent à la Terre-de-Feu et sur les côtes de la Patagonie. « Mais c'est surtout plus au sud qu'ils se trouvent en nombre incalculable. Ross en a vu des troupes immenses sur les glaces qui bordent la terre Victoria jusqu'au delà du 76ᵉ degré de latitude australe, où l'on ne rencontre plus aucune trace de végétation. Sur une des îles dépendantes du continent antarctique, les Manchots, serrés les uns contre les autres, couvraient toutes les rampes des rochers aussi bien que les montagnes de glace. La fiente qu'ils y avaient accumulée constituait un riche dépôt de guano dont l'exploitation, ajoute ce navigateur, pourrait être profitable aux agriculteurs de l'Australie..... C'est par myriades que le capitaine Ross évalue les légions réunies sur ce seul point... [1] »

Outre les *Aptenodytes* qui se retrouvent aux îles Falkland, ces Manchots du Continent Antarctique appartiennent à un genre spécial qui ne paraît pas s'étendre plus au Nord *Dasyramphus Adeliæ*. Mais les genres *Aptenodytes*, *Eudyptes* et *Spheniscus* ont colonisé, souvent par deux ou trois espèces ensemble, *toutes* les îles que nous avons indiquées comme bordant la frontière nord de l'Océan glacial Antarctique. Les genres *Pygoscelis*, et surtout *Megadyptes*, *Microdyptes* et *Eudyptula* ont une distribution géographique beaucoup plus restreinte.

M. A. Milne Edwards montre de la façon la plus nette comment s'est opérée cette dispersion sous l'influence des courants marins qui, partant du pôle Sud, se dirigent vers les régions tropicales (V. la carte II). Il montre en outre que cette dispersion vers le Nord s'est presque toujours opérée *de l'Ouest à l'Est*, le Courant Polaire Antarctique, le Courant Chilien, le Courant du Cap et le Courant d'Australie (ces trois derniers n'étant en quelque sorte que les branches du premier), ayant tous la direction du Sud-Ouest au Nord-Est. C'est par les glaces

---

1. A. Milne Edwards, *loc. cit.*, p. 27.

flottantes entraînées par ces courants, et souvent à la nage, lorsque ces glaces venaient à manquer sous leurs pieds, que ces Oiseaux sont parvenus jusqu'à des stations aussi éloignées de leur point de départ que l'île de Tristan d'Acunha, les îles au sud de l'Afrique (Crozet, Kerguelen, Saint-Paul et Amsterdam), les côtes de la Nouvelle-Zélande et de l'Australie méridionale. Ces courants d'eau froide leur ont permis d'arriver jusque sous l'Equateur, aux îles Gallapagos, où une seule espèce (*Spheniscus mendicatus*) a pu s'établir. Cette forme n'est qu'une variété locale du *Spheniscus Humboldtii* des côtes du Chili et des îles Chiloë, qui lui-même se rattache de très près au *Spheniscus demersus* du Cap Horn et des îles Falkland. Celui-ci a fourni la colonie du Cap de Bonne-Espérance, dont les individus ne diffèrent pas de ceux de l'Amérique du Sud. Il est à remarquer que ces derniers ne se sont pas établis sur la terre ferme, mais sur une petite île rocheuse située sur le milieu de False-Bay, près du Cap, de même qu'aux îles Falkland, ces oiseaux n'habitent pas les îles principales — où une espèce de Chacal[1], introduite du continent, pourrait détruire leurs œufs et leurs petits, — mais des îlots écartés, hors des rapines de cet animal. — Partout aussi on remarque que les Manchots ne s'établissent jamais dans les localités fréquentées par les Phoques ou les Otaries, qui ont pourtant des habitudes et une distribution géographique presque identiques, mais qui, en leur qualité de carnivores, sont leurs principaux ennemis. Les Manchots installent toujours leur campement et leurs nids sur quelque point élevé, hors de la portée des Amphibiens qui sont mauvais marcheurs à terre, mais bien au-dessous des corniches élevées où les palmipèdes bons voiliers peuvent avoir accès.

En résumé, c'est au fond de la grande échancrure du

1. *Canis antarcticus*, Lesson.

continent antarctique située entre la terre Victoria et la terre d'Alexandre Ier, non loin du grand volcan en activité l'Erebus, sous le 77e degré de latitude australe, que M. Milne Edwards place la patrie primitive ou le centre de production d'où les Manchots, entraînés par le grand courant antarctique, qui prend sa source dans cette échancrure, ont rayonné peu à peu sur tous les points de leur domaine actuel.

Les Manchots ne sont pas les seuls Oiseaux caractéristiques de la Région Antarctique ou dont la distribution géographique actuelle indique qu'ils sont *originaires* de cette région. Les Albatros *Diomedea*, et probablement aussi les Stercoraires *Stercorarius*, les Pétrels (*Procellaria*, et notamment les genres *Pelecanoïdes, Ossifraga*, sont dans ce dernier cas : mais nous avons vu qu'une espèce de vrai Pétrel *Procellaria glacialis* se montrait jusque dans l'extrême Nord, et cette forme arctique diffère très peu du Pétrel antarctique *Procellaria glacialoïdes* : il est bien probable que ce dernier a pu être poussé par les vents et les tempêtes jusque dans l'hémisphère septentrional. Par contre les Puffins *Puffinus*, plus nombreux dans le Nord, ont aussi des représentants dans le Sud *Pagodroma nivea, Daption capensis*, etc. .

Les Palmipèdes Lamellirostres sont, comme nous l'avons dit, un type cosmopolite, mais un certain nombre de genres ou sous-genres de la famille des *Anatidæ*, notamment *Micropterus, Cloephaga* et les Cygnes noirs *Chenopsis, Coscoroba*, appartiennent en propre à l'hémisphère austral.

Un autre type que l'on a rapproché quelquefois des Canards ou des Oies, mais qui par son organisation se rapproche davantage des Échassiers de rivage, notamment des Huîtriers, les Becs-en-fourreau (*Chionis*), est au contraire tout à fait caractéristique de la région antarctique. Des deux espèces communes, l'une (*Ch. alba*, habite la terre Louis-Philippe et les îles au sud de l'Amérique jusqu'à l'embouchure du Rio-de-la-Plata; l'autre qui n'en diffère que par la taille (*Ch. minor*), a colonisé les îles du Prince-Edouard, Crozet et Kerguelen.

Les Mammifères marins les plus répandus dans la Région Antarctique sont des Otaries (*Otaria*) ou Phoques à oreilles, et l'on pourrait même dire que ce type est aussi caractéristique de cette région que les Manchots eux-mêmes, si des migrations, que nous étudierons plus loin[1], ne les avaient conduits dans le nord de l'Océan Pacifique, où plusieurs espèces se sont acclimatées. Les Otaries diffèrent essentiellement des Phoques par la structure de leurs membres : bien que transformées également en nageoires, les pattes des Otaries permettent à ces animaux de marcher à terre beaucoup plus aisément que les Phoques : les Otaries peuvent ramener les pattes postérieures en avant de manière à soulever le ventre : les visiteurs du Jardin d'Acclimatation savent que ces animaux peuvent progresser rapidement à terre et monter sur les rochers en faisant des bonds qui ressemblent à une sorte de galop. Les Phoques, au contraire, ne peuvent ramener les pattes postérieures en avant et leur marche à terre n'est qu'une sorte de reptation. l'animal ne s'aidant pour progresser que des membres antérieurs. Il y a donc là deux types bien distincts par leur organisation, et leur distribution géographique est également différente, les véritables Phoques étant tous originaires de la région arctique, les Otaries de la région antarctique. — Ces animaux, de grande taille et doués de moyens de locomotion puissants, ont pu pousser leurs migrations beaucoup plus loin que les Manchots, dont l'aile n'était propre qu'à la nage : mais ils n'ont pu s'étendre aussi loin vers le Nord que les Palmipèdes longipennes.

Les Otaries abondent, ou plutôt abondaient encore, au commencement de ce siècle, sur tous les points déjà signalés du pourtour de l'Océan Antarctique : la pour-

---

1. Voyez chap. X, où nous figurons une espèce d'Otarie.

suite acharnée qu'on leur a faite pour se procurer leur peau et leur huile en a singulièrement diminué le nombre. En 1800, 159,000 de ces animaux furent tués à la Nouvelle-Géorgie du Sud, et, en deux années, plus de 300,000 furent exterminés sur les Shetland australes. L'île Crozet fut, un peu plus tard, le rendez-vous des pêcheurs de phoques, de même que l'île Antipode et l'île Macquarie au sud de la Nouvelle-Zélande. Plus au sud encore, ces animaux ne sont pas moins abondants, à l'époque de la reproduction, pendant le court été des latitudes australes, sur toutes les terres faisant partie du Continent Antarctique.

Les espèces propres à cette Région sont l'*Otaria jubata* ou *Lion marin*, qui s'étend au Nord des deux côtés de l'Amérique méridionale, d'une part jusqu'au Rio-de-la-Plata, de l'autre jusqu'aux îles Gallapagos ; l'*Arctocephalus australis*, ou l'*Ours marin* des pêcheurs, qui a la même répartition géographique ; l'*Arct. antarcticus* représente cette espèce au cap de Bonne-Espérance, et l'*Arct. Forsteri* aux îles Kerguelen, Saint-Paul, Amsterdam, en Australie et à la Nouvelle-Zélande. Cette dernière contrée est aussi la patrie du *Phocarctos Hookeri* qui se trouve aux îles Aukland. Un seul genre *Zalophus*, se trouve des deux côtés de l'Equateur, à la fois sur les côtes d'Australie et dans le nord du Pacifique, où le genre *Eumetopias* représente l'*Otaria* du Sud et le *Callorhinus ursinus*, les Arctocéphales antarctiques. En résumé, six espèces seraient propres à la région qui nous occupe, tandis que trois seulement auraient pénétré dans l'hémisphère septentrional.

Il existe bien encore dans la Région Antarctique des Mammifères marins qui paraissent se rapprocher des Phoques plus que des Otaries. Ils constituent une sous-famille à part (*Stenorhynchinæ*) et comprennent trois espèces types chacune d'un genre (*Stenorhynchus, Lobodon, Leptonyx* et *Ommatophoca*). Mais ils sont fort mal connus et l'on ne sait presque rien de leur distribution géographique. — Un autre type propre à cette même région a, comme les Otaries, un représentant dans le Nord-Pacifique : c'est l'*Éléphant marin* (*Macrorhinus leoninus*) représenté sur les côtes de Californie par le *M. angustirostris*, et plus au nord par un genre à part (*Cystophora*). — De même que pour les Oiseaux de haut vol, nous constatons ici des échanges réciproques entre les faunes arctiques et antarctiques, certains types du groupe des Phoques ayant émigré vers l'hémisphère Sud, tandis que d'autres types du groupe des Otaries passaient dans l'hémisphère Nord. Il est très vraisemblable, du reste, que ces échanges n'ont pas eu lieu simultanément, mais à des époques géologiques successives et plus ou moins éloignées.

Les Cétacés de la Région Antarctique n'ont rien de bien particulier et les types de la Région Arctique (à l'exception du Narval et du Beluga) semblent représentés ici par des espèces ou races tout à fait homologues. Seule une Baleine de très petite taille (*Neobalæna marginata*), propre aux mers de la Nouvelle-Zélande, constituerait un type spécial à l'hémisphère austral. Mais les *Balæna antarctica* et *B. antipodum* ressemblent tellement aux Baleines franches de l'hémisphère Nord qu'on ne peut leur refuser une origine commune et qu'on doit admettre qu'à une époque géologique antérieure, probablement pendant la période glaciaire de l'hémisphère Nord, des courants froids beaucoup plus étendus qu'à l'époque actuelle ont permis à ces Cétacés de traverser l'Équateur et d'émigrer dans l'autre hémisphère. Il en est de même des Baleinoptères et des Dauphins des mers antarctiques, qui appartiennent tous à des types déjà connus dans l'hémisphère septentrional.

Considérations générales communes aux Régions Arctique et Antarctique. — L'étendue que nous avons donnée à l'étude de ces deux régions pourra sembler hors de proportion, comparée au peu d'importance de leur faune à l'époque actuelle. Mais nous avons montré que, si le nombre des espèces animales qui caractérisent ces deux faunes était restreint, l'abondance extrême des individus qui représentent chacune de ces espèces compensait largement cette infériorité apparente. On ne saurait oublier, d'ailleurs, qu'au point de vue économique, ces deux régions ont pour l'homme une grande importance, puisque c'est seulement dans l'une ou l'autre que peuvent s'effectuer avec fruit la pêche de la Baleine et la chasse aux Phoques. Enfin l'existence probable, à des époques géologiques antérieures, de continents plus étendus que de nos jours aux deux pôles, donne à la faune de ces Régions une valeur *historique* incontestable et sur laquelle nous croyons devoir insister avant de clore ce chapitre.

La délimitation des continents et des mers, à l'époque actuelle, met bien en évidence la division de ces continents en *Paléogée* et *Néogée* admise, comme nous l'avons dit (p. 18) par Sclater d'après l'examen des faunes ornithologiques : la Paléogée comprenant tout l'Ancien Continent, et la Néogée le Continent Américain.

L'examen de nos cartes modernes, au contraire, n'explique pas la division du globe en *Arctogée* et en *Notogée*, c'est-à-dire en Continent Boréal et en Continent Austral, proposée par Huxley comme ayant une importance zoogéographique supérieure même à la division de Sclater.

Dans l'hémisphère oriental cependant, la faune de l'Australie, si remarquable par son caractère archaïque, peut être opposée à celle de l'Europe, de l'Asie et de l'Afrique réunies : le continent Australien est le seul reste de cette Notogée dont le savant anglais a cherché à mettre en relief les caractères zoologiques, tandis que dans l'hémisphère occidental les faunes des deux Amériques ont opéré des échanges si nombreux et se sont mélangées si intimement qu'il est difficile d'en retrouver les origines.

A l'époque actuelle, les deux grands Océans Atlantique et Pacifique, s'étendant librement d'un pôle à l'autre, forment, pour les animaux terrestres, deux barrières infranchissables entre la Paléogée et la Néogée. Cette barrière est complète, sauf autour du cercle arctique, où le froid s'est chargé de fermer la route que le rapprochement des deux continents laissait ouverte à ces animaux et dont ils ont dû profiter, à une époque géologique relativement récente, comme le montre l'identité presque complète des faunes mammalogiques de l'Amérique du Nord, de l'Europe et de la Sibérie. Au Sud, par contre, cette séparation est aussi complète que possible, de telle sorte que les émigrations ne peuvent s'opérer dans le sens du méridien, comme le fait est évident pour le Continent Américain.

Cependant, il n'en a pas toujours été ainsi : la Géologie nous apprend qu'à l'Epoque Mésozoïque ou Secondaire, c'est-à-dire pendant les périodes Jurassique et Crétacée, il existait dans l'hémisphère austral de larges bandes de terre dont les rivages étaient orientés dans le sens à peu près des parallèles, et qui, traversant le lit actuel de l'Atlantique et du Pacifique, reliaient l'Amérique méridionale à l'Afrique australe d'une part, à la Nouvelle-Zélande et à l'Australie de l'autre. Neumayr, qui s'est appliqué à reconstituer les continents de l'époque Jurassique[1], établit qu'à cette époque il existait un continent qui reliait l'Amérique du Sud à l'Afrique. Le haut-fond sous-marin de l'Atlantique désigné sous le nom de *Plateau de jonction,* et dont les îles de Sainte-Hélène, de l'Ascension et de Saint-Paul, plus à l'ouest, représentent les principaux sommets, est tout ce qui reste de ce continent mésozoïque, au nord duquel l'Atlantique, allongée de l'Est à l'Ouest, et non du Nord au Sud comme aujourd'hui, réunissait déjà la Méditerranée à la

---

1. Neumayr, *Die Geographische Verbreitung des Juraformation* (*Denskschriften der* **K.** *Akad. der Wissensch.*, Wien, 1885).

mer des Antilles et probablement à l'Océan Pacifique. A la même époque, le continent arctique s'étendait beaucoup plus au Sud : le Groënland était réuni au Labrador et le large plateau sous-marin sur lequel repose actuellement le cable télégraphique qui relie les Iles-Britanniques à Terre-Neuve, indique probablement le rivage septentrional de l'Atlantique à l'époque secondaire.

Des faits absolument semblables se passaient à la même époque dans le bassin du Pacifique. Les recherches de Hutton sur l'origine de la faune et de la flore de la Nouvelle-Zélande[1], ainsi que l'étude géologique de ce petit continent, celle de l'Australie et de l'Amérique méridionale, ont conduit ce naturaliste à admettre qu'au début de la période Crétacée, il existait dans l'hémisphère austral une large bande continentale réunissant ces trois parties du monde et s'étendant vers le Nord-Ouest jusqu'à la Nouvelle-Guinée. Le vaste plateau sous-marin qui relie à l'époque actuelle presque tous les archipels de la Polynésie et qui s'étend jusqu'aux côtes du Chili, est tout ce qui reste de ce continent mésozoïque. Dans le nord du Pacifique la longue ligne des îles Aléoutiennes indique la direction des rivages d'un continent rattachant, à la même époque, le territoire d'Aloska au Kamtschatka.

Si l'on rapproche ces faits géologiques de ceux que nous fournit la distribution géographique des animaux, on voit que tout s'accorde pour nous faire admettre l'existence, à l'époque mésozoïque, de deux gands continents circumpolaires, l'un arctique, l'autre antarctique, qui *très probablement n'ont pas été contemporains,* malgré l'apparence[2], mais ont eu chacun leur période

---

1. *The New Zealand Journal of Science,* 1884. — Nous avons donné une analyse de la 1re partie de ce mémoire dans la *Bibliothèque de l'Ecole des hautes Etudes, Zoologie,* 1886.

2. Il est bien établi aujourd'hui que des couches à faciès géo-

de splendeur et ont servi successivement de théâtre à l'évolution des animaux terrestres. On sait que l'époque Jurassique est celle où les Reptiles ont atteint leur apogée, celle où les Oiseaux et les Mammifères ont fait leur première apparition, autant que nous en pouvons juger d'après le petit nombre de gisements où l'on a trouvé des débris appartenant à ces deux classes. A part les couches de Karoo dans l'Afrique Australe, nous ne savons rien de la flore et de la faune du Continent Antarctique à l'époque mésozoïque.

Un savant botaniste anglais, M. Williamson, après avoir étudié avec soin[1] ce que nous savons de la flore des périodes géologiques antérieures à l'époque tertiaire, arrive à cette conclusion que « l'âge tertiaire fut caractérisé par un développement de nouveaux types d'animaux et de végétaux tout à fait disproportionné avec sa durée », et ajoute : « Cette étonnante explosion d'activité génétique était due à quelque *facteur inconnu* qui opéra alors avec une énergie à laquelle la terre avait été étrangère auparavant, comme elle le fut après... » L'auteur laisse à dessein dans le vague la nature de ce facteur inconnu. Mais si, conformément aux principes de la géologie moderne, on écarte toute cause surnaturelle, ne peut-on pas admettre que ce «facteur inconnu » n'est autre qu'une *migration des animaux et des plantes* qui habitaient, à l'époque secondaire, le continent antarctique, dont la faune fossile nous est malheureusement inconnue ? C'est par suite des changements de configuration des terres qui se sont produits au début de la période tertiaire, que ces immigrants ont pu envahir l'hémisphère Nord, le seul dont la paléontologie nous soit approximativement connue.

logique identique, par tous leurs caractères et même par leurs fossiles, ne sont pas nécessairement contemporaines, et que, par ex., le Jurassique d'un pays donné peut être antérieur ou postérieur au Jurassique d'un autre pays.

1. *Revue scientifique*, juillet-août 1875.

Cette hypothèse n'a rien d'inadmissible dans l'état actuel de la science, mais nous éviterons d'y insister, les faits sur lesquels elle s'appuie n'étant pas encore assez nombreux pour lui donner une base solide et irréfutable.

En résumé, qu'il nous suffise d'avoir démontré l'existence d'une Notogée et d'une Arctogée, c'est-à-dire d'un Continent Antarctique et d'un Continent Arctique, florissants à une époque antérieure, et dont l'importance en Géographie Zoologique n'est pas moindre que celle de la Paléogée et de la Néogée (Ancien et Nouveau Continent) à l'époque actuelle. Cette dernière division naturelle date d'une période plus récente que la première : elle est Tertiaire ou Néozoïque tandis que l'autre est Secondaire ou Mésozoïque. Mais chacune de ces divisions a son importance quand on étudie, d'une façon spéciale, les éléments géographiques de l'une ou l'autre des classes du règne animal, importance plus ou moins grande suivant l'époque géologique où chaque classe a fait son apparition à la surface du globe. Nous aurons souvent l'occasion de revenir sur ces faits dans la suite de cet ouvrage, et nous en donnerons de nombreux exemples.

CHAPITRE III

I

La *Région Paléarctique* nous intéresse à plus d'un
titre, car c'est celle que nous habitons et sa faune, étudiée
depuis plus longtemps et plus facile à connaître, nous
servira de point de départ et de comparaison pour étudier ensuite la faune des autres régions du globe. —
Cette Région est la plus vaste de toutes : limitée au
Nord par la Région Arctique, c'est-à-dire par la ligne
isotherme de 0°, elle s'étend de l'Atlantique, à l'Ouest,
au Pacifique, à l'Est, c'est-à-dire des Iles-Britanniques
au Japon inclusivement : au Sud, elle est séparée de la
Région Ethiopienne par les déserts du Sahara et de
l'Arabie ; de la Région Indienne (ou Orientale), par le
massif des monts Himalaya.

La température moyenne de cette vaste région est
partout tempérée, plus humide à l'Ouest, sur les rivages
découpés de l'Europe, plus sèche et plus froide en Russie

1. Ayant admis une Région arctique, nous aurions dû changer
ces deux termes adoptés par Wallace, qui partage la zone arctique entre ces deux régions. Nous avons préféré ne pas créer
de noms nouveaux et conserver ceux qui sont devenus classiques.

on les fait coïncider généralement avec une ligne qui, passant au nord de la mer Noire, réunirait les grandes chaînes de montagne de l'Europe continentale : les Pyrénées, les Alpes, les Balkhans et le Caucase. La faune de tous les pays compris dans ces limites diffère peu de celle de la France que nous prendrons comme type de la sous-région tout entière [1].

La faune mammalogique de la France [2], en comptant les Cétacés qui visitent nos côtes, comprend une centaine d'espèces, ce qui est bien peu en comparaison des 2.500 espèces de mammifères qui vivent encore à la surface du globe. La présence de l'homme, la culture intense du sol, et d'autres causes encore ont dû contribuer à amener cette pénurie qui n'a pas toujours existé. Sur ce chiffre de 100 espèces, plus de moitié sont d'une taille inférieure à celle du Rat. Les Chauves-Souris (24 espèces) sont représentées par les genres *Rhinolophus*, *Vespertilio* et *Vesperugo*, l'Oreillard (*Plecotus*) et la Barbastelle (*Synotus*). Les Insectivores (10 espèces), par le Hérisson (*Erinaceus*), plusieurs Musaraignes (*Sorex*) et la Taupe (*Talpa*) : ce dernier type peut être considéré comme spécial à la Région Paléarctique. Les Rongeurs (20 espèces) par les genres Ecureuil (*Sciurus*), Loir (*Myoxus*), Hamster (*Cricetus*), Campagnol (*Arvicola*), très nombreux en espèces, Rat (*Mus*), Castor et Lièvre (*Lepus*). Le Castor est commun aux deux régions Néarctique et Paléarctique, et le genre Rat, qui paraît originaire du sud de l'Asie (Région Indienne ou Orientale), n'a guère que deux espèces propres à l'Europe : le Mulot (*Mus sylvaticus*), et le Rat nain ou des moissons (*Mus minutus*). Toutes les

---

1. En parlant de la *faune de la France* nous ne nous astreindrons pas ici à nous renfermer dans les limites politiques de ce pays : nous prendrons ce terme dans son acception la plus large qui correspond à ce que les entomologistes appellent « faune *gallo-rhénane* » ou faune de l'ancienne Gaule.

2. Voyez E. Trouessart, *Faune des Mammifères de France*, 1 vol. in-12 avec 146 fig. dans le texte, 1885. Deyrolle.

autres c'est-à-dire le Surmulot (*Mus decumanus*), le Rat noir (*Mus rattus*) et même la Souris (*Mus musculus*), ont dû suivre l'homme dans ses migrations vers l'Ouest. Les Campagnols (*Arvicola*) sont les véritables rats de la Région Paléarctique et se retrouvent non moins abondants dans la Région Néarctique : ces Rongeurs sont originaires des régions arctiques, tandis que les Rats (*Mus*) sont propres aux régions intertropicales de l'Ancien Continent.

Les Carnivores (16 espèces) sont le Loup (*Canis lupus*), le Renard (*C. vulpes*) qui remplace ici le Renard polaire, le Blaireau (*Meles taxus*), la Marte et la Fouine (*Mustela martes* et *M. foina*), la Belette (*Mustela vulgaris*), la Loutre (*Lutra vulgaris*) et le Chat sauvage (*Felis catus*). — Les Ongulés, enfin, ne sont représentés dans nos plaines que par le Sanglier (*Sus scrofa*), le Cerf et le Chevreuil (*Cervus elaphus, C. capreolus*). — L'Élan (*Cervus alces*) est une espèce plus septentrionale qui s'écarte peu de la limite méridionale de la Région Arctique.

Les chaînes de montagnes de l'Europe centrale forment au milieu de nos plaines comme de petites îles à température plus basse et qui ont conservé une faune qui leur est propre ou se retrouve plus au nord dans la Région Arctique : l'Ours (*Ursus arctos*), le Lynx (*Felis Lynx*), le Chamois (fig. 5) (*Capella rupicapra*), le Bouquetin (*Capra ibex*), la Marmotte (*Arctomys marmotta*), sont si bien confinés sur ces montagnes, que chaque chaîne a sa variété qui lui est propre, et qui se distingue par des caractères particuliers, bien que l'origine commune de toutes ces variétés ne soit pas douteuse. Le Lièvre changeant (*Lepus variabilis*) et l'Hermine (*Mustela erminea*) établissent une relation du même genre entre la faune alpestre et la faune arctique, où nous avons déjà signalé ces deux espèces.

Les côtes de l'Atlantique sont visitées par le Phoque commun (*Phoca vitulina*), et par des Cétacés des genres

Dauphin (*Delphinus*), *Hyperoodon*, *Ziphius* et des Baleinoptères généralement identiques aux espèces de l'Océan
glacial Arctique, qui émigrent chaque année dans l'Atlantique ; mais la Baleine franche des côtes de France

Fig. 5. — Chamois, type de la Région Paléarctique (Europe)
(1 15 de grand. nat.).

(*Balæna biscayensis*) est propre à l'Atlantique et ne se
retrouve que sur les côtes de l'Amérique du Nord.

Un certain nombre de types peu répandus ou en voie
d'extinction, et qui sont étrangers au centre de l'Europe,

font cependant partie de la faune de cette sous-région : tel est le Bison, improprement appelé *Aurochs* (*Bison europæus*), qui ne se trouve plus que dans une localité restreinte au nord du Caucase, mais qui habitait les forêts de la Gaule à l'époque de Jules César ; puis deux Insectivores qui vivent à la limite méridionale de cette sous-région, l'un à l'Ouest, l'autre à l'Est : le Desman des Pyrénées (*Mygale pyrenaïca*) et le Desman moscovite (*M. moschata*). Ce dernier vivait en Angleterre et dans le nord de l'Europe à l'époque quaternaire [1].

Les oiseaux d'Europe (près de 660 espèces) présentent la même particularité que les Mammifères : très peu d'espèces sont propres à cette sous-région ou même à la Région Paléarctique tout entière ; beaucoup émigrent, les uns, pendant l'été, dans la Région Arctique, les autres, en hiver, dans les Régions Éthiopienne et Indienne. Les familles des *Fringillidæ* (Moineaux) et des *Sylviidæ* (Fauvettes) sont les plus nombreuses parmi les Passereaux que l'on peut considérer comme propres à cette sous-région. Le Rossignol (*Philomela luscinia*), si remarquable par son chant qu'aucun autre oiseau n'égale, appartient à cette dernière famille et ne se trouve que dans la Région Paléarctique. Les oiseaux à plumage éclatant et surtout à reflets métalliques sont rares : le Martin-Pêcheur (*Alcedo hispida*) fait exception. Les grands Rapaces sont représentés par des Aigles (*Aquila*), et le plus gros de tous les oiseaux d'Europe, la Grande Outarde (*Otis tarda*), habite les plaines du Centre et de l'Est. — La faune des montagnes présente aussi quelques types spéciaux : tels sont le Gypaète (*Gypaetos barbatus*) qui se rapproche des Vautours, le Grand Tétras (*Tetrao urogallus*), le Choucas des Alpes (*Pyrrhocorax alpinus*) ; d'autres, comme le Lagopède (*Lagopus alpinus*). le Bruant des neiges (*Plectrophanes nivalis*), relient cette faune à la faune Arctique.

1. Le *Palæospalax magnus* d'Owen, fossile quaternaire, ne diffère pas du *Mygale moschata*.

Les Reptiles sont peu nombreux et peu variés comme dans tous les pays à température peu élevée. Les vrais Lézards sont propres à la Région Paléarctique et nombreux en espèces : tels sont le Lézard vert (*Lacerta viridis*) qui atteint une assez grande taille, le Lézard des souches (*L. stirpium*) et le Lézard gris ou commun (*L. muralis*) : le Lézard vivipare (*Zootoca vivipara*) (fig. 6) s'étend jusqu'au cercle arctique et se retrouve dans les Alpes. L'Orvet (*Anguis fragilis*), malgré sa forme de serpent, est un Saurien très commun dans toute cette région. Les Ophidiens ont plusieurs types de Couleuvres dont deux, la Couleuvre d'Esculape (*Elaphis Esculapis*) et la C. à collier (*Tropidonotus natrix*), atteignent une assez grande taille (2 m. de long et la grosseur du bras) : leur morsure est sans danger. Il n'en est pas de même de celle des Vipères, qui sont pourtant de plus petite taille, mais dont les dents sont empoisonnées : deux espèces (*Vipera* [*Pelias*] *berus*, et *V. aspis*) habitent la France, et leur morsure peut entraîner la mort surtout chez de jeunes enfants. — Les Amphibiens ou Batraciens sont représentés par les genres Grenouille (*Rana*), Rainette (*Hyla*), Crapaud (*Bufo*), Salamandre (*Salamandra*, dont une espèce, la *S. atra*, est propre aux Alpes), et Triton (*Molge*) : ces derniers sont des Salamandres tout à fait aquatiques.

Les Poissons les plus communs dans nos rivières et dans nos lacs appartiennent à la famille des Cyprins (*Cyprinidæ*), famille très nombreuse en individus et en espèces, appartenant pour la plupart à la Région Paléarctique. Cette famille se retrouve dans la R. Néarctique et sur l'Ancien Continent dans l'Afrique et l'Asie méridionales, mais elle fait défaut dans les autres régions. — Les Mollusques terrestres sont des Escargots (*Helix*) et des Limaces (*Limax*), et le genre *Arion*, dépourvu de coquilles comme ces dernières, est propre à la Région qui nous occupe.

Les Insectes sont beaucoup plus nombreux en espèces

Fig. 6. — Lézard vivipare, type de la Région Paléarctique (grand. nat.).

que les Vertébrés. Parmi les Coléoptères, les Carabiques, qui sont carnassiers, sont surtout abondants. Les Lépidoptères ou Papillons présentent plusieurs types dont les couleurs métalliques peuvent rivaliser avec celles des types des pays chauds. Les autres invertébrés n'ont rien de caractéristique.

La *Sous-Région Sibérienne*, telle que la circonscrit Wallace, nous paraît formée de deux éléments disparates. La zone septentrionale, qui s'étend à l'est de l'Europe sur tout le nord de l'Asie, et qui doit probablement comprendre aussi le territoire d'Alaska, au N.-O. de l'Amérique, est une région basse, traversée de nombreux cours d'eau, et couverte de forêts comme le nord de l'Europe. Au sud de la précédente s'étend une zone de *Steppes*, c'est-à-dire de plaines découvertes ou de déserts qui s'élèvent peu à peu de la mer Caspienne au plateau du Thibet et aux premiers contreforts des monts Himalaya. Cette région est sous tous les rapports, et notamment par son climat et par sa faune, l'analogue de la sous-région Méditerranéenne et nous croyons devoir la réunir à celle-ci, dont nous parlerons bientôt.

Quant à la sous-région Sibérienne proprement dite, sa limite méridionale se trouve ainsi formée par les monts Altaï et le bassin de l'Amour, et sa faune est si semblable à celle du nord de l'Europe qu'on pourrait sans inconvénients la réunir à l'Europe, sous le nom de sous-région Eurasiatique. Presque tous les types génériques que nous avons signalés dans la faune Mammalogique et Ornithologique de la France s'y trouvent représentés par des espèces identiques ou peu différentes, et la faune des Monts Altaï rappelle aussi celle des Alpes. — Jusqu'à une époque relativement récente, la Sibérie a dû être couverte par une mer en communication avec l'Océan glacial Arctique et dont les lacs Baïkal, Oron, Lob-Noor, Koko-Noor, Balbach et la mer Aral, reliés à cet Océan par de nombreux cours d'eau coulant tous vers le Nord, peuvent être considérés comme les derniers restes. On trouve, en effet, dans le lac Baïkal, à une élévation de 2,000 pieds au-dessus du niveau de la mer, un Phoque (*Phoca sibirica*), qui n'est qu'une variété du Phoque marbré de l'Océan Arctique : il en est de même du Phoque du lac Aral et de la mer Caspienne (*Ph. caspica*), tandis que ce dernier diffère beaucoup plus du Phoque de la Méditerranée (*Ph. vitulina*), qui est l'espèce de l'Atlantique. — Les poissons du lac Baïkal sont pour la plupart identiques à nos espèces d'Europe, mais on y signale 2 ou 3 types spéciaux (*Comephorus*, *Brachy-mystax*). Parmi les insectes, les Carabiques prédominent en Sibérie comme en Europe.

Au N.-E. de la Sibérie, dans la mer de Behring, vivait encore au siècle dernier un type très singulier de Mammifères appartenant au groupe des Sirénides ou Cétacés herbivores. Cet animal marin, le *Rytine de Steller*, atteignait une assez grande taille ; il est actuellement complètement éteint. On chasse encore dans ces parages la Loutre marine (*Enhydris marina*), et de nombreuses espèces de Phoques. — Sur le continent Sibérien la fonte des glaces, à la suite d'un été plus chaud que d'ordinaire, met quelquefois à découvert le cadavre conservé par le froid, depuis l'époque quaternaire, de quelque Mammouth (*Elephas primigenius*) ou de quelque Rhinocéros (*Rhinoceros tichorinus*), encore couverts d'une épaisse fourrure. Ces deux grands ongulés ont donc habité la Région Paléarctique à une époque où son climat était déjà aussi froid qu'à l'époque actuelle, et c'est la période glaciaire qui a dû entraîner leur extinction.

Au sud-est de la Sibérie s'étend la *Sous-Région Mantchourienne* (ou Mongolienne), qui comprend tout l'est de la Chine, de l'Amour au Fleuve Bleu ou Yang-tse-kiang, qui la sépare au sud de la Région Orientale. A l'Ouest, cette sous-région est séparée du Désert de Gobi par les monts du Thibet, du Koko-Noor, du Moupin, et du Setchuan ; à l'Est, elle comprend l'archipel du Japon. Jusque dans ces derniers temps (1870), la faune de cette sous-région nous était presque totalement inconnue. Ce sont les explorations récentes de l'Abbé Armand David qui nous ont révélé la présence, dans les régions montagneuses de la Mongolie chinoise, au nord du Thibet, d'une faune toute nouvelle et très intéressante par les rapports qu'elle présente à la fois avec la faune de l'Europe et avec celle de la Région Orientale, tout en conservant un faciès très particulier.

Trois espèces de singes habitent ces montagnes situées sous le même degré de latitude que les Alpes (*Macacus thibetanus*, *M. tcheliensis* et *Rhinopithecus Roxellanæ*) : ce dernier est vêtu d'une fourrure épaisse qui lui permet de vivre sur les arbres couverts de neige des forêts les plus élevées. Avec l'Ours du Thibet on y trouve un carnivore qui, *sous la peau d'un ours*, cache une organisation beaucoup plus voisine de celle du Panda (*Ailurus*) qui habite le même pays ; c'est l'*Ailuropus melanoleucus*. Le Tigre s'étend, comme nous l'avons dit, jusqu'à la vallée de l'Amour, limite de la Sibérie [1], et en Mongolie on trouve avec lui la Panthère, le *Felis Diardi* (ou *macroscelis*), un Lynx et plusieurs Chats sauvages, un Blaireau, des Martes, des Belettes et une Loutre. Deux Viverridés (*Viverra civetta*, et *Paradoxurus larvatus*) indiquent le voisinage de l'Himalaya et se rattachent à la faune Orientale. Il en est de même des Ecureuils volants (*Pteromys*) dont deux espèces sont propres à ce pays. La Marmotte, le *Lagomys*, ou Lièvre des montagnes, et la plupart des Rongeurs, diffèrent au moins spécifiquement de ceux de Sibérie. Mais les Insectivores sont surtout caractéristiques et présentent un grand intérêt ; ils constituent des genres nouveaux formant le passage des Musaraignes aux Taupes et aux Desmans (*Anouro-*

---

1. Sa limite la plus septentrionale est dans l'île Saghalien, par 50° de lat. Nord.

sorex, Scaptonyx, Scaptochirus, Uropsilus, Necto-gale, etc.), de telle sorte que l'on doit considérer ces trois types d'Insectivores, comme originaires du centre de l'Asie d'où ils ont rayonné d'une part vers l'Europe, de l'autre vers le Japon et l'Amérique du Nord. Les Herbivores sont nombreux : le Yack ou Bœuf à queue de cheval (*Pœphagus grunniens*), originaire du Thibet, a été domestiqué par les Chinois. Une Antilope à formes lourdes comme celles des Bœufs (*Budorcas taxicolor*), le Mouflon du Thibet (*Ovis naghor*), des Antilopes semblables à notre Chamois, mais à cornes droites (*Nemorrhœdus*), habitent les sommets les plus inaccessibles. Les Cerfs sont représentés par une grande espèce, le Milou (*Elaphurus Davidianus*), qui ne se trouve plus que dans un parc impérial près de Pékin, par les *Cervus xanthopygus* et *C. mandarinus* voisins du nôtre, et par des types de plus petite taille, le Muntjac (*Cervulus lacrymans*), l'*Elaphodus cephalophus* à bois encore plus court, et l'*Hydropotes inermis* qui en est complètement dépourvu dans les deux sexes. Le Chevrotain porte-musc (*Moschus moschiferus*) est devenu rare par suite de la chasse incessante qu'on lui fait.

Beaucoup d'Oiseaux qu'on avait crus propres à la faune de l'Inde ou de la Région Orientale remontent en été jusque dans la Mongolie et le sud de la Sibérie. Parmi les Oiseaux sédentaires, les Gallinacés sont surtout nombreux : les Faisans (*Phasianidæ*), sont presque exclusivement asiatiques. Tels sont les genres *Lophophorus, Thaumalea, Crossoptilon, Ceriornis, Pucrasia,* etc., et *Phasianus,* représenté par des espèces au magnifique plumage, la plupart domestiquées par les Chinois. Une grande Perruche (*Palæornis Derbyana*) se montre en été près de Tchentou, par 320 de lat. boréale : c'est de tous les Perroquets de l'Ancien continent l'espèce qui s'avance le plus vers le Nord. — Les Reptiles et les Batraciens sont peu nombreux. Le plus remarquable est la Grande Salamandre (*Sieboldia Davidiana*), du Lac Koko-

Noor et du Thibet, qui atteint un mètre de long, et dont une espèce voisine habite le nord du Japon. Une Salamandre de plus petite taille (*Dermodactylus Pinchonii*), appartient à un genre dont toutes les autres espèces sont Américaines. Les Grenouilles sont représentées par le genre *Polypedates*, les Serpents par un *Coryphodon* de 2 à 3 mètres de long, un *Bothrops* très venimeux mais rare et un genre nouveau (*Isodoution*). — La faune entomologique se distingue de celle de la Sibérie par la rareté des Carabiques : les Lamellicornes, au contraire, sont nombreux. Les Lépidoptères, à côté d'espèces identiques à celles d'Europe, ont plusieurs types nouveaux. — Les plaines du nord de la Chine possèdent, outre les animaux déjà signalés en Mongolie, un Chien d'un genre particulier (*Nyctereutes procyonoïdes*) qui se retrouve au Japon, un Porc-épic (*Hystrix subcristata*) et un Pangolin (*Manis Dalmanni*), édenté que l'on doit considérer comme un immigrant de la faune Orientale.

Le Japon, en raison de sa vaste étendue en latitude, présente un climat très varié, et l'on peut y reconnaître trois faunes distinctes : les îles du nord de l'Archipel possèdent la faune de la Sibérie ou du nord de l'Europe ; celles du centre se rattachent à la faune Mantchourienne ; enfin celles du Sud, où l'on trouve de grandes Chauves-Souris frugivores (*Pteropus*) appartiennent à la Région Orientale. Le même fait se montre déjà dans la presqu'île de Corée, qui possède au Nord une faune Mantchourienne, au Sud une faune Orientale. Plusieurs types zoologiques, notamment parmi les Insectivores (*Urotrichus talpoïdes*), établissent une relation entre la faune du Japon et celle de la Californie.

La *Sous-Région Méditerranéenne* forme, ainsi que nous l'avons déjà indiqué, une large bande de déserts et de mers qui traverse en écharpe tout l'Ancien Continent, de l'Atlantique à l'Ouest à la Mongolie à l'Est, n'étant séparée, dans cette direction, de l'Océan Pacifique que par la Sous-Région Mantchourienne. Cette bande, qui remonte ainsi vers le Nord, en Asie, représente le lit, en grande partie soulevé, d'une Méditerranée qui occupait toute cette zone vers la fin de la période Crétacée. On trouve dans les sables du Turkestan des Oursins caractéristiques du Crétacé supérieur et spécifiquement identiques à ceux de la même époque trouvés en Espagne (Cotteau). Ce fond de mer s'est soulevé, à l'Est et au Sud, rejettant ses eaux dans les bassins de la Méditerranée actuelle, de la Mer Noire et de la Caspienne, et le fond émergé a constitué les déserts du Sahara, de l'Arabie et du Turkestan, qui presque partout sont à une hauteur de plus de 1000 pieds au-dessus du niveau des mers actuelles.

La faune de cette vaste région présente une remarquable uniformité, à part les incursions que font, sur son pourtour, un certain nombre de types appartenant les uns à la faune Paléarctique du Nord, les autres aux faunes Éthiopienne et Orientale. C'est la faune spéciale des grandes plaines découvertes et des déserts de sables. Le Mammifère le plus caractéristique de cette faune est le Chameau (*Camelus bactrianus*), domestiqué par l'homme depuis la plus haute antiquité. D'après le voyageur Przewalski, le Chameau sauvage primitif se rencontre encore principalement à l'est du lac Lob-Noor, dans le Turkestan oriental ; pendant les grandes chaleurs il s'élève dans les montagnes jusqu'à onze mille pieds. Domestiquée par les Kirghises, cette espèce s'est étendue vers l'Ouest sur toute la région méditerranéenne. Le Dromadaire, ou Chameau à une bosse, n'est pas connu à l'état sauvage et n'est, selon toute apparence, qu'une race domestique obtenue par sélection et dressée spécialement pour la course. On ne le trouve pas dans le Turkestan, mais seulement en Mésopotamie, en Syrie, en Arabie, dans tout le nord de l'Afrique [1], et de là jusque

---

1. Les recherches géologiques faites en Algérie ont montré que

dans le Soudan et la Sénégambie. Les Chevaux et les ânes non zébrés appartiennent également à cette région : le Tarpan ou Cheval *redevenu* sauvage *Equus caballus*), se trouve en grandes troupes dans les steppes du Turkestan, de la Mongolie et du Gobi, les forêts du cours supérieur du Hoang-Ho et les montagnes du Thibet ; il est de petite taille[1]. Tout récemment Poliakof a décrit sous le nom d'*Equus Przewalskii* une espèce très remarquable découverte par le voyageur dont il porte le nom dans les steppes de la Dzongarie et qui serait le Cheval sauvage primitif, souche de nos races domestiques, probablement identique au Cheval de l'âge de pierre trouvé fossile en Europe[2]. Une autre espèce bien distincte et plus voisine des Anes se trouve à l'état sauvage dans toute la région au nord du plateau central de l'Asie, du Turkestan à la Mongolie, surtout entre Ladak et Lassa dans le N.-O. du Thibet : c'est l'Hémione ou Mulet sauvage de Pallas. le *Dziggetai* des Mongols et le *Kiang* des Thibétains *Equus hemionus*, dont ne diffère probablement pas l'Onagre des anciens *E. onager*), le *Ghor-khur* des Hindous du Guzerat. le Ghour ou *Kher-decht* des Persans, le *Koulan* des Kirghises ; il habite le Sindh ou désert Indien, le Beloutchistan, la Perse, le nord de l'Arabie et les déserts de Syrie : l'*Equus hemippus* de ce dernier pays n'en serait qu'une variété. Plus au Sud-Ouest encore, dans le désert égyptien et

le Chameau existait déjà dans ce pays à l'époque quaternaire. De même que le Cheval, il a dû disparaître de cette contrée pour y être ramené par l'homme longtemps après, en qualité d'animal domestique.

1. Le Cheval sauvage (Tarpan) était beaucoup plus répandu autrefois : il existait encore, il y a environ un siècle, dans le sud de la Sibérie et de la Russie d'Europe, et même, au moyen âge, en France, notamment dans la chaine des Vosges.

2. Voy. Piètrement, *Les chevaux dans les temps historiques et préhistoriques*. Paris, 1882. — A. Sanson, *Migrations des animaux domestiques*. Eug. Alix, *Le cheval*. Paris, 1886, p. 572.

tout le N.-Est de l'Afrique on rencontre l'Ane aux pieds bandés (*E. tœniopus*) qui est probablement la souche de nos différentes races d'Anes domestiques (*E. asinus*).

Le Tigre et le Lion se montrent sur plusieurs points de cette région : le Tigre à l'Est, en Mongolie, s'aventurant même quelquefois jusqu'au pied du Caucase et dans les montagnes d'Elburz. Le Lion est beaucoup plus répandu au Centre et à l'Ouest, depuis le Guzerat et le Shind jusqu'en Algérie : du reste il vivait encore en Europe (notamment en Macédoine) dans les temps historiques. Un autre grand carnivore voisin des panthères, l'Once (*Felis uncia* ou *irbis*) est propre au nord-est de cette sous-région, c'est-à-dire aux steppes du Turkestan et de la Mongolie. Le Chacal (*Canis aureus*) et le Corsac (*C. corsac*) représentent nos loups et nos renards. Mais ce sont surtout les Rongeurs qui ont un faciès caractéristique : les Gerboises (*Dipus*), les Gerbilles, les Sousliks (*Spermophilus*) ou Marmottes des sables, les Rats-taupes (*Ellobius talpinus*, *Siphneus aspalax*, *Spalax typhlus*), sont propres à cette région, et les Campagnols sont remplacés par des Hamster (*Cricetus*), genre qui s'étend jusque dans le centre de l'Europe. Des Lièvres assez voisins des nôtres (*Lepus tolaï*, *L. ægyptius*, etc.), et des Gazelles d'espèces particulières (*Gazella picticauda*, *G. fuscifrons*, etc.) parcourent ces plaines, ainsi qu'un type voisin, celui des Saïgas (*Saiga tartarica*) qui est spécial aux steppes asiatiques. Tous ces animaux semblent revêtus de la livrée du désert, car leur couleur isabelle ou d'un fauve jaunâtre assez pâle se fond de loin avec la teinte des sables au milieu desquels ils vivent : les oiseaux eux-mêmes présentent cette teinte pour la plupart.

Les oiseaux les plus caractéristiques des steppes sont les Gangas (*Pterocles*) et les Syrrhaptes (*Syrrhaptes*) ou Perdrix des sables, qui s'égarent quelquefois jusque dans l'ouest de l'Europe. Un genre particulier voisin des Geais (*Podoces*) est propre au sud de la Sibérie. Les gallinacés de la famille des Faisans (*Tetraogallus, Crossoptilon*, etc.), se trouvent surtout dans le Thibet, et le premier de ces genres s'étend jusqu'au Caucase. — Les Reptiles ont quelques types assez remarquables : le genre de serpents venimeux *Halys*[1] représente les Crotales ou Trigonocéphales Nord-Américains ; le genre *Phrynocephalus*, qui appartient à la famille des Agames, est représenté par plusieurs espèces, dont la mieux connue est le *Lézard à oreilles* de Tartarie. Les véritables Agames s'avancent vers le Nord jusqu'à la mer Caspienne. — Parmi les Insectes, un genre de Longicornes privé d'ailes et qui vit à terre (*Dorcadion*) peut être considéré comme propre à la région paléarctique et à la sous-région méditerranéenne, car il s'étend depuis la Chine jusqu'en Espagne à travers toute l'Eurasie, entre les 35e et 50e parallèles, et ne se trouve pas en dehors de cette zone étroite, sur l'Ancien Continent.

Le centre de l'Europe, du reste, a possédé autrefois, à un certain moment de l'époque quaternaire, la plupart des types de la faune des steppes, notamment le Saïga, la Gerboise et le Cheval sauvage dont nous avons déjà parlé[2]. Encore aujourd'hui le passage de la faune Nord-Européenne à la faune Circum-Méditerranéenne se fait d'une manière insensible et qu'il est facile d'étudier en France. A peu de distance au sud de Paris on trouve déjà la forêt de Fontainebleau bien connue des naturalistes comme un « petit oasis » à faune méridionale isolé au milieu d'un pays dont le climat est plutôt septentrional. Mais le contraste est bien plus grand pour le touriste parisien qui s'avance pour la première fois, en été, au sud de la Loire. A chaque pas dans la campagne

---

1. Ce genre se retrouve au Japon.

2. Probablement aussi l'Hémione et l'Onagre, car on distingue plusieurs espèces parmi les Équidés de cette époque fossiles en Europe. Forsyth Major a même décrit une espèce du pliocène d'Italie qu'il rapproche des Zèbres africains (*Equus quaggoïdes*).

un nuage de Sauterelles s'élève devant lui ; l'appel stri-
dent des Cigales (fig. 7) qui se répondent au loin
assourdit ses oreilles ; de petits Hannetons d'un bleu
azuré à reflets métalliques (*Hoplia farinosa*) se jouent
au sommet des hautes herbes. Tout indique un climat
plus chaud que celui du nord de la France.

Un petit Carnivore à faciès africain, la Genette
(fig. 8) (*Genetta vulgaris*), habite tout le sud et le sud-
ouest de la France, remontant jusque dans le département de Maine-et-Loire. Plus à l'est, on trouve deux

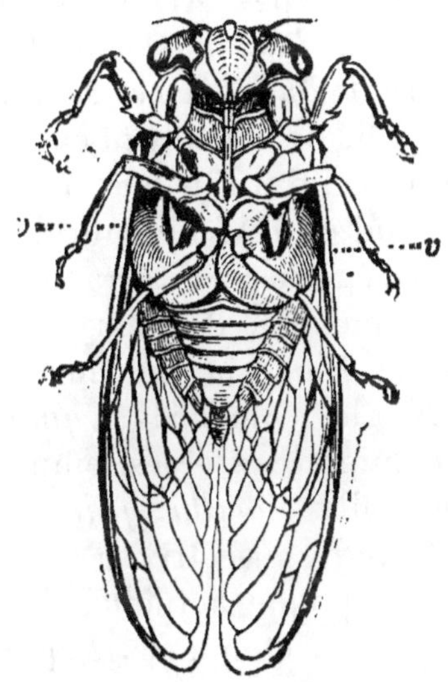

Fig. 7. — Cigale musicienne, type de la France méridionale
v, v' appareil musical. (Grand. nat.)

Chauves-Souris (*Molossus Cestonii, Miniopterus Schrei-
bersii*), appartenant à des types méridionaux. En
Espagne, outre la Genette, une Mangouste (*Herpestes
ichneumon*) indique le voisinage de la faune Ethiopienne,
et sur le rocher de Gibraltar un Singe, le Magot (*Macacus
inuus*), qui se retrouve au Maroc et en Algérie, nous
prouve que le détroit des Colonnes d'Hercule n'a pas
toujours existé. A l'Est, dans le sud de l'Italie et en
Sicile on rencontre le Porc-épic (*Hystrix cristata*) et en

Dalmatie, en Grèce et en Crimée, le Chacal que nous avons déjà signalé à l'est et au sud de la mer Caspienne[1].

Tous ces animaux se retrouvent au sud de la Méditerranée, en Algérie. Dans le Sahara algérien on constate l'existence d'une faune presque identique à celle des Steppes asiatiques, et revêtue, comme celle-ci, de la livrée caractéristique des déserts. Les Gerboises (*Dipus*) et les Gerbilles (*Gerbillus*, *Psammomys*, *Pachyuromys*), sont les Rongeurs propres à ces plaines de sables, mais les Rats-taupes manquent au nord de l'Afrique. Les Antilopes appartiennent à des types Africains (*Gazella dorcas*, *Alcelaphus bubalis*, *Addax nasomaculatus*). Ces ruminants se rencontrent dans cette région avec le Cerf (*Cervus elaphus*) qui, de même qu'en Corse, est beaucoup plus petit que celui d'Europe : mais le genre Cerf, manque à tout le sud de l'Afrique où il est remplacé par des Antilopes. La région méditerranéenne est donc le point où s'opère le mélange des deux faunes Européenne et Éthiopienne. Le Lion, la Panthère, l'Hyène rayée (*Hyæna vulgaris*), le Guépard (*Cynailurus guttatus*) que les Arabes, comme les Perses, emploient à la chasse aux Gazelles, le Zorille (*Zorilla lybica*), le Macroscélide (*Macroscelides Rozeti*), insectivore à longues jambes de Gerboises, sont, à l'époque actuelle, des types franchement Éthiopiens qui s'étendent jusque dans la sous-région méditerranéenne.

La faune des montagnes de cette zone possède quelques types qui lui sont propres : tel est le Mouflon à Manchettes (*Ovis tragelaphus*), qui se trouve dans la chaîne de l'Atlas et qui est représenté en Corse et en Sardaigne par une espèce voisine (*Ovis musimon*), et en Asie par plusieurs autres qui occupent chacune l'une des chaînes

---

1. Le Daim (*Cervus dama*) ne se trouve plus à l'état sauvage qu'en Espagne, en Sardaigne, en Grèce, en Algérie et en Asie mineure. Le Lapin de garenne (*Lepus cuniculus*) semble également une espèce circum-méditerranéenne.

Fig. 8. — Genette vulgaire, type de la France méridionale (1/5 grand. nat.)

de montagnes formant le pourtour de la région qui nous occupe : *Ovis cycloceros* dans l'Afghanistan, *O. naghor* et *O. Polii* dans l'Himalaya, *O. argali* dans le Thibet et la Mongolie, *O. nivicola* enfin au Kamtschatka. Ces diverses espèces doivent être la souche de nos moutons domestiques. Les Chèvres sauvages manquent en Afrique, mais se trouvent plus au nord en Espagne (*Capra hispanica*), dans le Caucase *C. ægagra*, en Arabie, notamment au Sinaï (*C. beden*), et en Asie (*C. Falconeri, C. sibirica, etc.*), chaque chaîne ayant son Mouflon et son Bouquetin particulier, peu différent de celui des Alpes (*Capra ibex*). Si la présence de l'Ours (*Ursus Crowteri*) dans l'Atlas est douteuse à l'époque actuelle, il est certain qu'il y a vécu autrefois, car ses restes abondent dans les cavernes d'Algérie. Un rongeur d'un type singulier (*Ctenodactylus*), appartenant à une famille presque exclusivement sud-américaine et à un genre essentiellement éthiopien, s'y rencontre avec une Chauve-Souris à oreilles énormes (*Otonycteris Hemprichi*) qui se retrouve sur les monts Himalaya. Enfin une petite Roussette (*Xantharpyia ægyptiaca*) habite l'Égypte et la Palestine.

Les Oiseaux présentent peu de types caractéristiques par suite des migrations que la plupart d'entre eux opèrent chaque année, soit vers le nord dans la sous-région Européenne, soit vers le sud dans la région Éthiopienne. Presque tous les oiseaux d'Algérie se trouvent déjà en France. Parmi les plus remarquables, il faut signaler au premier rang les Vautours (*Vultur monachus, Gyps fulvus*), qui semblent chargés de purger le sol des cadavres. Les deux espèces que nous venons de nommer s'égarent jusque dans le sud de l'Europe. Un genre voisin, le Gypaète, *Læmmer-Geier* ou Vautour des agneaux (*Gypaetus barbatus*), habite les Alpes, et se trouve représenté par des variétés peu différentes sur toutes les montagnes de cette sous-région, depuis les monts Altaï et le Thibet jusqu'à l'Atlas et dans le sud de l'Afrique.

Parmi les Passereaux caractéristiques de cette région, on peut citer les Guépiers (*Merops apiaster* et *M. œgyptius*), plusieurs Alouettes propres au désert (*Certhilauda desertorum*, *Rhamphocoris clot-bey*, *Galerita isabellina*, etc.), et une espèce de Bouvreuil (*Bucanetes githaginea*) non moins caractéristique, et qui s'avance jusque dans le sud-est de la France. Les Échassiers sont représentés par les Flamands (*Phœnicopterus roseus*) qui se montrent déjà dans le sud de l'Europe et les îles de la Méditerranée. Par contre, la plupart des familles propres aux régions Éthiopienne et Orientale s'arrêtent à la limite méridionale du désert circumméditerranéen : c'est en Palestine, dans la vallée du Jourdan (près de Jéricho), que se trouve cette limite : deux espèces (*Nectarinia osea* et *Amydrus Tristami*) y représentent les Soui-manges et les Merles dorés, deux types caractéristiques de la faune intertropicale de l'Ancien Continent (Régions Éthiopienne et Orientale). — Nous avons vu qu'en Asie, à l'est des monts Himalaya, cette limite était reportée plus au nord, beaucoup d'Oiseaux de la faune Indienne émigrant en été jusque dans le centre de la Chine.

Les Reptiles de la sous-région Méditerranéenne ont un faciès Éthiopien beaucoup plus marqué que les Oiseaux et les Mammifères. Une Tortue de marais (*Cistudo lutaria*) remonte en France jusqu'au sud de la Loire : d'autres espèces se trouvent dans le sud de l'Europe, notamment en Grèce. Mais ce sont les Sauriens qui sont surtout remarquables. Déjà en Provence on rencontre un grand Lézard (*Lacerta ocellata*) qui atteint 0m 80 de long : les *Tropidosaurus algirus*, *Psammodromus hispanicus*, *Acanthodactylus vulgaris* que l'on trouve aussi dans le sud de la France, sont de plus petite taille, mais appartiennent à des groupes Éthiopiens. Il en est de même du Caméléon (*Chamæleo vulgaris*), qui vit en Espagne. Les Geckos insectivores montent, comme les rats, à bord des navires, aussi leur dispersion est-elle très étendue : trois espèces (*Platydactylus facetanus*,

Hemidactylus verruculatus, Phyllodactylus europæus. se montrent dans le sud de l'Europe (les deux premières en France), ou dans les iles de la Méditerranée. La famille des Agames peut être considérée comme caractéristique de la zone tropicale de l'Ancien Continent : cependant l'*Agame du Sinaï* habite la Palestine et l'*Agame ensanglanté* les bords de la Caspienne ; le Fouette-queue (*Stellio vulgaris*) se trouve en Turquie et en Grèce et le genre *Uromastix* en Algérie. Le Varan du désert (*Varanus arenarius* ne se trouve que dans le nord de l'Egypte et en Palestine. Les Scinques sont représentés par le *Scincus officinalis* d'Algérie et le *Macroscincus Cocteani* des iles du Cap Vert, iles qui se rattachent par leur faune à la sous-région méditerranéenne. Le *Gongylus ocellatus* habite la Sardaigne, la Sicile et les Canaries et le *Seps chalcis* la France au sud de la Loire : l'*Ablepharus pannonicus* représente jusqu'en Grèce et en Hongrie un genre remarquable par sa vaste extension due sans doute à des transports maritimes Perse, Turkestan, Australie, Taïti, iles Sandwich) : enfin le *Pseudopus* est un Orvet d'un mètre de long propre au sud-est de l'Europe. Les Amphisbéniens ont une seule espèce en Europe (*Blanus cinereus*, d'Espagne et des iles Grecques , et le genre *Trogonophis*, propre à l'Algérie. Les Serpents de cette sous-région ont aussi quelques espèces particulières : les Coronelles se substituent en partie aux Couleuvres du Nord dont elles diffèrent, du reste, très peu : telles sont la Couleuvre bordelaise (*Coronella girundica*), la Couleuvre léopard (*Ablabes quadrilineatus*), les *Heterodon diadema* et *Lycognathus cucullatus* d'Algérie, le *Zamenis viridiflavus* du sud de la France, les genres *Periops, Rhinechis, Psammophis, Tarbophis*, etc. Parmi les serpents venimeux, il faut citer l'Aspic (*Vipera aspis*) et l'Ammodyte (*V. ammodytes*), les *Echidna mauritanica* et *E. Avicennæ* d'Algérie. D'autres plus dangereux encore, le *Cerastes ægyptiacus* et le *Naja haje* ne se montrent que dans les déserts de Nubie et d'Arabie et manquent au nord-ouest de l'Afrique. L'*Echsi carinata* s'étend de l'Egypte, à travers la Palestine, jusqu'aux steppes Touraniennes. Le *Naja*, ou Serpent à lunette, s'étend aussi jusqu'en Perse.

Les Poissons présentent la même particularité que les Reptiles, bien qu'à un moindre degré, par suite de ce fait mis en lumière par Sauvage que « la faune d'un fleuve est sensiblement la même de sa source à son embouchure ». Il en résulte que l'on trouve près de l'embouchure du Nil des *Chromidæ* (*Chromis nilotica*), type franchement éthiopien, et que cette même famille est représentée dans le Jourdan (en Palestine), par plusieurs espèces : *Chromis simonis*, *Chr. andreæ*, *Hemichromis sacra*, qui y vivent avec des *Cyprinodontes*, genre circum-méditerranéen, des *Clarias* (*Cl. macroacantha*), genre de *Siluridæ* asiatique qui se retrouve aussi dans le lac de Tibériade et dans le Nil, et le *Discognathus rufus*, appartenant à un genre dont les autres espèces sont indiennes.

Les Insectes circum-méditerranéens ont aussi un faciès qui les distingue. Nous avons déjà signalé le genre *Dorcadion* qui occupe toute la zone nord de la sous-région et devient rare dans la zone sud, c'est-à-dire en Afrique et en Asie. Mais ce sont les *Tenebrionidæ* qui caractérisent surtout cette sous-région : les genres *Blaps, Anatolica, Asida,* etc., sont très abondants. Les genres *Capnodis* (des *Buprestidæ*), *Glaphyris* (des Lamellicornes), sont circum-méditerranéens. C'est aussi le pays où abondent les Orthoptères, et particulièrement les *Criquets voyageurs* que leurs ravages ont rendus célèbres. Les recherches récentes de M. Kunckel d'Herculais [1] ont montré que plusieurs espèces se partageaient le redoutable privilège d'envahir périodiquement la région cir-

---

1. Voy. Kunckel d'Herculais, *Les Sauterelles, les Acridiens et leurs invasions* (Association française, congrès d'Oran, 1888). — Moutillot, *Les Insectes nuisibles*, 1890.

cum-méditerranéenne, et de plus que, pour plusieurs, cette région n'était pas leur véritable patrie. L'*Acrydium peregrinum* (fig. 9), la Sauterelle des Égyptiens de la Bible, paraît originaire du Soudan africain ou de la région des Grands-Lacs, d'où elle vient, par étapes, envahir tantôt l'Égypte, tantôt l'Algérie. Mais c'est une autre espèce, réellement indigène de la sous-région qui nous occupe, le *Stauronotus Maroccanus* (Thunberg), qui se multipliant, depuis 1884, d'années en années grâce à la sécheresse persistante, a causé en Algérie les désastres de 1887 et 1888. Les migrations de ces deux espèces ont coïncidé en 1845, 1866 et 1874, et ce sont les années où la dévastation a été le plus terrible. Une troisième espèce, plus orientale, le *Pachytilus mi-*

Fig. 9. — Criquet voyageur (*Acrydium peregrinum*) ou Sauterelle dévastatrice de la sous-région Méditerranéenne (grand. nat.).

gratorius, paraît avoir pour patrie, non pas, comme on l'a cru, les steppes au delà de la mer Caspienne, mais bien le delta du Danube, d'où ses migrations ont porté la ruine dans les campagnes de la Russie méridionale et de la Hongrie. Le même fait vient d'être observé dans le sud de la France : une espèce peu remarquée jusque-là, ou même considérée comme rare, le *Parapleurus allia-ceus*, s'est multipliée l'année dernière (1888), au point de détruire presque complétement les prairies du département du Tarn.

L'intérêt qui s'attache à l'étude de la région paléarctique, région que nous habitons et dont la faune nous touche de plus près, nécessitait ces développements.

II

La *Région Néarctique* comprend l'Amérique Septentrionale au sud de la Région Arctique circum-polaire et au nord du Mexique, c'est-à-dire le Canada et les Etats-Unis. Au sud de ce dernier pays s'étend une vaste contrée dépourvue de forêts et tout à fait comparable aux Steppes de la sous-région méditerranéenne : c'est le désert américain ou « *la Prairie* », qui constitue la limite indécise entre la région Néarctique et la région Néotropicale, celle-ci comprenant tout le reste du continent américain, — de même que la sous-région méditerranéenne sert de frontière entre la région paléarctique et les régions Ethiopienne et Orientale formées par le sud de l'Afrique et de l'Asie.

La faune de la Région Néarctique est dans son ensemble beaucoup plus semblable à celle de l'Europe (ou de la Région Paléarctique en général) qu'à celle de la Région Néotropicale. Aux Etats-Unis on trouve des carnivores des genres Ours, Blaireau, Marte, Putois, Loutre, Loup, Renard, Chat, Lynx, etc., tellement semblables aux nôtres que les naturalistes n'ont pu se mettre d'accord sur la question de savoir s'ils constituent des espèces distinctes ou de simples races géographiques. Les Insectivores sont plus faciles à distinguer : les Musaraignes et surtout les Taupes constituent des espèces et même des genres particuliers (*Condylura, Scapanus, Scalops*). Les Chauves-Souris appartiennent, comme en Europe, aux genres *Vespertilio* et *Vesperugo*. Les Rongeurs, comme les Carnivores, sont les représentants des nôtres: ce sont des Ecureuils, des Marmottes, des Campagnols et une espèce de Castor probablement identique à celle d'Europe. Parmi les herbivores, le Bison ou *Buffalo* se distingue à peine du Bison des anciens, dont les derniers survivants ne se trouvent plus que dans quelques districts de la Russie méridionale ; les Cerfs sont semblables aux nôtres. Les montagnes sont habitées par une espèce de Mouflon (*Ovis montana*) et par une Antilope (*Antilocapra*) à cornes fourchues (fig. 10) qui représente notre Chamois, de même que le genre *Aplocerus* représente nos Chèvres et nos Bouquetins. L'*Erethizon* remplace nos Porcs-Epics et le genre *Jaculus*, avec une seule petite espèce, est le représentant amoindri des Gerboises paléarctiques. — Le faciès de cette faune, qui est celle de la région tempérée des Etats-Unis, rappelle tout à fait la faune de l'Europe et de l'Asie sous la même latitude.

Mais plus au sud, dans la Virginie, les Carolines, la Géorgie, la Floride, etc., commencent à se montrer des types très différents de ceux de la faune Eurasiatique, et que l'on doit considérer comme des émigrants de la Région Néotropicale. On comprend que le contact des deux régions se faisant sur une vaste étendue et n'étant pas gêné, comme sur l'Ancien Continent, par la présence d'une Méditerranée, le mélange des deux faunes ait pu se faire d'une manière insensible et soit devenu beaucoup plus complet.

Les plus remarquables de ces types méridionaux sont les Moufettes (*Mephitis*), les genres *Bassaris* et *Procyon*, voisins des Coatis, et même une espèce de Sarigue (*Didelphis*), groupe de Marsupiaux très abondant dans l'Amérique du Sud. La famille des Rats (*Muridæ*) est plus remarquable encore : à côté des Campagnols (*Arvicola*) déjà signalés comme si semblables à ceux d'Europe, notre genre *Mus* est absolument remplacé par le genre *Hesperomys*, type essentiellement Néotropical[1]. Ceci, soit dit

---

1. M. O. Thomas a montré récemment que les *Hesperomys* se rapprochent par leurs dents des Hamsters (*Cricetus*), Muridés

en passant, est une preuve de plus à l'appui de ce que nous avons dit de l'origine orientale (ou indienne), c'est-à-dire méridionale de toutes les espèces de Rats ou de Souris (*Mus*) qui peuplent actuellement l'Europe. Ces

Fig. 10. — Antilocapre ou Chamois à cornes fourchues, type de la Région néarctique (1/15 de grand. nat.).

mêmes espèces de Rats ont été transportés par les navires européens dans tous les ports de l'Amérique,

qui ont des représentants dans la région Paléarctique (Eurasie), et même en Afrique.

TROUESSART. *Géogr. zoolog.*   6

mais on sait que l'introduction de ces animaux est postérieure à la découverte du Nouveau Continent.

Les Oiseaux de l'Amérique du Nord ressemblent beaucoup à ceux d'Europe : les genres Aigle, Buse, Corbeau, Pie-grièche, Mésange, Sittelle, Tétras, Lagopède, etc., sont communs aux deux régions, et les espèces se ressemblent tellement que l'on reste indécis, comme pour les Mammifères, sur la question de savoir s'il s'agit d'espèces réellement distinctes ou de simples races locales. Nos Moineaux et nos Pinsons sont remplacés par des genres voisins : *Passerculus, Peucæa, Melospiza, Junco, Zonotrichia, Spizella, Pipilo*, etc., et les genres *Linota, Loxia, Chrysomitris* sont communs aux deux continents. Il en est de même du genre Merle (*Turdus*), mais nos Fauvettes (*Sylvia, Luscinia*, etc.), constituant la famille des *Sylviidæ* (ou *Luscinidæ*), sont remplacées par une autre famille, celle des Figuiers (*Sylvicolidæ*, ou *Mniotiltidæ* (genres *Helminthophaga, Dendrœca*, etc.), exclusivement américaine et commune aux deux régions néarctique et néotropicale[1]. Les Traquets (*Saxicolinæ*) qui constituent une sous-famille des *Sylviidæ*, ont cependant un représentant dans l'*Oiseau bleu* (*Sialia salis*) des Américains, mais notre Rossignol est remplacé par le Moqueur (*Mimus polyglottus*), de la famille des Merles, dont le ramage est plutôt une imitation de celui des autres oiseaux et ne peut être comparé au chant harmonieux de l'espèce paléarctique.

Parmi les types qui caractérisent le mieux cette région, il faut citer le Dindon (*Meleagris*), importé et domestiqué en Europe, mais qui vit encore à l'état sauvage dans les forêts des Territoires de l'Ouest. Les Vautours, qui de même qu'en Europe ne se montrent que dans le Sud, appartiennent à un type très différent de celui de

---

1. La distribution géographique des *Sylviidæ* et des *Mniotiltidæ* est comparable à celle des *Murinæ* et *Hesperomynæ* parmi les Mammifères.

l'Ancien Continent : ce sont les Cathartes (*Cathartes aura* et *Catharista atra*), dont les mœurs sont du reste identiques. Les Échassiers et les Palmipèdes ressemblent à ceux d'Europe.

De même que pour les Mammifères, on constate pour les Oiseaux que la faune Néotropicale pénètre largement dans la Région Néarctique, surtout pendant la saison chaude. Tel est le cas pour l'Oiseau-Mouche à gorge de rubis (*Trochilus colubris*), qui vient régulièrement nicher au printemps dans les jardins de la Louisiane, et pour la Perruche verte (*Conurus carolinensis*) qui se montre dans la Caroline du Sud et l'État de Nébraska. Ces deux espèces et d'autres encore vont hiverner au Mexique, aux Antilles, dans le Guatemala ou plus au sud encore.

La région tempérée de l'Amérique du Nord est beaucoup plus riche en Reptiles que la région de l'Eurasie située sous la même latitude, et de plus les dissemblances que nous avons déjà signalées dans la faune ornithologique s'accusent ici bien davantage. Sous le rapport de l'herpétologie on peut dire que la Région Néarctique n'est qu'une sous-région de la Région Néotropicale. Les Tortues de terre, de fleuve et de marais, y sont aussi nombreuses qu'elles sont rares en Europe : les genres *Emys*, *Cistudo* et *Thyrosternum* prédominent, et le genre *Chelydra* ou *Emysaurus* est propre à cette région. Les Crocodiles, qui manquent à la Région Paléarctique, sont représentés dans le Mississipi par l'*Alligator*. Les Lézards sont remplacés par la famille des *Teiidæ*, mais le genre *Cnemidophorus* (qui a pour type le *Lacerta sexlineata* de Linné), ne dépasse guère vers le nord les États du Sud et le Colorado. Les Scinques sont représentés par les genres *Oligosoma* et *Eumeces*. Les Iguanes, qui remplacent les Agames de l'Ancien Continent, remontent jusqu'au Canada et ont les genres *Sceloporus*, *Anolis* et surtout *Phrynosoma* (fig. 11), type étrange qui semble représenter, au Texas, un type australien de la famille des Agames, le *Moloch*. Les serpents sont nombreux : les

Couleuvres appartiennent à la famille des *Natricidæ*
(genres *Tropidonotus, Storeria*) et à celle des *Colubridæ* (*Cyclophis, Phyllophilophis* et *Coluber* proprement
dit, *Pityophis, Elaphis*, etc.); les *Coronellidæ* ont
les genres *Ophibolus, Diadophis, Heterodon*, etc.; les
Calamaridæ, les genres *Tantilla, Lodia, Virginia, Car-
phophis*, etc., et les *Elapidæ*, l'*Elaps fulvius*. Les serpents venimeux sont des Crotales, type dont le centre
de dispersion semble placé dans la Région Néarctique : le *Crotalus horridus* et l'*Ancistrodon contortrix*

Fig. 11. — Phrynosoma orbiculaire, type de la Région Néarctique
(3/4 de grand. nat.)

remontent jusqu'au Canada et, plus au sud, le genre *Sis-
trurus* avec deux espèces (*Crotalus miliarius* et *Cr.
catenatus*), augmente le nombre de ces dangereux
reptiles. Nos Orvets sont remplacés par l'innocent Serpent de verre (*Ophisaurus*), ainsi nommé parce qu'il
se brise de lui-même en plusieurs tronçons quand on le
touche.

Les Amphibiens sont d'assez grande taille : le *Meno-*

poma (ou *Cryptobranchus*) compte deux espèces ; les *Necturus* (ou *Menobranchus*) représentent le *Protée* des lacs souterrains d'Europe ; le *Siren* et l'*Amphiuma*, deux types à corps allongé en forme d'Anguille, sont propres à l'Amérique ; enfin les *Amblystoma* ou *Axolotl* représentent nos Salamandres, et les familles des *Plethodontidæ* (*Geotriton*) et des *Desmoguathidæ* remplacent nos Tritons qui ne sont représentés que par le genre *Diemyctylus*. Des Grenouilles, des Rainettes et des Crapauds (genres *Rana, Hyla, Bufo*), se trouvent aux États-Unis. Dans le sud, les familles néotropicales des *Cystignathidæ* (*Hylodes*) et *Engystomatidæ* commencent à se montrer.

Sur un continent où le système des grands fleuves et des lacs est aussi largement développé que dans l'Amérique du Nord, on ne s'étonnera pas de trouver une faune de poissons d'eau douce abondante et variée, et qui présente, à côté de formes paléarctiques, comme notre Brochet (*Esox lucius*), un grand nombre de types nouveaux. On ne compte pas moins de cinq familles spéciales à la région Néarctique. Parmi les genres les plus remarquables, il faut citer des *Siluridæ* (*Hypodelus, Noturus*), des *Salmonidæ* (g. *Thaleichthys* qui est propre à la rivière Columbia), une forme particulière d'Esturgeons (*Scaphirhynchus*) qui habite le Mississipi et ses affluents, et surtout deux familles de Ganoïdes (*Lepidosteidæ* et *Amiadæ*), qui ne se trouvent nulle part ailleurs.

Les Insectes, comme les Vertébrés, appartiennent en grande partie à des types européens, mais avec un mélange de formes néotropicales, à mesure que l'on se rapproche du Mexique. — Les Mollusques, comme les Poissons, sont exceptionnellement riches en espèces d'eau douce des familles des *Melaniadæ* et *Unionidæ* : le genre *Unio* surtout est très abondant en types de grande taille et dont l'intérieur de la coquille est élégamment nacré.

On a subdivisé la Région Néarctique en quatre sous-régions qui présentent des particularités assez tranchées, mais indépendantes, semble-t-il, des barrières orographiques, qui les séparent à l'époque actuelle.

La *sous-région Canadienne* ou *Sub-arctique* occupe tout le nord du Continent, du Labrador à l'Alaska, et représente la sous-région Sibérienne de l'Ancien Continent, à laquelle elle se relie par ce dernier pays et le Kamtschatka, et dont elle a le climat. Elle est presque entièrement couverte de forêts de Pins, et sa faune présente un faciès paléarctique bien marqué. Dans les plaines glacées qui séparent cette région forestière de la région arctique circum-polaire, vit le Bœuf musqué (*Oribos moschatus*), dont nous avons déjà parlé, et dont la race est éteinte sur l'ancien continent. L'Élan (*Alces*) est comme lui un animal caractéristique de cette zone, et commun aux deux régions sub-arctiques. C'est là que se trouve le *pays des fourrures* des premiers explorateurs du Canada : on y chasse en effet le Renard, le Castor, la Loutre, la Marte, le Lynx, et beaucoup d'autres recherchés, comme en Russie, pour leurs belles fourrures d'hiver.

La *sous-région Orientale* ou *Alléghanienne*, commence au sud des Grands-Lacs et comprend toute la région cultivée des États-Unis, jusqu'aux Territoires de l'Ouest et aux premiers soubassements des Montagnes Rocheuses. Sa faune est beaucoup plus variée que celle du Canada, surtout vers le sud où le climat de la Géorgie, de la Louisiane et de la Floride, comparable à celui de la région méditerranéenne, lui donne un faciès subtropical. C'est la faune de cette sous-région que nous avons plus particulièrement décrite, en parlant de la faune Néarctique en général.

La *sous-région Centrale*, ou des *Montagnes Rocheuses*, forme un plateau élevé, aride et presque partout dépourvu de forêts, qui rappelle, dans certaines parties, les steppes de l'Asie Occidentale (« *Mauvaises Terres* » des Américains). Sa faune est un mélange de formes montagnardes et d'autres formes propres aux plaines accidentées du Sud-Est qu'on appelle le *Désert* ou la *Prairie*. Aux premières appartiennent l'*Antilocapra*, l'*Aplocerus*, le Mouflon, etc. Parmi les autres viennent se ranger le Buffalo (*Bison americanus*), le Chien des prairies, qui est une espèce de Marmotte (*Cynomys*), les Phrynosomes, etc. Les dévastations causées par l'invasion de la Sauterelle des Montagnes Rocheuses (*Caloptenus spretus*), qui ravage périodiquement les Etats du Sud, est une ressemblance de plus entre cette sous-région et la sous-région circum-méditerranéenne.

La *sous-région Occidentale* ou *Californienne* est la plus distincte de toutes, malgré sa faible étendue. Elle forme, sur le versant ouest des Montagnes Rocheuses, une étroite bande de terre le long du Pacifique, de la Colombie Anglaise à la presqu'île Californienne. Son climat est beaucoup plus chaud que celui des Etats de l'Atlantique, sous la même latitude, et sa faune en est profondément modifiée. Dans le Nord se trouve un insectivore (le g. *Urotrichus*), très intéressant en ce que son plus proche parent vit, de l'autre côté de l'Atlantique, au Japon. Dans les montagnes vit l'Ours gris (*Ursus ferox*), plus fort et plus redouté que l'Ours brun des forêts de l'Est. Parmi les Oiseaux, le plus remarquable est le Condor de la Californie (*Cathartes californianus*), beaucoup plus grand et plus fort que les petits Cathartes de l'Est, et ne différant du Condor des Andes de l'Amérique du Sud que par l'absence de caroncules. Deux Oiseaux-mouches (*Selasphorus rufus* et *Calypte Annæ*) représentent ce groupe déjà très nombreux au Mexique. — Parmi les Reptiles, les *Erycidæ*, sous-famille des Boas, sont représentés en Californie par le genre *Charina* (ou *Wenona*). Cette faune annonce déjà l'approche de la Région Néotropicale qui commence au Mexique.

CHAPITRE IV

La Région Ethiopienne et la Région Orientale.

Ces deux régions, qui occupent la zone intertropicale de l'Ancien Continent (Afrique et Asie méridionale), se rapprochent par des caractères communs qui les distinguent de toutes les autres et notamment de la zone correspondante du Continent Américain, située sous la même latitude. C'est là seulement que l'on trouve, à l'époque actuelle, les grands Singes Anthropoïdes, les grands Ongulés (Eléphants, Rhinocéros), et l'ordre entier des Lémuriens. Dans la classe des Oiseaux, plusieurs familles sont également propres à ces deux régions : les Calaos (*Bucerotidæ*), par exemple, qui sont les plus grands de tous les Passereaux. Des relations du même genre s'observent dans les classes inférieures des Vertébrés, chez les Insectes et chez les Mollusques, et légitiment le rapprochement que nous faisons ici de ces deux régions pour les étudier dans un même chapitre. Nous commencerons par la Région Orientale.

I.

La *Région Orientale* comprend toute l'Asie chaude au sud des monts Himalaya et à l'est de l'Indus, ce fleuve la séparant de la sous-région méditerranéenne. On doit y rattacher, en outre, les îles de la Sonde (Malaisie), les Philippines, la Chine méridionale au sud du Yang-tse-kiang avec les îles d'Haïnan et de Formose, et même l'île de Kiou-Siou, la plus méridionale de l'Archipel du Japon, dont la faune présente un faciès intertropical. La limite, au Sud-Est, entre cette région et la Région Australienne, est formée par la *ligne de Wallace* que ce naturaliste fait passer entre Java — ou plutôt entre Bali, petite île qui touche à Java — et Lombock qui est elle-même voisine de Timor, et plus au nord entre Bornéo et Célèbes, toutes les îles à l'est de cette ligne se rattachant à la région Australienne.

La faune de cette région est une des plus riches et des mieux caractérisées du globe. De même que la faune de la région Éthiopienne, elle a conservé un *faciès tertiaire* bien marqué qui fait défaut aux faunes des régions septentrionales du globe que nous avons étudiées dans le chapitre précédent. Mais nous savons que l'Europe possédait à l'époque Miocène une faune analogue à celle-ci, faune qu'elle a perdue en même temps que le climat plus chaud de cette période géologique. Cette faune tertiaire semble avoir émigré vers le sud et se retrouve, au moins en partie, dans les Régions Orientale et Éthiopienne.

Les Mammifères de la Région *Orientale* ou *Indienne* sont nombreux et variés. L'Orang-Outan ne se trouve que dans la sous-région Malaise, mais les Gibbons (*Hylobates*), qui en sont voisins, se montrent sur le continent, dans la sous-région Indo-Chinoise. Les singes les plus caractéristiques de cette région sont les Semnopithèques (*Semnopithecus*), qui se rencontrent dans toute son étendue et lui sont propres. Le genre Macaque (*Macacus*), dont une espèce s'étend jusque dans le sud de l'archipel du Japon, représente un type commun aux deux régions Éthiopienne et Orientale. Les Lémuriens, dont le centre de dispersion est à Madagascar, sont représentés par les genres *Nycticebus, Loris* et *Tarsius,* et par un type très aberrant, le Galéopithèque (*Galeopithecus*).

Les Chiroptères sont beaucoup plus variés que ceux de la région Paléarctique : outre les genres *Vespertilio*, *Rhinolophus* etc., qui sont communs aux deux régions, on trouve ici les genres *Megaderma*, *Taphozous*, *Nyctinomus*, etc., mais surtout de nombreuses Chauves-souris frugivores ou Roussettes (*Pteropus*), dont la taille atteint, chez certaines espèces, des proportions considérables. — Les Insectivores, en général, diffèrent peu de ceux de la région paléarctique : les genres *Erinaceus*, *Sorex*, *Talpa*, etc., ont cependant des espèces distinctes ; mais le type des Tupaias (*Tupaia*), qui vit sur les arbres et représente dans l'ordre des insectivores le type des Écureuils, est propre à cette région : il en est de même des genres *Gymnura* et *Hylomys* qui se rapprochent davantage des Hérissons. — Parmi les Rongeurs, il faut signaler de nombreux Écureuils (*Sciurus*, dont plusieurs de grande taille, et les Écureuils volants (*Pteromys*). Les Rats (*Mus*, sont très nombreux, et l'on peut dire que l'Inde est la patrie de ce type qui s'est répandu peu à peu sur tout l'Ancien Continent : les genres *Nesokia*, *Platacanthomys*, *Hapalomys*, sont propres à cette région. Les Gerbilles se retrouvent en Afrique et dans la sous-région méditerranéenne : il en est de même des Gerboises (*Dipus*), des Porcs-Épics (*Hystrix*), des Rats-taupes, représentés ici par le genre *Rhizomys*, et des Lièvres (*Lepus* et *Lagomys*). — Les Édentés n'ont ici que le seul genre Pangolin (*Manis*), avec trois espèces.

Les Carnivores sont nombreux et redoutables par leur force et leur grande taille : le Tigre (*Felis tigris*), habite toute cette région, à l'exception du plateau du Thibet, de Bornéo et de l'île de Ceylan, où il a été probablement exterminé comme un hôte des plus dangereux. Plus hardi que le Lion, en effet, le Tigre, pressé par la faim, attaque fréquemment l'homme, et la statistique dressée par le gouvernement des Indes Britanniques établit que, chaque année, un grand nombre d'indigènes, surtout femmes et enfants, périssent de cette manière. Les tigres qui ont déjà mangé de la chair humaine paraissent y prendre goût, et l'on désigne sous le nom de *mangeurs d'hommes* les individus de cette espèce qui ont l'habitude de rechercher cette proie et qui deviennent un véritable fléau pour les districts qu'ils habitent. Le Lion (*Felis leo*), espèce plutôt éthiopienne, ne se trouve que tout à fait à l'Ouest, dans le Guzerat : au commencement de ce siècle il se montrait encore dans le nord-ouest et le centre de l'Hindoustan. Il ne diffère pas du Lion africain, et sa crinière, quoi qu'on en ait dit, est tout aussi développée. La Panthère ou Léopard (*Felis pardus*), qui accompagne partout ces deux grandes espèces, et se trouve même à Ceylan, ne paraît pas différer de l'espèce africaine : mais la variété noire est surtout commune dans l'île de Java. De nombreux Chats sauvages de taille inférieure habitent toute la région : le Guépard (*Felis jubata*), déjà signalé dans la sous-région méditerranéenne et qui habite aussi toute l'Afrique, est élevé en semi-domesticité dans l'Inde et sert surtout à la chasse aux Gazelles, passe-temps réservé aux princes de race royale. Les Hyènes (*Hyæna*), les Civettes (*Viverra*), les Mangoustes (*Herpestes*), sont des genres communs à cette région et à l'Afrique ; mais le Binturong (*Arctitis*), les *Paradoxurus* et *Prionodon* sont propres à la faune indienne. Les Loups (*Canis pallipes*) et les Renards (*Vulpes bengalensis*) diffèrent peu de ceux d'Europe, mais le Chien sauvage (*Cuon rutilans*), considéré à tort comme la souche principale du chien domestique, est propre à cette région. Des espèces des genres Marte (*Mustela*), Loutre (*Lutra*), et Blaireau (*Meles*), existent dans l'Inde, et le Ratel (*Mellivora*), se trouve ici comme en Afrique. L'Ours des monts Himalaya (*Ursus thibetanus*) diffère assez de celui d'Europe pour qu'on le considère comme formant un sous-genre à part (*Helarctos*). Deux autres espèces plus distinctes sont l'*Ursus malayanus* qui habite l'Indo-Chine, Malacca et la Malaisie, et l'Ours jongleur (*Melursus labiatus*), qui se trouve dans la Péninsule de l'Inde.

Les Ongulés atteignent une grande taille. L'Eléphant constitue une espèce (*Elephas indicus*) bien distincte de l'Eléphant d'Afrique, et qui se rapproche davantage du Mammouth qui habitait, à l'époque quaternaire, la région paléarctique. Il habite toute l'Inde et l'Indo-Chine, Ceylan, Sumatra et Bornéo. Dans toute cette région, l'homme l'a dressé à son usage depuis la plus haute antiquité : on s'en sert comme monture et pour porter des fardeaux. Quatre espèces de Rhinocéros se rencontrent dans l'étendue de cette région : les deux premières (*Rhinoceros indicus* et *Rh. sondaicus*) n'ont qu'une corne ; les deux autres (*Rh. lasiotis* et *Rh. sumatrensis*) en ont deux, comme les Rhinocéros africains. Le Tapir à chabraque, ou à dos blanc (*Tapirus malayanus*), habite l'Indo-Chine, Malacca, Sumatra et Bornéo, représentant dans cette région un genre dont toutes les autres espèces sont de l'Amérique chaude. Notre Sanglier est remplacé dans l'Inde par des espèces très voisines (*Sus indicus*, etc.) et par le petit genre *Porcula* qui habite le Népaul et le Sikim. Les Bœufs sont nombreux : on en compte au moins cinq espèces sauvages dont trois appartiennent au genre Gayal (*Gavæus* ou *Bibos*), une au genre Yak (*Pœphagus*), et une au genre Buffle (*Bubalus arni*). Le Zébu ou Bœuf à bosse (*Bos indicus*) remplace notre bœuf : domestiqué depuis une haute antiquité, il vit encore à l'état sauvage dans le Carnatic. En outre les genres *Budorcas* et *Anoa*, qui se rapprochent beaucoup des Bœufs, appartiennent à cette région. Les Antilopes, plus nombreuses en Afrique, sont représentées ici par le Nilgault (*Portax pictus*), l'Antilope à quatre cornes (*Tetraceros*) et plusieurs Gazelles (*Antilope besoartica*, *Gazella Bennetti*, etc.). Des Mouflons (*Ovis Polii*, *O. cycloceros*, etc.) et des Bouquetins (*Capra megaceros*), dont on distingue le petit genre *Hemitragus*, habitent la chaîne des monts Himalaya avec le Porte-musc (*Moschus moschiferus*), qui se rattache à la famille des Cerfs. Ceux-ci sont représentés par les *Rusa* (*Cervus aristotelis*) les *Axis*, le Cerf-cochon (*C. porcinus*) et les Muntjacs (*Cervulus*) petites espèces à bois simplement bifurqué qui sont propres à cette région. Les Chevrotains (*Tragulus*), encore plus petits et dépourvus de bois, se trouvent surtout dans les sous-régions Indo-chinoise et Malaise. — Une espèce de Sirénide, le Dugong (*Halicore*), fréquente les côtes de l'Inde et de l'île de Ceylan. Plusieurs Dauphins sont propres aux eaux douces de cette région et habitent le Gange, le Brahmapoutra, l'Indus et l'Irrawady (genres *Platanista* et *Orcella*). Quant aux Cétacés de la mer des Indes, ils n'ont rien de particulier.

Les Oiseaux de cette région, comme c'est l'habitude sous les tropiques, sont remarquables par leurs couleurs vives et tranchées. L'Inde est la vraie patrie des Gallinacés et plus particulièrement des grandes espèces qui forment les genres Paon (*Pavo*), *Argus*, *Lophophorus*, etc. Les Faisans (*Phasianus*), dont le centre de dispersion semble être le massif des monts Himalaya, lui sont communs avec la sous-région Mantchourienne. Le Coq sauvage (*Gallus*) est originaire de la Malaisie. Les Perroquets ne sont guère représentés que par les Perruches (*Palæornis*) et de petites espèces des genres *Psittinus* et *Loriculus*. Les Soui-mangas (*Arachnothera, Æthopyga*) représentent les Oiseaux-mouches d'Amérique. Les Brèves (*Pitta*), aux ailes courtes et aux brillantes couleurs, sont surtout de la Malaisie. Les Barbus (*Megalaimidæ*), les Couroucous (*Trogonidæ*), les Calaos (*Bucerotidæ*), les Drongos (*Dicruridæ*), sont des types dont le centre de dispersion paraît être dans la région Orientale.

Parmi les Reptiles, les Crocodiliens sont représentés par les genres *Crocodilus* et *Gavialis*, ce dernier spécial au Gange. Les Sauriens présentent des Varans (*Vara-*

nidæ), des Scinques (*Scincidæ*), des Geckos (*Gecko-nidæ*), et surtout des Agames (*Agamidæ*), toutes familles qui se retrouvent dans la région Éthiopienne. Le seul genre *Eublepharus*, type d'une famille à part, est propre à la région Indienne. Les Serpents sont très nombreux et représentés par des types variés (*Oligo-dontidæ, Homalopsidæ, Dendrophidæ, Dryiophidæ, Dipsadidæ, Pythonidæ*, etc.) dont un *Python* de 30 pieds de long, et parmi les serpents venimeux par des *Ela-pidæ* ou « Cobras » et des Crotales (*Crotalidæ*) des plus dangereux (genres *Naja, Callophis, Hydrophis, Daboia*) — Les Batraciens les plus communs sont des Grenouilles (fig. 12) et des Crapauds (*Rana, Bufo*).

Les poissons d'eau douce, représentés par des genres nombreux appartenant aux familles des *Nandidæ, Ana-basidæ (Labyrinthici), Ophiocephalidæ, Siluridæ*, etc., sont presques tous organisés pour vivre assez longtemps hors de l'eau et plusieurs accomplissent, par terre, de véritables voyages. Cette conformation spéciale de leur appareil respiratoire est la conséquence du régime des eaux très variable que l'on observe surtout dans l'Indo-Chine : tel fleuve aujourd'hui débordé, ou coulant avec l'impétuosité d'un torrent, sera tari demain ; aussi n'est-il pas rare de trouver, en creusant le sol, des poissons en-terrés dans la vase ou même dans la terre sèche, et atten-dant dans une sorte de sommeil (*estivation*) le retour des pluies torrentielles qui doivent les remettre à flot. Les plus connus de ces poissons qui respirent l'air en nature sont l'*Anabas* (fig. 13), qui sort de l'eau et monte sur les arbres à la poursuite des Insectes dont il se nourrit, les *Trichogaster* et *Ophiocephalus* qui meurent asphyxiés dans l'eau quand on les empêche de venir *avaler* l'air à la surface : ces derniers passent d'un étang à l'autre en se glissant dans l'herbe, et l'*Amphipnous* se repose à terre, et ne saute à l'eau qu'à l'approche du danger.

Les Mollusques sont riches en Gastéropodes terrestres (*Cyclostomidæ*), remarquables par la grandeur, la forme

et les couleurs variées de leur coquille (*Cyclophorus*). A
côté de formes paléarctiques et même européennes, on
trouve deux espèces d'un genre (*Nenia*) d'ailleurs exclusivement américain.

Les insectes de la région Orientale sont remarquables
par leur abondance, la beauté de leurs formes et leurs

Fig. 12. — Rhacophore de Reinwardt, ou *Grenouille volante*
de la Région Orientale (Bornéo) (1 2 grand. nat.).

couleurs éclatantes : citons, parmi les papillons, les
Ornithoptères et de magnifiques espèces appartenant aux
Morphidæ, Nymphalidæ, Pieridæ, etc. ; parmi les Coléoptères carnassiers le singulier genre *Collyris*, de brillantes Cétoines (*Heterorhina, Macronota, Chiloloba*), le
genre *Chalcosoma*, remarquable par sa grande taille, des

Buprestes gigantesques (*Caloxantha, Sternocera*) ; mais ce sont les Longicornes qui sont surtout abondants, notamment dans la sous-région Malaise. Les Orthoptères ont aussi quelques types remarquables, notamment les genres *Phyllium* et *Necroscia*, voisins des Bacilles et des Phasmes.

La Région Orientale a été subdivisée par Wallace en quatre Sous-Régions : la *Sous-Région Indienne* proprement dite, qui comprend la péninsule de l'Hindoustan, ou Inde en deçà du Gange, moins la partie australe de cette péninsule, qui se rattache par sa faune à la sous-région suivante : la *Sous-Région Ceylanaise* qui comprend cette pointe méridionale de l'Hindoustan et l'île de Ceylan, contrées qui devaient être réunies l'une à l'autre à une époque géologique antérieure : la *Sous-Région Indo-Chinoise* ou Inde transgangétique, comprend la péninsule de ce nom avec le sud de la Chine, les îles d'Haïnan et Formose et le sud de l'archipel du Japon ; mais la péninsule de Malacca se rattache à la division suivante ; la *Sous-Région Malaise* enfin comprend cette presqu'île et les îles de la Sonde jusqu'à la ligne de Wallace. — Ces quatre sous-régions pourraient être réunies deux à deux, l'Inde et Ceylan d'une part, l'Indo-Chine et la Malaisie de l'autre présentant plus de rapport entre elles qu'avec les deux autres subdivisions de la Région, et l'on pourrait les appeler : Inde cisgangétique et Inde transgangétique. Nous avons conservé les divisions proposées par Wallace.

La *Sous-Région Indienne* est la moins riche des quatre subdivisions que nous venons d'énumérer. En effet, presque toutes les autres possèdent des représentants des types qui constituent sa faune, tandis que beaucoup d'autres lui font défaut. Parmi les espèces qu'elle possède à l'exclusion des trois autres il faut signaler le Lion et la plupart des Antilopes, qui n'habitent que la région de l'Hindoustan située, à l'Ouest, sur les confins de la sous-Région Méditerranéenne.

La *Sous-Région Ceylanaise* est essentiellement caractérisée par la faune des Monts Nilgherries, système de
montagnes auquel se rattache le massif central de l'île
Ceylan. Parmi les Mammifères propres à cette sous-
région, il faut citer plusieurs espèces particulières du
genre *Semnopithecus* (*S. cephalopterus, S. thersites,
S. ursinus*), le Loris (*Loris gracilis*), un rat épineux
(*Platacanthomys*). Les Reptiles sont encore plus caractéristiques : une famille de l'ordre des Ophidiens, les *Uropeltidæ*, avec 5 genres et 18 espèces, est propre à cette

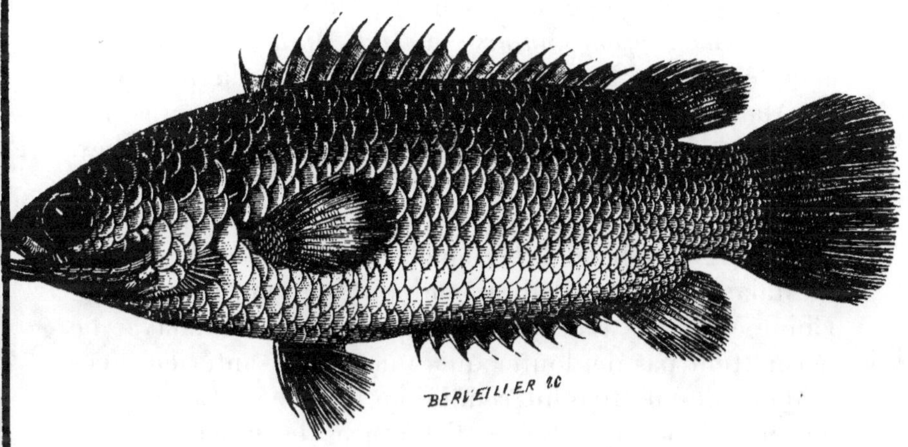

Fig. 13. — Anabas grimpeur. Poisson d'eau douce de la Région Orientale
(1/4 grand. nat.).

sous-région : *Rhinophis* et *Uropeltis* à Ceylan ; *Silibu-
ra, Plecturus* et *Melanophidium* dans le sud de l'Inde.
Les genres *Eryx, Echis* et *Psammophis* indiquent des
rapports avec les faunes Éthiopienne et Paléarctique.
Quant aux Insectes, ils ont plus de rapports avec la faune
Malaise qu'avec celle de l'Inde, comme le montre la présence des genres *Hestia, Tricondyla*, etc.

La *Sous-Région Indo-Chinoise* est la plus riche des
quatre sous-régions, et c'est en grande partie sa faune
que nous avons décrite en parlant de la faune indienne
en général. C'est seulement au delà du Gange que

commencent à se montrer les Singes anthropoïdes représentés sur le Continent par les seuls Gibbons (*Hylobates*), qui sont de petite taille comparés à l'Orang : celui-ci n'habite que les iles Malaises. C'est là, notamment en Birmanie, que l'on peut chasser les quatre espèces de Rhinocéros dont nous avons parlé : dans les autres sous-régions on trouve au plus une ou deux espèces de ce genre. Le Loris de Ceylan est représenté ici par le Nycticèbe (*Nycticebus*) et par le Galéopithèque (*Galeopithecus*). La faune des Insectes est très riche et n'est surpassée que par celle de la sous-région suivante.

La *Sous-Région Malaise* ou *Indo-Malaise* comprend, avec les iles de Bornéo, Sumatra et Java, la presqu'ile de Malacca, les Philippines et toutes les petites iles qui font partie de l'archipel de la Sonde jusqu'à Célèbes, ile que Wallace rattache à la région Australienne, bien que certains représentants de sa faune soient manifestement originaires de la Région Orientale. Les rapports que la Malaisie présente, au même point de vue, avec l'Indo-Chine et même avec le massif des Monts Himalaya, ne permettent pas de douter qu'à une époque antérieure ces grandes iles ne fussent réunies au continent. Le système de montagnes qui forme l'ossature de Bornéo et de Sumatra se continue par la presqu'ile de Malacca et les montagnes de la Birmanie jusqu'au plateau central de l'Asie. Aussi n'y a-t-il pas lieu de s'étonner, lorsqu'on retrouve dans la faune de ces deux grandes iles, des espèces considérées comme caractéristiques de la chaine des Monts Himalaya. Telles sont, sans parler des espèces largement répandues (Eléphant, Rhinocéros, Tigre, *Ursus malayanus*, etc.), les *Felis Temmincki* ou *moormensis*, *Meles Arctonyx collaris*, *Nemorrhœdus rubidus* qui vivent sur les hauts plateaux de Sumatra, et la *Chimarrogale himalayica*, Musaraigne aquatique qui se retrouve dans les montagnes du nord de Bornéo. Les Singes sont ici plus nombreux et plus variés que sur le continent, et à leur tête se place l'Orang-Outan (*Simia satyrus*), une des trois espèces qui se rapprochent le plus de l'homme. L'Orang ne se trouve qu'à Bornéo et à Sumatra. Les Gibbons (*Hylobates*) ont huit espèces malaises, tandis que six espèces seulement, dont plusieurs communes aux deux sous-régions, habitent le continent. Les Semnopithèques présentent la même particularité : ils sont ici plus abondants que dans l'Indo-Chine. Les Macaques sont moins nombreux : deux espèces seulement sont signalées à Bornéo et à Sumatra et une troisième, dont on a fait un sous-genre à part (*Cynopithecus niger*), se trouve à Célèbes. Les Lémuriens comprennent, outre le genre *Nycticebus*, déjà signalé dans l'Indo-Chine, un type très dégradé, le Tarsier (*Tarsius spectrum*) qui habite toute la Malaisie et le Galéopithèque qui forme le passage des Lémuriens aux Insectivores. — Les Carnivores sont ceux de la Région Orientale, le Tigre à leur tête : il habite Sumatra, Java et la petite île de Bali, mais non Bornéo, ce qui explique probablement pourquoi les singes et notamment l'Orang y sont plus nombreux que partout ailleurs. La Panthère noire, qui n'est qu'une variété mélanienne de la Panthère ordinaire, se trouve surtout à Java et à Sumatra. Plusieurs genres de petits carnivores voisins des Civettes et des Blaireaux sont propres à cette sous-région (*Cynogale*, *Hemigalea*, *Arctogale*, *Mydaus*). Les herbivores sont représentés par l'Éléphant qui forme, à Sumatra, une variété assez distincte pour qu'on ait voulu l'élever au rang d'espèce (*Elephas sumatranus*), les *Rhinoceros sondaïcus* et *sumatrensis*, le Tapir (*Tapirus malayanus*), des Sangliers (*Sus verrucosus*, *S. vittatus*, *S. celebensis*, etc.), et un genre voisin, le Babiroussa (*Babirussa alfurus*), qui habite Bornéo, Sumatra, Java, Célèbes, et a été transporté probablement par l'homme à la Nouvelle-Guinée et à la Nouvelle-Irlande. Parmi les Ruminants, il faut signaler l'Anoa (*Anoa depressicorne*), considéré d'abord comme une Antilope et qui se rapproche davantage des Bœufs : cette espèce habite les Philippines et Célèbes. Le Bœuf banteng (*Bibos sondaïcus*) est l'espèce malaise du genre, qui vit à l'état sauvage et a été domestiquée dans les grandes îles de Bornéo, Sumatra et Java. Une espèce du genre *Nemorrhœdus* que nous avons vu remplacer notre Chamois dans la chaîne de l'Himalaya et du Tibet (*N. rubidus* ou *sumatrensis*), se retrouve sur les montagnes de l'île de Sumatra. Les Chevrotains (*Tragulus*) ont leur centre de dispersion dans la Malaisie, une seule espèce étant propre à l'Inde cisgangétique. Plusieurs Cerfs (*Cervus Aristotelis, C. philippensis, C. Mariannus*) du groupe des *Rusa*, et le *Cervulus muntjac* qui habitent les îles Malaises, diffèrent peu de ceux du continent, mais sont généralement de moindre taille. L'une d'elles (*C. moluccensis*) a été importée par les Malais jusqu'à la Nouvelle-Guinée. Un Pangolin (*Manis javanica*) se trouve à Java.

C'est dans la Malaisie qu'on peut le mieux étudier la faune ornithologique de la région Orientale. Nous n'ajouterons que peu de choses à ce que nous en avons déjà dit : c'est là que la curieuse famille des *Bucerotidæ* paraît avoir son centre de dispersion, bien que certains types de forte taille ne se trouvent qu'en Afrique. L'Argus (*Argusanus giganteus*) est propre à cette sous-région. — Les Reptiles et les Batraciens présentent, à peu de choses près, les mêmes types que sur le continent, et les poissons d'eau douce se rattachent à la faune Indo-Chinoise. Il est à remarquer que les *Cyprinidæ* ont encore 23 genres à Java et à Bornéo, tandis que cette famille fait complètement défaut à Célèbes et aux Moluques, comme dans toute la région Australienne : la distribution des poissons d'eau douce concorde donc parfaitement ici avec celle des Mammifères.

La faune des Insectes de la Malaisie est une des plus riches du globe, celle de l'Amérique intertropicale pouvant seule l'égaler ou la surpasser sous ce rapport. Parmi les Papillons, les plus caractéristiques sont les genres *Euplœa, Hestia, Elymnias, Thaumantis, Zeuxidia*, etc.

Les grands Ornithoptères sont nombreux et variés, mais se retrouvent dans la région australienne. Les Coléoptères ont le genre *Mormolyce* propre à la Malaisie, les Buprestes gigantesques (*Catorantha,* etc.), dont nous avons déjà parlé, trois genres de *Lucanidæ,* dont *Odontolabis* est le plus caractéristique, de nombreuses Cétoines et surtout des Longicornes qui sont ici très abondants et de forme élégante (*Euryarthrum, Cœlosterna, Agelasta, Astathes*). — Les Mollusques terrestres ne sont pas moins intéressants par leur grande taille et la variété de leurs formes : les îles Philippines ne possèdent pas moins de 400 espèces, parmi lesquelles les genres *Cochlostyla, Cyclophorus, Leptopoma* sont les plus remarquables.

II

La *Région Éthiopienne* embrasse, comme nous l'avons dit, toute l'Afrique au sud du Sahara et de plus l'Arabie qui s'y rattache étroitement par sa faune : la grande île de Madagascar forme une sous-région bien distincte, tandis que les trois autres sous-régions ne se différencient que par des nuances. Dans le coup d'œil d'ensemble que nous allons jeter sur la faune éthopienne, nous aurons surtout en vue ces trois sous-régions de l'Afrique et nous traiterons à part de la faune Malgache.

Les Mammifères africains, à peu d'exception près, n'ont d'affinités qu'avec ceux de la Région Orientale, mais les genres, ou tout au moins les espèces, souvent même les familles, sont distincts.

Les Singes particulièrement sont dans ce cas, car à l'exception du groupe des Macaques, dont l'aire de dispersion est très étendue (du Maroc au sud du Japon), tous les genres sont différents. Deux types du groupe des Anthropoïdes, le Gorille (fig. 14) (*Gorilla*) et le Chimpanzé (*Troglodytes*), sont propres à cette région, et le premier est remarquable par sa grande taille et par sa force. Les Semnopithèques asiatiques sont remplacés ici par les Guenons (*Cercopithecus*: fig. 15), dont a on décrit plus de 35 espèces, y compris le genre *Cercocebus* qui en diffère très peu. Les Colobes (*Colobus*) se rapprochent davantage des Semnopithèques. Les Cynocéphales (*Cyno-*

Fig. 14. — Gorille du Gabon, type de la Région Ethiopienne
(1 18 de grand. nat.)

cephalus) et les Papions, ou singes à museau allongé, sont également africains et une seule espèce (*C. hamadryas*) se montre dans le sud de l'Arabie. — La présence de Lémuriens appartenant à des genres particuliers (*Perodicticus, Galago*), indique les relations que l'Afrique a dû avoir autrefois avec l'île de Madagascar qui en semble aujourd'hui si nettement séparée. Parmi les Chiroptères, les Roussettes (*Pteropodidæ*), sans présenter les dimensions énormes des espèces de la Région Orientale, nous offrent quelques types remarquables, l'*Hypsignathus monstrosus* par exemple, dont la tête busquée rappelle celle du cheval et dont le nez présente un rudiment de feuille, fait exceptionnel chez les Chauves-Souris frugivores. Les autres Chiroptères diffèrent peu de ceux de la Région Indienne : la famille des *Nycteridæ* ne se trouve que dans

Fig. 15. — Guenon ou Cercopithèque patas (Singe catarrhinien) type de la Région Ethiopienne (1/15 de grand. nat.).

ces deux régions. — Les Insectivores ont plusieurs types qui sont propres à la Région Ethiopienne : telles sont les *Macroscelides* à pattes postérieures allongées comme celles des Gerboises, les *Chrysochloris* fouisseurs qui remplacent les taupes de l'hémisphère septentrional, et le *Potamogale* aquatique, à mœurs de Loutres, et l'un des plus grands insectivores connus. Les Hérissons et les Musaraignes diffèrent peu de ceux de la Région Orientale.

Les Rongeurs les plus remarquables sont l'*Anoma-*

lurus, genre spécial d'Écureuils volants, les *Ctenodactylus*, *Petromys* et *Pectinator*, qui par leurs caractères ostéologiques se rattachent à un groupe dont tous les autres représentants sont sud-américains, la grande Gerboise (*Helamys*), de grands Rats du groupe des *Cricetinæ* (*Saccostomus*, *Cricetomys*). Les Écureuils, les Rats du groupe des *Murinæ*, les Porc-Épics, les Gerboises, les Gerbilles, les Lièvres, etc., diffèrent peu de ceux qui habitent le sud de l'Asie.

Les Carnivores ont à leur tête le Lion (*Felis leo*), qui est, par excellence, le grand carnassier africain. A sa suite on rencontre la Panthère ou Léopard (*Felis pardus*), des Chats de moindre taille, des Hyènes, des Loups et des Chacals, comme dans la Région orientale ; les genres *Lycaon*, intermédiaire aux Hyènes et aux Chiens, *Proteles* qui se rapproche surtout du premier de ces deux genres ; le Fennec (*Fennecus*) et l'*Otocyon*, deux types de Renards à grandes oreilles, sont propres à l'Afrique. Les Ours, par contre, manquent à la Région Éthiopienne, qui possède les Zorilles (*Zorilla*), deux Ratels (*Mellivora*), voisins de ceux de l'Inde, les genres *Herpestes* et *Genetta*, et une foule de petits carnivores voisins des Civettes, dont on a fait les *Helogale, Bdeogale, Cynictis, Crossarchus*, etc., remplacent les Martes qui n'ont que le sous-genre *Pœcilogale* (*Zorilla albinucha* Gray), et une espèce de Loutre (*Aonyx inunguis*). Les Paradoxures asiatiques sont représentés par la *Nandinia binotata* de l'Afrique Occidentale.

Malgré ce nombre considérable de Carnivores, dont beaucoup atteignent une grande taille, les Herbivores sont plus nombreux en Afrique que dans aucune autre région du Globe. L'Éléphant à grandes oreilles (*Elephas africanus*), plusieurs Rhinocéros, tous à deux cornes, des Sangliers des genres *Phacochœrus* et *Potamochœrus*, représentent des types déjà signalés dans la Région Orientale. Au contraire, l'Hippopotame (une grande et une petite espèce) constitue un genre propre à l'Afrique.

Les Zèbres, ou Chevaux rayés, dont on distingue trois ou quatre espèces (*Equus zebra, E. Grevyi, E. Burchelli, E. quagga*), représentent les Chevaux et les Anes de la sous-région Méditerranéenne. Les Damans (*Hyrax*) sont de petits animaux plus semblables à des Marmottes qu'à des Ongulés ; mais leur dentition et toute leur organisation intérieure les rapprochent des Rhinocéros. Ce genre est propre à l'Afrique, une seule espèce (*Hyrax sinaiticus*) se montrant jusqu'en Palestine, sur la limite de la région paléarctique.

La Girafe (*Camelopardalis giraffa*), par sa grande taille et l'étrangeté de ses formes, est le plus caractéristique de tous les Ruminants africains. Les Cerfs, si communs dans la Région Orientale, font ici complètement défaut et sont remplacés par les Antilopes, groupe plus varié encore que celui des Cerfs et dont les neuf dixièmes sont propres à l'Afrique : ils y représentent à la fois les Cerfs, les Chèvres et les Moutons qui manquent à la faune éthiopienne. Certaines espèces forment des bandes de plusieurs centaines de mille, que la disette d'herbages force à parcourir périodiquement les plaines de l'intérieur en y commettant des dévastations comparables à celles des sauterelles. Les Bœufs sont représentés par le Buffle du Cap (*Bos cafer*) et deux ou trois espèces de plus petite taille (*B. brachyceros, B. pegasus, B. æquinoctialis*, etc.), domestiquées sur plusieurs points par les nègres africains. Les Chameaux et les Dromadaires, de même que les Moutons et les Chèvres qu'on voit en Afrique, vivant à l'état domestique, ont été importés du Nord-Est, c'est-à-dire de la sous-région méditerranéenne. Mais l'animal le plus remarquable peut-être de la faune Ethiopienne est l'*Hyœmoschus aquaticus,* seul représentant des Chevrotains asiatiques, et qui a conservé d'une façon beaucoup plus nette que ces derniers les caractères propres aux Ruminants de l'époque miocène : le genre *Hyœmoschus* avait des représentants en Europe et en Asie à l'époque tertiaire. — Les Edentés, enfin,

Fig. 16. — Pangolin de Temminck, Édenté de la Région Éthiopienne (1/8 de grand. nat.)

figurent dans la faune Ethiopienne comme dans la faune Orientale : à côté des Pangolins (*Manis*) (fig. 16), communs aux deux régions, on trouve ici le genre Oryctérope (*Orycteropus*), dont les espèces connues sous le nom vulgaire de *cochons de terre* se nourrissent de fourmis.

Les Oiseaux d'Afrique sont beaucoup moins caractéristiques que les Mammifères de la même région. Parmi les types spéciaux, il faut cependant citer les Touracos (*Musophagidæ*), les Pintades (*Numididæ*), qui représentent seuls les Faisans asiatiques, et le Serpentaire ou Secrétaire (*Serpentarius*), oiseau de proie à pattes d'échassier et à habitudes terrestres. Les Perroquets proprement dits (*Psittacus*) dont le type est le *Jaco*, ou perroquet gris, sont propres à l'Afrique, mais la plupart des espèces sont vertes, variées de rouge et de jaune. Les Soui-Mangas (*Nectarinidæ*), les Barbus (*Megalæmidæ*), les Couroucous (*Trogonidæ*), ont des représentants comme dans la Région Orientale, et les *Bucerolidæ*, moins nombreux que dans la Malaisie, possèdent en Abyssinie un type spécial, le *Bucorvus*, remarquable par sa grande taille, ses habitudes terrestres, et son goût pour les cadavres qu'il dispute aux Vautours, eux-mêmes très nombreux dans cette région : parmi ces derniers, le genre *Gypohierax* est propre à l'Afrique. L'Autruche enfin (*Struthio Camelus*), qui est à peine un oiseau, puisqu'elle ne vole pas, vit dans les mêmes plaines que les Zèbres et les Antilopes, se mêlant à leurs troupes nombreuses, et contribue à donner à la faune de l'Afrique ce caractère archaïque, tertiaire, dont nous avons déjà parlé.

Malgré les nombreux Crocodiles, qui infestent tous les fleuves et tous les lacs de l'Afrique, on peut dire que sa faune herpétologique est assez pauvre, surtout quand on la compare à celle de la Région Orientale. Les Tortues terrestres (*Cinixys*) et de marais sont très répandues et ont deux genres spéciaux (*Sternotherus* et

Pelomedusa. Parmi les Sauriens, les Caméléons sont moins nombreux qu'à Madagascar: les Agames et les Stellions présentent peu de types qui n'existent déjà dans la sous-région méditerranéenne : les *Chalcidiæ* et les *Scincoïdæ* sont représentés par les genres *Zonurus, Gerrhosaurus, Acantias, Euprepes*. etc. Parmi les Serpents non venimeux, les *Coronellidæ, Lycodontidæ* et *Rachiodontidæ* sont surtout nombreux, tandis que les vraies Couleuvres font défaut ; les « Boas » de cette région appartiennent au genre *Pithon*. Les *Amphisbænidæ* sont nombreux en Afrique, cette région possédant à elle seule plus de la moitié des genres : la plupart des autres sont Américains. — Les Batraciens présentent aussi des relations avec la faune Néotropicale ou de l'Amérique du Sud, par la présence des *Aglossa* représentés par le genre *Dactylethra*, propre à la Région Éthiopienne, et des *Cæcilidæ (Dermophis)* qui semblent vivre dans les mêmes conditions que les *Amphisbænidæ*. Les Batraciens urodèles (Salamandres et Tritons) font complètement défaut. — Les Poissons d'eau douce ont trois familles propres à l'Afrique (*Mormyridæ, Gymnarchidæ,* et *Polypteridæ*) : cette dernière appartient au groupe archaïque des Ganoïdes dont la plupart des survivants habitent l'Amérique du Nord. Sur les trois genres connus de Poissons Dipnoïques, l'un d'eux (*Protopterus*) se trouve dans les fleuves de l'Afrique tropicale, et s'enferme, sous l'influence de la sécheresse, dans une sorte de cocon formé de mucosités et de vase et y reste replié dans une torpeur profonde qui a permis de transporter ces cocons en Europe et d'en faire sortir l'animal parfaitement vivant. C'est un phénomène d'*estivation* analogue à ceux du même genre que nous avons signalés dans la faune de la Région Orientale.

Les Insectes ont en Afrique beaucoup de Carabiques remarquables. Les Cicindèles, à elles seules, ont onze genres propres à l'Afrique et renfermant des espèces de grande taille : *Mantiroca, Myrmecoptera, Dromica*. Les

Cétoines sont aussi nombreuses que dans la Malaisie, et c'est à cette famille qu'appartient le gigantesque *Goliathus*, le plus gros coléoptère de l'Ancien Continent. Les Longicornes et les Lépidoptères présentent aussi des types spéciaux dont le nombre s'accroîtra probablement quand on connaîtra mieux cette vaste région boisée intérieure qu'on appelle le Soudan. — Les Mollusques terrestres les plus remarquables sont de grands Limaçons : mais le genre voisin *Columna* est seul spécial à la région qui nous occupe.

Des trois sous-régions qui se partagent l'Afrique au sud du Sahara, la *Sous-Région de l'Afrique Orientale et Centrale* est la plus importante par son étendue, car elle comprend le sud de l'Arabie, le sud de l'Egypte, l'Abyssinie et le Soudan, s'étendant, au Sud, jusqu'au lac Ngami et au désert de Kalahari, à l'Ouest jusqu'à la Sénégambie et aux pays d'Angola et de Damara, enserrant ainsi la sous-région Occidentales entre ses limites et la mer, le long du golfe de Guinée. Cette sous-région forme un vaste plateau, en partie couvert de forêts, et possède la plupart des types de la région Ethiopienne, à l'exception de ceux que nous signalerons comme propres aux deux autres sous-régions. Les hauts plateaux de l'Abyssinie, qui renferment les seules montagnes un peu élevées que possède l'Afrique, présentent une faune bien distincte de celle des plaines qui s'étendent à leurs pieds. C'est dans ces montagnes que vit le Gelada (*Theropithecus*), grand singe cynocéphale dont les épaules sont couvertes d'une sorte de pèlerine de longs poils. Deux genres de Rongeurs très singuliers (*Heterocephalus* et *Pectinator*) sont également propres à ce pays. Parmi les Antilopes, le genre *Neotragus* est spécial à l'Abyssinie. Parmi les Oiseaux, il faut citer un curieux échassier, le *Balæniceps,* qui se trouve sur les rives du Haut-Nil. Les sommets des hautes montagnes du sud de l'Abyssinie ont fourni au voyageur A. Raffray des Coléoptères appartenant pour la plupart à des genres paléarctiques.

Dans les plaines du même pays, il a recueilli un gros Goliath noir (*Goliathus pluto*), des Longicornes singuliers (*Tetraglenes phantasma*) et surtout quantité de *Paussidæ* et de *Clavigeridæ* qui vivent dans les fourmilières.

La *Sous-Région Occidentale*, comprenant la Guinée, le Gabon et le Congo, est mieux caractérisée que la précédente. C'est là seulement que l'on trouve le Potto (*Perodicticus*), le plus grand des lémuriens de l'Afrique continentale, les Galagos, plus largement dispersés, étant tous de petite taille, le *Potamogale* et l'*Hyæmoschus* dont nous avons déjà parlé. Il en est de même du *Potamochœrus*, que le *Phacochœrus* remplace dans la sous-région précédente, et du petit Hippopotame de Libéria. Le Dr Pucheran a le premier fait remarquer que les mêmes genres étaient généralement représentés par des espèces bien distinctes dans les régions Orientale et Occidentale de l'Afrique : les genres Cercopithèque et Antilope en offrent de nombreux exemples. La seule espèce de Brève (*Pitta*), qui représente dans la région Éthiopienne ce genre si nombreux dans la Malaisie, est propre à cette sous-région Occidentale, fait d'autant plus remarquable que ce genre fait défaut à Madagascar. Parmi les Serpents, les *Dryophidæ* et les *Homalopsidæ* sont communs dans cette sous-région de l'Afrique, mais se retrouvent dans la région Orientale et dans la région Néotropicale ; les premiers, en outre, à Madagascar. Ces rapports, d'une part, avec la Malaisie et Madagascar, de l'autre, avec l'Amérique du Sud, sont un des caractères de cette sous-région. Les grands singes Anthropoïdes (Gorille et Chimpanzé), paraissent se trouver à la fois dans celle-ci et dans le nord de la sous-région de l'Afrique orientale.

La *Sous-Région de l'Afrique australe* est la moins étendue des trois subdivisions. Les grands singes lui font défaut, mais elle possède en propre les Chrysochlores, les genres *Proteles* et *Lycaon*, la grande

Gerboise à forme de Kangourou (*Helamys* ou *Pedetes*) et des espèces spéciales de Singes et d'Antilopes ; parmi les Reptiles, les *Gerrhosauridæ*, en commun avec Madagascar, de nombreux *Zonuridæ*, etc.

La *Sous-Région Malgache*, qui comprend la grande île de Madagascar avec les Comores, les îles Mascareignes et les Seychelles, est assez distincte par sa faune pour que beaucoup de naturalistes la considèrent comme

Fig. 17. — Maki mococo, Lémurien de Madagascar
(1/15 de grand. nat.)

constituant une région distincte d'une valeur égale à celle de la région Éthiopienne. Cependant les Lémuriens, qui sont les animaux les plus caractéristiques de sa faune, se retrouvent à la fois dans la région Orientale et sur le continent Africain. Quoi qu'il en soit, sur quarante espèces environ qui forment cet ordre des Lémuriens, cinq espèces seulement se trouvent dans la région Orientale, dix sur le continent Africain, et vingt-cinq au moins sont propres à Madagascar. Les véritables Makis

(*Lemur*) (fig. 17) sont tous de cette grande île où ils remplacent les Singes qui lui font complètement défaut. Les genres *Indris*, *Propithecus*, *Avahis*, *Hapalemur* et *Cheirogaleus* sont des dérivés de ce type essentiellement grimpeur et arboricole, mais qui ne ressemble aux singes que par les habitudes et la forme des extrémités, en harmonie avec ce genre de vie. L'Aye-aye (*Cheiromys*), malgré sa dentition de Rongeur, est un véritable lémurien pour tout le reste de son organisation. Les Insectivores de Madagascar constituent des genres bien distincts (*Centetes* ou *Tanrecs*, *Ericulus*, *Oryzorictes*, *Geogale*, *Microgale*), que l'on peut tous réunir dans la famille des *Centetidæ*. Les Carnivores sont également particuliers : le plus grand d'entre eux est une sorte de Chat plantigrade (*Cryptoprocta ferox*) dont la taille ne dépasse pas celle d'un dogue, mais qui est allongé et beaucoup plus bas sur pattes. Les autres types formant les genres *Fossa*, *Galidictis*, *Galidia* et *Eupleres*, se rattachent à la famille des *Viverridæ*. Les Rongeurs, récemment découverts et encore mal connus, constituent les genres *Eliurus*, *Hypogeomys*, *Hallomys*, *Nesomys* et *Brachytarsomys*, malgré leurs formes variées, sont tous des *Muridæ* et paraissent se rattacher, comme les *Hesperomys* de la région Néotropicale, au type des Hamster (*Cricetinæ*), dont les dents sont assez différentes de celles des véritables Rats. Tous les autres types mammalogiques que l'on a signalés à Madagascar peuvent être considérés comme ayant été introduits à une époque relativement récente, comme c'est le cas pour une très petite espèce de Musaraigne (*Sorex madagascariensis*)[1], et pour le *Potamochœrus Edwardsii*, qui peut avoir été importé par l'homme, ou même avoir traversé à la nage le canal de Mozambique.

1. L'espèce que nous avons décrite sous le nom de *Sorex Coquerelii* d'après les *Recherches sur la faune de Madagascar*, de Pollen et Van Dam (Leide), n'en diffère probablement pas.

Les Oiseaux de Madagascar, bien que se rattachant dans leur ensemble à la faune Éthiopienne ou à la faune Orientale qui diffèrent peu, comme nous l'avons vu, n'en ont pas moins un grand nombre de formes spéciales. Tels sont les Perroquets noirs ou Vaza (*Coracopsis*), les genres *Artamia*, *Vanga*, *Euryceros*, *Falculia*, *Philepitta*, etc., parmi les Passereaux; *Leptosomus*, *Coua*, *Atelornis*, *Brachypteracias*, etc., parmi les Grimpeurs, et *Mesites* qui paraît un type aberrant voisin des *Rallidæ*. Les Rapaces diurnes et nocturnes eux-mêmes ont des types spéciaux. Par contre, on remarque que sept familles africaines manquent à Madagascar (*Picidæ*, *Indicatoridæ*, *Megalæmidæ*, *Musophagidæ*, *Coliidæ*, *Bucerotidæ*, *Irrisoridæ*). Une Perdrix (*Margaroperdix*), un Pigeon (*Alectrænas*) et les genres *Copsychus*, *Hypsipetes*, *Hypherpes*, rattachent Madagascar à la faune Malaise, tous les autres types étant communs aux deux régions chaudes de l'Ancien Continent.

Les Reptiles présentent des particularités non moins remarquables. Signalons tout d'abord le grand nombre de Caméléons (*Chamæleonidæ*) qui habitent Madagascar, pays que l'on peut considérer comme leur centre de dispersion. Les *Iguanidæ*, famille presque exclusivement sud-américaine, y sont représentés par deux genres (*Hoplurus*, *Chalarodon*): le même fait se reproduit en Australie et aux îles Fidji, indiquant les affinités que présente Madagascar avec les contrées de l'hémisphère austral. Les *Uroplatidæ* constituent une famille spéciale à cette île. L'absence des *Agamidæ*, des *Amphisbænidæ* et des *Varanidæ* africains est non moins remarquable. Par contre, des Tortues de terre gigantesques (*Testudo elephantina*), actuellement en voie d'extinction, vivent encore aux îles Mascareignes, ce qui semble bien un indice de l'origine continentale de cet archipel. Par ailleurs, notamment par ses Crocodiles et ses Serpents, Madagascar se rattache à la faune Éthiopienne, et n'a que des rapports éloignés avec la région

Orientale. Les Batraciens présentent un assemblage non moins remarquable de formes à affinités éloignées : les genres *Rhacophorus* et *Calophrynus* se rattachent à la faune orientale; les *Discophidæ* n'ont qu'une seule espèce indienne, tandis que six sont de Madagascar; le genre *Mantella* se rattache aux *Dendrobatidæ* sud-américains. Les Crapauds (*Bufo*, font défaut, ainsi que les Salamandres et les Cécilies. La présence des *Ranidæ* et des *Engystomatidæ* rattache cependant Madagascar à l'Afrique.

Les Coléoptères se rapprochent plutôt de ceux de l'Inde, de la Malaisie et même de l'Australie, que de ceux de l'Afrique; ceci est vrai surtout pour le versant oriental : les formes africaines ne se trouvent que sur le versant occidental. Beaucoup de types sont particuliers à Madagascar : tels sont les Carabiques du genre *Megalomma*, les Scarabéides du genre *Hexodon*, les Buprestides du genre *Polybothris*. Les Longicornes du genre *Phelocatocera* sont alliés aux *Cometes* sud-américains; les autres genres de cette famille sont plutôt africains.

En résumé, l'étude de la faune de Madagascar nous permet d'affirmer qu'à une époque antérieure cette grande île formait un continent plus vaste, s'étendant non seulement jusqu'aux îles Mascareignes et aux Seychelles, mais probablement jusqu'à Ceylan et à la Malaisie d'une part, jusqu'à l'Afrique de l'autre, et qui devait avoir aussi des prolongements vers le Sud-Est, c'est-à-dire vers le continent antarctique dont nous avons parlé, à la fin du second chapitre. La configuration de Madagascar a dû varier beaucoup, à des époques différentes, comme le prouve l'état fragmentaire et en apparence incohérent de ce qui reste de sa faune : mais ce que nous savons de la Géologie de cette grande île est encore trop peu de choses pour qu'il soit possible de reconstituer son histoire. Ce qu'on peut affirmer, c'est que ce petit continent a dû avoir, pendant une certaine période, coïncidant vraisemblablement avec le commencement de l'époque tertiaire, une importance au moins égale à celle du continent Australien, dont l'histoire est beaucoup plus ancienne. Nous avons dit que la faune Africaine était restée Miocène : on peut caractériser la faune de Madagascar en disant qu'elle est Éocène.

CHAPITRE V

La Région Néotropicale et la Région Australienne.

———

Le lien qui nous fait réunir dans un même chapitre l'étude de la faune de ces deux grandes régions du globe est beaucoup moins étroit que celui qui relie les régions Éthiopienne et Orientale. Elles se ressemblent surtout par des caractères négatifs, tels que l'absence des grands Singes et des grands Ongulés qui caractérisent les autres régions dont nous venons de parler : cependant les deux régions dont il nous reste à décrire la faune possèdent en commun les Didelphes ou Marsupiaux, qui en excluent à la fois les Insectivores et les Lémuriens comme des types fonctionnellement similaires dans l'équilibre de la nature ; et bien que ces Didelphes appartiennent à des familles bien distinctes, ce fait n'en a pas moins, au point de vue de l'ancienneté de la faune dont ils font partie, une importance historique considérable. Les classes inférieures des vertébrés nous présenteront des rapprochements du même genre.

I

La *Région Néotropicale* comprend toute l'Amérique au sud du désert des *Prairies* qui sépare les États-Unis du nord du Mexique. La faune de cette région est surtout bien caractérisée dans les pays qu'arrosent l'Oré-

noque et l'Amazone, c'est-à-dire dans la Colombie, les
Guyanes et le nord du Brésil, et le contraste qu'elle présente avec la faune de l'Ancien Continent considérée
dans son ensemble est assez marqué pour qu'à une
époque où la Géographie Zoologique n'existait même pas
de nom, on ait été frappé de ces différences. Buffon le
premier fit remarquer que tous les animaux de l'Amérique méridionale étaient différents, au moins spécifique-

Fig. 18. — Ouistiti Œdipe (Singe platyrrhinien), type de la Région
Néotropicale (1/4 de grand. nat.).

ment, de ceux de l'Ancien Continent ; il insista en outre
sur ce fait que *les types américains sont constamment
de plus petite taille que leurs représentants africains ou
asiatiques* : c'est ainsi que le Jaguar et le Couguar sont
plus petits que le Lion et le Tigre ; l'Amérique ne possède aucun ongulé comparable aux Eléphants et aux
Rhinocéros, et les Tapirs et les Lamas, qui sont les plus
grands herbivores américains, sont plus petits que le

Tapir sud-asiatique et que les Chameaux qui sont leurs proches parents sur l'Ancien Continent. Ces faits sont encore exacts, malgré les découvertes accomplies depuis un siècle, et nous verrons que les Rongeurs font seuls exception sous ce rapport, les types de l'Amérique du Sud étant souvent d'une taille supérieure à celle des animaux du même ordre vivant dans l'ancien monde.

Les Singes de la Région Néotropicale appartiennent à un type bien distinct de celui des Singes de l'Ancien Continent, type caractérisé par ses narines latérales et dont on fait une famille à part sous le nom de *Cebidæ* : le petit groupe des Ouistitis (fig. 18), *Hapalinæ*, se rattache au même type. Parmi les Chiroptères, la famille des *Phyllostomidæ* est caractéristique, et par son régime simultanément frugivore et insectivore, représente à la fois les *Pteropodidæ*, les *Nycteridæ* et les *Rhinolophidæ* de l'Ancien Continent. Le Vampire (*Vampyrus spectrum*), dont les anciens voyageurs ont tout au moins exagéré les habitudes sanguinaires, se nourrit communément de fruit, mais il est prouvé que d'autres espèces plus petites (*Macrotus Waterhousii*), poursuivent et tuent les espèces de Chauves-Souris plus faibles, pour sucer leur sang. Les Insectivores font défaut dans toute l'étendue de cette région, sauf au nord de l'isthme de Panama et dans les Antilles. Plus au Sud, ils sont remplacés par des Marsupiaux du genre Sarigue (*Didelphys*) (fig. 19), riche en espèces de taille variée, et ce type a pénétré de proche en proche jusque dans le sud de la Région Néarctique. Les grands Carnivores sont le Jaguar (*Felis onça*), plus grand que la Panthère dont il a la robe tachetée et le Couguar (*Felis concolor*), ou Puma des indigènes, espèce plus faible et qui ressemble à une petite Lionne. Des Chats de plus petite taille, tous d'espèces distinctes, des Loups et des Renards (*Canis jubatus, C. brasiliensis, Icticyon venaticus*), les accompagnent. Des types particuliers à cette région sont les Ratons (*Procyon*), les Coatis (*Nasua*) et les Kinkajous

(*Cercoleptes*). Les genres *Bassaris* et *Bassaricyon* relient les précédents aux *Mustelidæ* qui sont représentés par les genres *Mephitis*, *Conepatus*, *Galictis*, *Lyncodon*, une seule espèce de Belette (*Mustela brasiliensis*) et deux ou trois espèces de Loutres. Une petite espèce d'Ours (*Tremarctos ornatus*) est confinée dans les Andes du Pérou et de la Bolivie. Les Rongeurs sont nombreux et atteignent souvent une grande taille : tels sont le Cabiai

Fig. 19. — Didelphe dorsigère, marsupial de la Région Néotropicale (1/4 de grand. nat.).

(*Hydrochœrus*), les Pacas (*Cœlogenys*) et les Agoutis (*Dasyprocta*) qui ont plutôt des formes d'Ongulés que de Rongeurs. La nombreuse famille des *Echimyidæ* (ou *Octodontidæ*), celle des *Chinchillidæ*, etc., sont également spéciales, et les Rats (*Muridæ*) eux-mêmes, qui constituent un groupe si uniforme, sont représentés ici par des types distincts, dont on a fait le genre *Hesperomys*, et qui diffèrent, par la forme de leurs dents, des

Rats de l'Afrique et de l'Asie. Cependant O. Thomas a montré récemment que le genre *Hesperomys* est représenté dans l'Ancien Continent, non seulement par certains des genres que nous avons signalés à Madagascar (*Nesomys*, par ex.), mais encore par les Hamster *Cricetinæ*, type répandu dans toute la région Paléarctique, et dont les dents sont construites sur le même type que celles des Rats américains.

Les Edentés sont nombreux et appartiennent à des types particuliers plus variés que ceux de l'Ancien Continent, les uns grimpeurs comme les Paresseux (*Bradypus*), les autres fouisseurs comme les Fourmiliers (*Myrmecophaga*) et les Tatous (fig. 20) (*Dasypodidæ*), dont la cuirasse est très différente de celle des Pangolins d'Afrique et d'Asie. — Le plus grand des Ongulés américains est le Tapir (*Tapirus*) dont on distingue deux ou trois espèces. Nos sangliers sont remplacés par les Pécaris (*Dicotyles*), et les grands Cerfs de l'hémisphère Nord par des espèces plus petites et à bois de plus en plus simple à mesure que l'on se rapproche du Sud (*Cervus campestris*, *C. nemorivagus*, *C. rufus*). Les Lamas représentent nos Chameaux, mais sont plus petits et confinés dans la chaîne des Andes : plusieurs espèces ou races sont élevées en domesticité et remplacent à la fois nos Anes, nos Chèvres et nos Moutons. Une espèce de Dauphin d'eau douce (*Platanista amazonica*) habite l'Amazone et un Lamantin (*Manatus australis*) qui représente le Dugong indien, vit à son embouchure mais remonte assez loin dans les eaux calmes de ce grand fleuve.

Les Oiseaux de la Région Néotropicale sont remarquables par la variété et l'éclat de leurs couleurs : plusieurs familles sont propres à cette région. Au premisr rang, il faut signaler les Oiseaux-Mouches (*Trochilidæ*) qui sont tout à fait caractéristiques, puis les Tangaras (*Tanagridæ*), les Manakins (*Pipridæ*), les *Tyrannidæ* qui remplacent nos Gobe-mouches, les Toucans (*Ramphastidæ*), les Cotingas (*Cotingidæ*), les Fourmiliers

(*Formicariidæ*) qui représentent en partie les Brèves orientales, etc. L'oiseau chanteur par excellence est le *Sabia* des Brésiliens, appartenant, comme le Moqueur des États-Unis, à la famille des Turdidés (*Mimus lividus*). Les Perroquets sont nombreux, et parmi eux les Aras (*Macrocercus*) et les Perruches (*Conurus*) sont les plus remarquables. Nos Perdrix et nos Faisans sont remplacés par les Colins (*Odontophorus*), les Hoccos (*Cracidæ*) et les Pénélopes. Les Tinamous (*Tinamidæ*), bien que pouvant voler, se rapprochent davantage des Autruches,

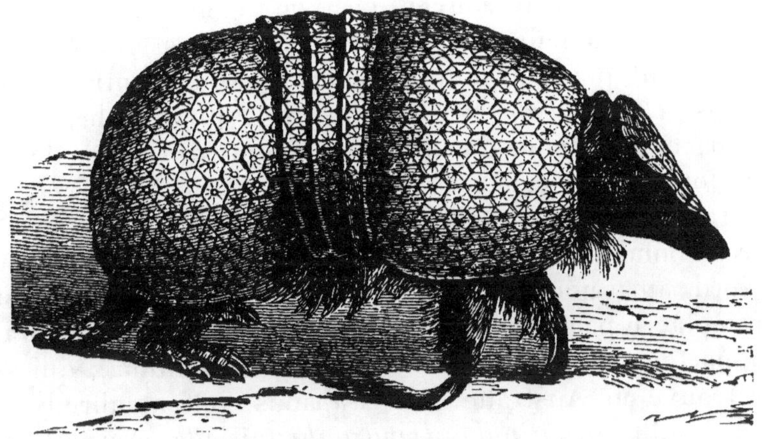

FIG. 20. — Tatou apar, Édenté de la Région Néotropicale
(1/5 de grand. nat.).

dont un genre (*Rhea*) est propre aux plaines de la République Argentine et de la Patagonie. Les Vautours américains constituent, comme nous l'avons déjà dit, un type bien distinct dont le Condor (*Sarcoramphus*) est le plus remarquable. L'Agami (*Psophia*), le Cariama, le Kamichi (*Palamedea*), l'Hoazin (*Opisthocomus*), etc., sont des types aberrants propres à l'Amérique méridionale.

Les Reptiles sont nombreux et redoutables. Les Crocodiles sont représentés par les deux genres *Alligator* et *Crocodilus*, et les Tortues d'eau douce par les genres *Podocnemys, Hydromedusa, Chelys* et *Peltocephalus :*

le premier de ces genres atteint dans l'Amazone une taille qui n'est comparable qu'à celle des Tortues marines. Les vrais Lézards font défaut et sont remplacés par la famille des *Teiidæ*, celle des Agames par les Iguanes *Iguanidæ*, grands sauriens qui sont presque exclusivement américains, comme nous l'avons dit en signalant une ou deux exceptions à cette règle. Parmi les Serpents, le *Boa constrictor* atteint des dimensions considérables, et l'Anaconda (*Eunectes murinus*), est plus grand encore (6 mètres de long). Les *Elaps* et *Craspedocephalus* sont très dangereux par leur morsure venimeuse, et les *Tortricidæ* (qui se retrouvent en Asie), sont remarquables par leurs couleurs vives et tranchées. Les *Amphisbænidæ* sont pour la plupart américains, les autres africains. Les *Helodermatidæ* (fig. 21), qui sont les seuls sauriens venimeux que l'on connaisse, sont aussi de la région néotropicale.

Les Batraciens, seuls de tous les Amphibiens, sont ici très abondants: la Grenouille-taureau de l'Amérique du Nord, ainsi nommée à cause de sa voix mugissante, est remplacée par de grandes espèces (*Ceratophrys cornuta*) appartenant à une autre famille (*Cystignathidæ*), qui se retrouve en Australie. Les Crapauds sont nombreux et les familles des *Pipidæ, Dendrophryniscidæ, Amphignathodontidæ, Hemiphractidæ* sont propres à cette région. Les *Dendrobatidæ* lui sont communs avec Madagascar et les *Cæcilidæ* vermiformes avec l'Afrique et l'Inde. Le *Pseudis* est remarquable par la grande taille de ses têtards qui lui a fait donner le nom de *Grenouille à queue*, les *Pipa, Nototrema* et *Notodelphis* par l'habitude qu'ont les femelles de couver leurs œufs dans des replis de la peau du dos.

La faune des Poissons d'eau douce est, comme on doit s'y attendre, d'après le grand développement des fleuves, extrêmement riche en types variés et souvent d'une taille colossale. Tel est le *Piracuru* (*Vastres* ou *Arapaima gigas*), de la famille des *Osteoglossidæ*, qui dépasse sou-

Fig. 21. — *Heloderma horridum*, Saurien venimeux de la Région Néotropicale (Mexique) (1/7 grand. nat.).

vent 3 mètres de long. Les *Polycentridæ*, les Gymnotes, ou Anguilles électriques, les *Trigonidæ* ou Raies d'eau douce, sont propres à cette région. Les *Siluridæ*, les *Chromidæ*, les *Characidæ* sont largement représentés, mais les *Cyprinidæ* font défaut comme en Australie, et les poissons dipnoïques ont ici l'un des trois genres connus, le *Lepidosiren*.

Nulle part ailleurs, la faune des Insectes ne présente une égale profusion de formes de grande taille ou parées de couleurs éclatantes. Les Longicornes sont remarquables, comme dans toutes les régions de forêts, par leur variété et leurs dimensions colossales : tels sont l'Arlequin (*Macropus longimanus*) et les genres *Titanus*, *Macrodontia*, etc. Viennent ensuite les *Lucanidæ* et surtout les *Scarabæidæ*, parmi lesquels les genres *Inca* et *Scarabæus* ou *Dynastes* qui renferment le plus gros de tous les Insectes ; les *Buprestidæ*, également de grande taille et ornés de couleurs métalliques, les *Elateridæ* ou Taupins dont une espèce de 4 centimètres de long (*Pyrophorus noctilucus*), répand une lueur phosphorescente dont les dames de La Havane et du Brésil se parent la nuit, en fixant ces insectes dans leurs cheveux. On attribue la même propriété au Fulgore porte-lanterne (*Fulgora laternaria*), grand Hémiptère du même pays, sans que le fait soit bien établi. Les Papillons ne sont pas moins remarquables : tel est le Morpho aux ailes azurées et changeantes, la *Nymphalidæ*, *Erycinidæ*, *Heliconidæ*, tous parés de couleurs éclatantes, et parmi les nocturnes l'*Erebus strix* dont les ailes ont 20 centimètres d'envergure. Les Termites, de l'ordre des Névroptères, vivent en société, et l'on en distingue, au Brésil, deux espèces, dont l'une construit des nids de forme conique qu'on prendrait de loin pour des habitations humaines : l'autre (*Termes devastans*), ronge les bois de construction et produit des ravages considérables.

Les Arachnides sont représentées par plusieurs formes spéciales, telles que la Mygale aviculaire et la *Mygale*

Blondii, toutes deux larges comme la main. Les Myriapodes ont plusieurs espèces d'une taille gigantesque *Scolopendra platypoïdes*, *S. morsitans* (fig. 22) de 30 centimètres de long, et dont la morsure venimeuse est fort dangereuse.

Les Mollusques terrestres sont surtout abondants aux Antilles. Sur le continent on trouve de grandes espèces du genre *Bulimus*, des *Cyclostomidæ* (*Cistula*, *Chondropoma*, *Cyclophorus*), des Vaginules, mollusques nus qui ressemblent à nos Limaces.

La Région Néotropicale se subdivise en 4 sous-régions: *S.-R. Mexicaine*, *S.-R. Antillienne*, *S.-R. Brésilienne* et *S.-R. Patagonienne* ou *Chilienne*.

La *Sous-Région Mexicaine* comprend le Mexique et l'isthme américain jusqu'à Panama, c'est-à-dire la contrée qu'on désigne quelquefois sous le nom d'Amérique centrale. C'est là ou plus au Nord encore, dans la région des Prairies, que s'opère le mélange de la faune Néotropicale et de la faune Néarctique. On y trouve un genre spécial de Tapirs (*Elasmognathus*); les Singes, les Edentés, les Didelphes, etc., y sont représentés, et plusieurs types de la région Néarctique (*Vulpes*, *Pteromys*, etc.), notamment le genre Musaraigne (*Sorex*), s'avancent

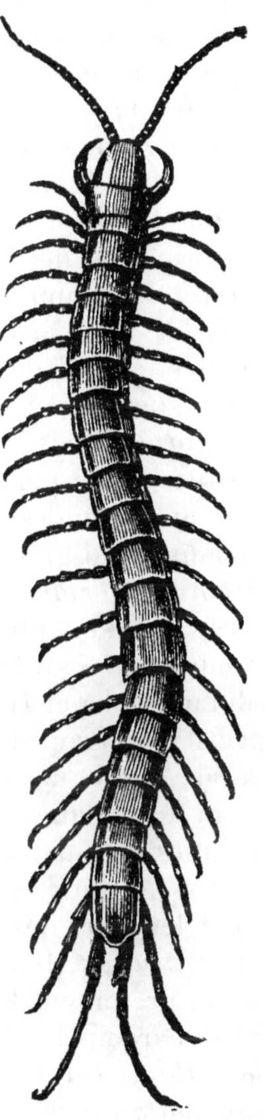

Fig. 22. — Scolopendra morsitans, d'après H. Sicard (1/3 de grand. nat.).

jusque sur les hauts plateaux de l'État de Guatemala. Le même mélange s'observe parmi les Oiseaux et les Reptiles. mais les Sauriens ont plusieurs formes spéciales (*Heloderma,* etc.).

La *Sous-Région* insulaire *des Antilles* ou *Antillienne* possède une faune assez distincte de celle du continent. Comme toutes les faunes réellement insulaires, c'est-à-dire propres à des îles de peu d'étendue, celle-ci est très pauvre en Mammifères de grande taille. les Singes, les Cerfs et les Carnivores de grande taille qu'on y a signalés étant tous des animaux introduits. Les plus grands quadrupèdes indigènes sont une espèce d'Agouti (*Dasyprocta cristata* et de gros Rongeurs arboricoles constituant les genres *Capromys* et *Plagiodontia* propres aux grandes îles de Cuba, Saint-Domingue et la Jamaïque. Un grand Rat, de la taille d'un Lapin (*Hesperomys pilorides* , vit à la Martinique où il est devenu rare. Ce qui est plus remarquable encore, c'est que deux grandes espèces d'Insectivores (genre *Solenodon* , fig. 23 habitant Cuba et Haïti, représentent un type tout à fait spécial et n'ayant d'affinité qu'avec les Tanrecs de Madagascar. Enfin un Phoque (*Monachus tropicalis*, très voisin du phoque moine de la Méditerranée, fréquente quelques îlots de la mer des Antilles, fait d'autant plus intéressant que la plupart des représentants de ce type fuient les mers des tropiques.

Les Oiseaux, tout en appartenant à la faune néotropicale, présentent beaucoup de genres ou d'espèces propres à l'archipel (tels sont les genres *Mimocichla, Cinclocerthia, Dulus, Loxigella, Mellisuga, Starnœnas, Gymnoglaux,* etc.). Bien plus, on compte un grand nombre d'espèces propres à chacune des grandes îles et représentées sur les îles voisines par des formes distinctes. D'un autre côté, on constate, particulièrement à Cuba, la présence de près d'une centaine d'espèces appartenant à la faune de l'Amérique du Nord et qui sont de passage comme résidents d'hiver ou qui ne font

que traverser pour se rendre dans l'Amérique du Sud.
— Les Reptiles sont représentés par de nombreux Sauriens, dont plusieurs genres de Scinques propres aux Antilles (*Celestus, Camilia, Panoplas, Embryopas*), des Couleuvres de grande taille (*Arrhyton, Coloragia*), des Pythons (*Epicrates, Corallus*) et un Crotale des plus dangereux, la Vipère fer-de-lance (*Bothrops lanceolatus*), de deux mètres de long, qui habite la Martinique et y

Fig. 23. — Solenodon paradoxal, Insectivore de la sous-région Antillienne (1/4 de grand. nat.).

causerait, chaque année, près de cinquante décès des suites de sa morsure, particulièrement parmi les nègres des plantations. Les Batraciens ont un genre de Rainettes (*Trachycephalus*) qui peut être considéré comme spécial aux Antilles, une seule espèce sur huit se trouvant sur le Continent : parmi les Poissons, un Cyprinodonte (*Lebistes*) est propre à la Barbade.

Les Mollusques terrestres sont remarquables par leur

grande abondance, qui tient soit à l'absence des vertébrés qui se nourrissent habituellement de Mollusques, soit à la configuration géologique de ces îles où l'on rencontre beaucoup de ravins profonds et humides, localités éminemment favorables au développement des Gastéropodes pulmonés. La Jamaïque possède à elle seule 30 genres et plus de 500 espèces de Mollusques terrestres : 11 genres sont propres à cette sous-région (*Geomelania, Jamaïca, Licina, Diplopoma, Ctenopoma, Stenopus,* etc.). On y trouve en outre le genre *Cyclostomus,* très nombreux dans l'Ancien Continent et qui manque à l'Amérique continentale. Deux espèces de genres asiatiques (*Diplommatina, Ennea*), se trouvent l'une à l'île de Trinitad, l'autre à Saint-Thomas, tandis que le genre *Bulimus,* si nombreux au Brésil, ne se trouve qu'à Sainte-Lucie et manque au reste des Antilles. C'est ce qui a fait dire à Blaud, qui a étudié spécialement cette faune malacologique, qu'elle avait sous beaucoup de rapports plus d'affinités avec l'Afrique et l'Asie qu'avec l'Amérique méridionale.

Les Insectes ont aussi plusieurs types particuliers. Les Longicornes, qui sont surtout bien représentés, ont 40 genres dont 15 sont propres aux Antilles. Plusieurs ont des affinités avec les faunes de l'Afrique, de l'Asie, de l'Australie ou même de la Nouvelle-Zélande. Ces types erratiques, à distribution anormale, ont dû être primitivement plus ou moins cosmopolites.

La *Sous-Région Brésilienne* est la plus vaste des quatre sous-régions, car elle embrasse les bassins de tous les grands fleuves de l'Amérique du Sud, l'Orénoque, l'Amazone et le San-Francisco, s'étendant jusqu'à la rive gauche du Rio-de-la-Plata, comprenant ainsi la Colombie, les Guyanes et l'immense territoire du Brésil. La faune est celle que nous avons décrite en parlant de la région Néotropicale en général, déduction faite des formes qui sont propres aux montagnes, et qui appartiennent plutôt à la sous-région suivante. La sous-région

Brésilienne, en effet, est essentiellement une région de plaines basses, de vallées périodiquement inondées et de forêts vierges, s'étendant à l'est de la Cordillière des Andes.

La *Sous-Région Patagonienne* (ou *Chilienne* de Wallace) comprend tout le reste de l'Amérique méridionale, c'est-à-dire les contrées qui s'étendent au sud du Rio-de-la-Plata et à l'ouest de la chaîne des Andes, du

Fig. 24. — Agouti commun, Rongeur subongulé de la Région Néotropicale (1/6 de grand. nat.).

Pérou à la Terre-de-Feu. Nous préférons le nom de *Patagonienne*, parce que c'est en effet dans la partie australe, formée par la Patagonie, que sa faune est le mieux caractérisée. C'est dans la *Pampa* ou désert (*Despoblado*) du nord de la République argentine que se montrent pour la première fois la Viscache (*Lagostomus*), rongeur voisin des Chinchillas et le « lièvre » patagonien (*Dolichotis*), animal beaucoup plus voisin des Pacas et des Agoutis (fig. 24) que des Lièvres. Plus au

Nord, dans les Andes du Pérou et de la Bolivie, on trouve le petit ours dont nous avons parlé, le genre *Lagidium* également voisin des Chinchillas, et un chat (*Felis colocolo*) qui fait la chasse à ces grands rongeurs. Une espèce de Lama (la Vigogne) et le Cerf guémul (*Cervus chilensis*) habitent ces montagnes. Cette région s'abaisse insensiblement du pied de la Cordillière aux rives du détroit de Magellan, offrant partout la même faune dont les représentants se retrouvent, pour la plupart, au Chili, sur le versant du Pacifique. Les rivières sont habitées par un grand rongeur aquatique, le *Coypu* (*Myopotamus*), et les plaines sablonneuses, accidentées, mais dépourvues de grands arbres, de la Patagonie, sont creusées par les Tatous (*Tolypeutes, Chlamydophorus*) et parcourues par de petites bandes d'autruches à trois doigts (*Rhea*). Dans la classe des oiseaux, les genres *Eudromia, Rhinocrypta, Anabates* sont caractéristiques. Les poissons d'eau douce, peu nombreux, ont plusieurs types en commun avec la Nouvelle-Zélande ou l'Australie, tandis que les reptiles restent franchement américains. — Dans cette région stérile, les coléoptères de la famille des *Mélasomes,* représentée par le genre *Nyctelia,* sont abondants comme dans toutes les contrées arides. — Parmi les îles de cette sous-région, les Falkland et la Terre-de-Feu se rattachent par leur faune à la Patagonie, mais l'archipel des Gallapagos situé beaucoup plus au Nord, sous l'équateur, possède, malgré son peu d'étendue, une faune spéciale, bien caractérisée par des genres de Passereaux granivores et de Sauriens qui lui sont propres, mais se reliant en définitive à la région Néotropicale.

II.

La *Région Australienne,* dont il nous reste à parler, est de toutes les régions du globe celle qui présente la faune la plus distincte et la plus remarquable par son caractère d'archaïsme. Comparée aux autres faunes, il semble que celle-ci soit restée sans changements depuis l'époque secondaire, ou pour préciser, depuis la période crétacée. Telle qu'elle a été délimitée par Wallace, cette région comprend, outre le Continent Australien, l'archipel de la Nouvelle-Guinée, la Polynésie et la Nouvelle-Zélande, c'est-à-dire tous les groupes d'îles disséminés dans l'Océan Pacifique.

Comparée à la faune Orientale, telle qu'elle se montre dans la sous-région Indo-Malaise, la faune Australienne, déjà bien caractérisée aux Moluques et à la Nouvelle-Guinée, étonne par ses caractères tout nouveaux. Quand on passe, comme nous l'avons déjà dit, de Bali à Lombock, franchissant la *ligne de Wallace* qui sépare ces deux îles mieux que l'étroit bras de mer qu'on traverse en quelques heures, on est frappé du changement subit que présente la faune, composée, cependant, en grande partie d'Oiseaux qui auraient pu facilement franchir ce détroit. A Célèbes, île située plus au Nord, et qui possède un certain nombre de mammifères terrestres, on observe, par contre, un véritable mélange des deux faunes, dû peut-être à l'intervention de l'homme, c'est-à-dire qu'à côté de Singes, de Chats et de Cerfs qui se rattachent à la faune Asiatique, on trouve des Marsupiaux (les Phalangers ou *Cuscus*), accusant nettement les caractères de la faune australienne. Il en est de même des Moluques, qui ne sont qu'une dépendance de la Nouvelle-Guinée.

La faune de l'Australie est caractérisée, comme on sait, par l'abondance des Marsupiaux ou Didelphes, qui remplacent sur ce continent les mammifères placentaires, et constituent, presque à eux seuls avec les Ornithodelphes ou Monotrèmes plus singuliers encore, sa population mammalogique. Des Chauves-Souris et quelques Rongeurs de la famille des Rats (*Muridæ*), font seuls exception, les premières grâce à leurs ailes,

les seconds par suite de leur régime omnivore qui les pousse à se rapprocher de l'homme et leur permet de s'adapter à tous les climats. Déjà avant l'époque historique, ces animaux ont dû suivre les Malais et les Polynésiens dans leurs migrations à travers l'Océanie, comme ils le font encore de nos jours dans tous les pays d'outre-mer. Le Chien sauvage (*Canis dingo*) de la Nouvelle-Hollande, serait aussi un descendant des chiens importés par l'homme, car tous les autres Carnivores sont des Marsupiaux.

Les Thylacines et les Dasyures (*Dasyuridæ*) représentent nos Loups, nos Renards et nos Martes. Le plus grand de ces carnassiers, est le «Tigre» ou «Hyène» des colons de Tasmanie (*Thylacinus cynocephalus*), qui atteint la taille d'un Loup : sa robe est rayée sur le dos, et l'espèce ne vit plus que dans l'île de Van Diemen. Les plus petits Dasyures ne dépassent pas la taille de notre Belette, et les *Antéchires*, encore plus petits, vivent sur les arbres et se nourrissent d'insectes, comme les Musaraignes, bien qu'ils aient plutôt l'aspect extérieur de nos Souris. Les *Péraméles*, comme les Macroscélides africains, tiennent des insectivores par leurs dents et des Ongulés omnivores par leurs pattes, et l'un des plus singuliers, le *Chœropus*, a été comparé sous ce rapport aux Cochons. Les Phalangers (*Phalangista, Cuscus*), ont les formes et les habitudes arboricoles des Lémuriens, et se nourrissent de fruit et d'insectes : ils sont surtout répandus à la Nouvelle-Guinée et aux Moluques, mais deux genres (*Pseudochirus, Trichosurus*), habitent le nord du Continent australien. Une très petite espèce (*Dromicia nana*) qui rappelle nos Loirs, vit en Tasmanie, et deux espèces du même genre habitent le continent. Les Pétauristes (*Petaurus, Belideus, Acrobates*), avec la dentition des Phalangers, reproduisent les formes des Écureils-volants. Enfin, le Koala (*Phascolarctos*), ou *petit ours* des colons, ainsi nommé à cause de ses formes lourdes, diffère des Phalangers par l'absence de queue et vit comme eux sur les arbres, se nourrissant de matières végétales. Les genres insectivores *Tarsipes* et *Myrmecobius* présentent une dentition tout à fait particulière.

Fig. 25. — Kangourou (*Halmature Thétis*), type de la Région Australienne (1/10 de grand. nat.).

Les Ongulés herbivores sont représentés en Australie par les Kangourous (*Macropus, Halmaturus*) (fig. 25), dont les nombreuses espèces représentent à la fois les Cerfs et les Antilopes. Le *Macropus giganteus*, qui atteint la taille d'un fort mouton, est le plus grand mammifère indigène et le principal gibier des colons. Les Potorous *Hypsiprymnus* sont des Kangourous de plus petite taille, qui remplacent nos Lièvres. Le Wombat *Phascolomys* est remarquable par sa dentition de Rongeur : c'est un animal fouisseur et qui se nourrit de racines. Les femelles de tous ces animaux sont pourvues d'une poche qui sert à porter les petits pendant le temps de l'allaitement qui est fort long.

Fig. 26. — Ornithorhynque paradoxal, mammifère ovipare
de la Région Australienne (1/10 de grand. nat.).

Les Ornithodelphes ou Monotrèmes sont un autre type australien plus singulier encore. Il est prouvé aujourd'hui par les observations récentes (1884) de Caldwell, que ces mammifères sont *ovipares* comme les Oiseaux et les Reptiles. Ils pondent un œuf à enveloppe membraneuse comme celui de certains reptiles, et le couvent dans la poche ventrale qu'ils portent comme les Didelphes. Au bout d'un certain temps le petit rompt l'enveloppe et s'attache aux mamelles de la mère. Les deux seuls genres connus, l'*Échidné* et l'*Ornithorhynque* (fig. 26), sont dépourvus de dents comme les Edentés : mais ce dernier, au moins dans son jeune âge, en porte qui s'atrophient pour faire place à un bec corné semblable à celui des Canards : l'Ornithorhynque habite les rivières et nage avec facilité. L'Echidné a le pelage du hérisson avec le museau pointu et la langue extensible des Fourmiliers d'Amérique, se nourrissant comme eux de fourmis, dans les forêts des montagnes.

Les Mammifères Monodelphes ou placentaires sont représentés par des Roussettes (*Pteropus*), peu différentes de celles de la Malaisie, et des Chauves-Souris de plus petite taille (*Phyllorhina*, *Nyctinomus*, *Vespertilio*, *Miniopterus*, *Chalinolobus*), appartenant à des types d'Asie, d'Afrique ou cosmopolites. Les Rongeurs, tous de la famille des Rats, appartiennent aux genres *Hydromys*, *Uromys*, *Hapalotis*, *Echiothrix*, qui sont propres à cette région, et au genre *Mus* cosmopolite.

Les Oiseaux, bien que moins étranges que les Mammifères, n'en constituent pas moins des types particuliers. Les premiers explorateurs des forêts de la Nouvelle-Hollande avaient été frappés de l'absence d'oiseaux chanteurs analogues à nos Rossignols et à nos Fauvettes. Bien que ce fait ait été exagéré, il est certain que la plupart des oiseaux australiens ont un cri perçant et désagréable. Cependant, parmi les Perroquets à la voix d'ordinaire si discordante, la petite Perruche ondulée (*Melopsittacus undulatus*), aujourd'hui presque acclimatée en Europe, fait exception par son gazouillement qui rappelle celui du Serin de Canaries. Les Perroquets sont très nombreux en Australie et remarquables par la variété de leurs couleurs. Dans les campagnes et les jardins des environs d'Hobart-Town et d'Adélaïde, on les voit voler par troupes nombreuses, aussi familières que les bandes de Moineaux, de Corneilles et de Martinets dans la vieille Europe, et s'abattre jusque dans les rues des villes. Les Platycerques, les Trichoglosses, les Cacatoës blancs et roses, les Calyptorhynches noirs, etc., sont caractéristiques de cette région. Les Moineaux (*Fringillidæ*) sont remplacés par des *Ploceidæ* au plumage élégant et varié. Les Oiseaux de Paradis (*Paradiseidæ*) sont surtout de la Nouvelle-Guinée, avec deux espèces dans le nord de l'Australie. Les Oiseaux constructeurs de berceaux ou de tonnelles (*bower-birds*), forment le genre *Chlamydera,* qui lui est propre. Le plus grand de tous les Passereaux, après les Calaos, le *Ménure lyre* n'est pas moins caractéristique. Les Autruches sont représentées par l'Émeu (*Dromæus*). Les Talégalles et les Mégapodes (qui rappellent les Tinamous américains) s'étendent d'une part dans la Polynésie, de l'autre dans la sous-région Indo-Malaise. Les Méliphages (*Meliphagidæ*) constituent un type remarquable propre à cette région, et s'étendent à l'Est, jusqu'aux îles Marquises et aux Sandwich. Les Soui-mangas, qui en sont voisins, ne sont représentés que par deux genres (*Arachnothera* et *Arachnecthra*). Les Pigeons ne sont pas moins nombreux que les Perroquets et parés comme eux de brillantes couleurs : les genres *Ptilopus, Geophaps,* etc., sont propres à cette région. Les Rapaces et les grands Échassiers diffèrent peu de ceux des autres régions zoologiques. Comme types faisant complètement défaut à la région australienne, il faut signaler les Vautours (*Vulturidæ*), les Pics (*Picidæ*) et les Faisans (*Phasianidæ*), familles d'ailleurs très répandues, notamment dans la région orientale. Le reste de la faune ornithologique présente surtout des rapports avec la région orientale et particulièrement la sous-région Indo-Malaise.

Les Reptiles sont beaucoup moins bien caractérisés. Deux espèces de Crocodiles vivent dans le nord de l'Australie, tandis que les Tortues de Terre, les Lézards, les Caméléons et les Amphisbéniens font défaut. Les Sauriens seuls présentent quelques types particuliers : tels sont, dans la famille des *Agamidæ,* les genres *Moloch* (fig. 27), *Chlamydosaurus* et *Grammatophora.* Les Geckos sont représentés par le singulier genre *Phyl-*

lurus et les Scincoïdiens sont nombreux, paraissant avoir leur centre de dispersion en Australie. Les Serpents venimeux (*Elapidæ, Acanthophis, Hydrophididæ*), sont plus nombreux que les non-venimeux représentés par trois Boas (*Pythonidæ*) et des espèces de moindre taille. — Les Batraciens, tous du groupe des Anoures, sont caractérisés par l'abondance des Rainettes (*Hylidæ*) et

Fig. 27. — Moloch horrible, de la famille des *Agamidæ*, type de la Région Australienne (2/3 de grand. nat.).

des *Cystignathidæ* que l'Australie possède en commun avec l'Amérique méridionale ; quelques Crapauds et une seule Grenouille se montrent dans la sous-région Papoue.

Les Poissons d'eau douce sont peu nombreux par suite du peu de développement des fleuves. Le plus caractéristique est le *Barramunda* (fig. 28), type dypnoïque dont on connaît deux espèces (*Ceratodus Forsteri*

Fig. 28. — Barramunda ou *Ceratodus*, poisson dip-noïque de la Région Aus-tralienne (1/15 de grand. nat.).

et *C. miolepis*), qui atteignent une assez grande taille. Plus encore que pour les Oiseaux, on constate ici l'importance de la ligne de Wallace : les *Cyprinidæ* existent à Bali (Région Orientale) et font défaut à Lombock (Région Australienne). C'est un rapprochement de plus entre cette région et la Région Néotropicale (Zone Acyprinoïde de Gunther). Enfin la Tasmanie et la Nouvelle Zélande possèdent en commun deux familles (*Haplochitonidæ* et *Galaxiidæ*) qui se retrouvent dans la sous-région Patagonienne (Zone Australe de Günther).

La faune des Invertébrés est beaucoup moins bien caractérisée. Les Insectes se rattachent dans leur ensemble à la faune Orientale. Les Carabiques et les *Lucanidæ* ont quelques genres particuliers. Les *Buprestidæ* sont beaucoup mieux représentés : 20 genres sont propres à cette région (*Stigmodera, Ethon, Nascio*, etc.). Les Longicornes sont encore plus riches, surtout à la Nouvelle-Guinée (263 genres particuliers dans la région tout entière) : tels sont *Cnemoplites, Phoracanthus*, etc. Le *Batocera Wallacei*, dont la larve est très nuisible au tronc des *Eucalpytus*, est le plus grand Coléoptère d'Australie. Les Lépidoptères ne sont abondants que dans le Nord, c'est-à-dire dans la zone intertropicale (S.-Rég. Papoue): de grands Ornithoptères, les genres *Eurycerus*, *Pollanisus* et *Eudoxylum* sont les plus remarquables. De grandes Sauterelles (*Tropiderus*) habitent les plaines et les déserts de l'Australie, et les Fourmis y sont fort redoutées à cause de leur morsure très douloureuse pour l'homme et les animaux domestiques.

Les Mollusques terrestres et d'eau douce sont rares sur le continent Australien qui leur présente peu de localités favorables. Le genre *Partula* des *Helicidæ* est propre à toute la région, mais surtout aux archipels du Pacifique, et *Cochlostyla* est commun à la sous-région Indo-Malaise et à l'Australie. — Cette faune des invertébrés, malgré ses affinités multiples, présente certains rapports avec la région néotropicale, qui confirment les affinités beaucoup plus évidentes que nous avons signalées pour les animaux d'eau douce, Batraciens et Poissons.

Des quatre sous-régions australiennes, la première ou *Région Papoue* (*Austro-Malaise* de Wallace), peut être considérée comme la plus riche en types variés, par suite de son voisinage de l'Equateur. Cette sous-région comprend, outre le continent de la Nouvelle-Guinée, les Moluques au Nord-Ouest, la Nouvelle-Bretagne, la Nouvelle-Irlande, les iles Salomon au Nord-Est, et la partie septentrionale du Continent Australien, c'est-à-dire la presqu'ile de Queensland qui se termine au nord par le cap York. Cette contrée, abondamment couverte de forêts, possède presque tous les types de Mammifères australiens, représentés par les genres *Phascologale*, *Dasyurus*, *Perameles*, *Myoïctis*, *Antechinus*, *Phalangista*, *Petaurus*, *Macropus*, *Dorcopsis*, *Echidna*, etc. Les Kangourous grimpeurs (*Dendrolagus*) lui sont propres. Par contre le Thylacine et l'Ornithorhynque lui font défaut, ne se trouvant que dans le sud de l'Australie ou la Tasmanie. Les Oiseaux sont abondants : les Paradisiers sont propres à cette sous-région ; les Perroquets et les Pigeons sont très variés et ces derniers ont ici le genre *Goura*, renfermant les plus grands oiseaux du groupe ; les Emeus du continent australien sont représentés par des Casoars (*Casuarius*), mais beaucoup de types de la région Orientale, franchissant la ligne de Wallace grâce à leurs ailes, se retrouvent à la Nouvelle-Guinée : tels sont les Calaos (*Bucerotidæ*), qui sont ici très abondants et s'étendent jusqu'aux îles Salomon. Les Insectes ne sont pas moins variés que dans la Malaisie : les Longicornes surtout abondent dans cette région boisée, et les îles du détroit de Torrès, au nord du cap York, sont célèbres pour leur riche faune de Lépidoptères aux couleurs magnifiques.

La Sous-Région Australienne proprement dite comprend le centre et le sud du Continent Australien avec l'île de Van Diemen (Tasmanie) : nous avons décrit sa faune en parlant de la Région en général.

La Sous-Région Polynésienne comprend tous les archipels disséminés sur la vaste étendue du Pacifique, des îles Mariannes aux Sandwich et de la Nouvelle-Calédonie aux îles Marquises. Cette sous-région insulaire est essentiellement caractérisée par sa faune ornithologique, qui est relativement abondante si on la compare aux Mammifères qui font presque complètement défaut dans toute son étendue. C'est ce qui a valu à cette région le nom d'*Ornithogée*, proposé par Sclater. Les Chiroptères et les Rats sont les seuls que l'on y trouve, et ces derniers appartiennent tous au genre *Mus* qui suit l'homme dans ses migrations. Quant aux Chiroptères ils sont pourvus d'ailes puissantes comme les Oiseaux ; aussi ne doit-on pas s'étonner de voir de grandes Roussettes (*Pteropus*) s'étendre jusqu'à Tonga et à la petite île Savage (*Pteropus Keraudrenii*, ou jusqu'à l'île de Christmas [1], et des espèces plus petites (*Vespertilio*

---

1. *Pteropus natalis* (O. Thomas. *Proc. Zool. Soc. Lond.*, 1887, p. 507, pl. 41, et 1888, p. 512, 516, 532). L'île de Christmas fait

insularum) jusqu'à Samoa et probablement plus à l'est encore. Les Oiseaux sont assez variés : les plus remarquables sont des Perroquets et des Pigeons dont plusieurs sont propres à ces archipels : les petits perroquets bleus (*Coriphilus*), par exemple, s'étendent jusqu'aux Marquises, qui possèdent en outre un genre particulier de Pigeons (*Serresius*). La richesse de la faune diminue progressivement vers l'Est : ainsi la Nouvelle-Calédonie possède encore une centaine d'espèces dont près de moitié sont terrestres et propres à cette île (*Carpophaga goliath, Rhinochetus*, etc.), le groupe de Samoa 52, dont 15 spéciales, tandis que les îles Marquises n'en ont plus que 25, dont 10 terrestres. Les Reptiles sont représentés par des Scinques comme en Australie et par des Geckos cosmopolites comme les Rats : un seul genre d'*Iguanidæ* (*Brachylophus*) se trouve à Tonga et aux Fidji. De petits serpents terrestres ont été été signalés : tels sont l'*Anoplodipsas viridis* (*Dryophidæ*), de la Nouvelle-Calédonie, et les genres *Liasis* et *Enygrus* qui se rattachent au type des Boas (*Pythonidæ*). Le genre *Typhlops* s'étend jusqu'à l'île de Christmas. Les serpents venimeux eux-mêmes ne font pas défaut : *Noelaps caledonicus* se trouve à la Nouvelle-Calédonie et *Ogmodon vitianus* aux îles Fidji, mais les plus dangereux sont des Serpents marins (*Hydrophidæ*), communs ici comme sur toutes les côtes intertropicales du Pacifique. La faune des îles Sandwich diffère de celle de la Polynésie Occidentale par des caractères qui la rapprochent de la faune américaine. L'unique Chauve-Souris qu'on y signale est d'un genre américain (*Atalapha*). Les Passereaux appartiennent à des types particuliers de la famille des *Nectariidæ* (Héorotaire ou *Moho, Psittirostra, Hemignathus*),

partie du petit archipel des *îles Fanning*, situé sous l'équateur, à égale distance des îles Marshall, de l'archipel de Samoa (ou des Navigateurs) et des îles Sandwich. Ces îles ne figurent pas sur la plupart des cartes françaises de la Polynésie.

tandis que les Perroquets, qui ont encore un représentant aux îles Fanning (*Coriphilus Kuhlii* de l'île Washington), lui font complétement défaut. Enfin les Mollusques terrestres constituent un groupe nombreux (*Achatinella* ou *Helicteridæ*) spécial à l'archipel d'Hawaï.

Fig. 29. — *Strigops habroptilus*, Perroquet nocturne de la Nouvelle-Zélande (1,5 de grand. nat.).

La Nouvelle-Zélande, avec les îles Auckland, Chatham, Macquarie, et probablement aussi Norfolk, constitue la dernière subdivision de la région australienne. Sa faune est, toutes proportions gardées, aussi spéciale et aussi bien caractérisée que celle de la Nouvelle-Hollande. Les Mammifères n'y sont représentés que par une espèce de Rat (*Mus*) et des Chauves-Souris des deux familles des *Emballonuridæ* et *Vespertilionidæ* : la première constitue un genre distinct (*Mystacina*) ayant des affinités éloignées avec des types sud-américains ou malgaches ; la seconde se rattache au genre *Chalinolobus* déjà connu en Australie. Les Oiseaux (160 espèces dont 60 environ sont terrestres) comprennent beaucoup de types particuliers. Les Perroquets ont les genres

Fig. 30. — Aptéryx austral, type d'Oiseaux sans ailes de la Nouvelle-Zélande (1/8 de grand. nat.).

Pezoporus, *Cyanoramphus*, les grands *Nestor* gris et surtout le curieux *Strigops habroptilus* (fig. 29), gros perroquet nocturne qui vit dans des terriers. Les Passereaux sont représentés par des genres particuliers de la famille des *Meliphagidæ* (*Prosthemadera*) et des *Sturnidæ* (*Creadion*, *Neomorpha*), les autres types se rattachant aux genres australiens ; les Autruches, les Emeus et les Casoars enfin, par les *Apteryx* (fig. 30), qui sont les derniers survivants des gigantesques *Dinornis* de l'époque quaternaire. Les Reptiles, peu nombreux, sont,

comme en Polynésie, des Scinques et des Geckos, mais
la Nouvelle-Zélande possède en propre un type à caractères archaïques très remarquables, l'*Hatteria punctata*

Fig. 31. — *Hatteria punctata*, **type** de la famille des *Rhynchocephalidæ*
spéciale à la Nouvelle-Zélande (1 6 de grand. nat.).

(fig. 31), qui peut former à lui seul une famille (*Rhynchocephalidæ*), ou même un ordre à part, et que les premiers voyageurs prenaient pour un petit crocodile. Une
espèce du genre *Chrysopelea* (des *Dendrophidæ*) est le

seul serpent terrestre qu'on y signale ; ce genre s'étend de la Nouvelle-Guinée à l'Australie et à la Polynésie. Les Batraciens ne sont représentés que par une seule espèce de l'ordre des Anoures (*Liopelma Hochstetteri*), appartenant aux *Discoglossidæ,* dont tous les autres membres sont de la Région paléarctique. Par contre, les Poissons d'eau douce (*Galaxias*) ont, comme nous l'avons dit, des affinités avec ceux de la sous-région Patagonienne, et les invertébrés présentent des particularités du même genre. Tous ces faits permettent de considérer la Nouvelle-Zélande, comme le dernier reste d'un grand continent austral [1], qui reliait à l'époque secondaire la Tasmanie à la Terre-de-Feu.

1. Voyez la fin du chap. II, p. 50.

CHAPITRE VI

I.

Les moyens de locomotion dont disposent les animaux ont eu manifestement, sur leur distribution géographique, une influence prépondérante. Les espèces dites *cosmopolites* sont toutes sans exception des Oiseaux, des Chauves-Souris ou des Insectes, c'est-à-dire des animaux doués d'ailes puissantes qui leur permettent de franchir les mers, ou des animaux nageurs, qui se trouvent dans des conditions analogues. Par contre, les espèces exclusivement terrestres, les Mammifères et les Reptiles, par exemple, ne peuvent passer d'un continent à l'autre qu'à la suite de l'homme, sur ses navires, et sont par conséquent beaucoup plus caractéristiques des contrées qu'ils habitent, comme nous l'avons montré dans les chapitres précédents. Nous allons examiner successivement les différentes classes à ce point de vue particulier.

Les Mammifères sont, à l'exception des Chiroptères, des Phoques, des Sirénides et des Cétacés, des animaux terrestres, incapables de traverser à la nage un détroit de quelques kilomètres. Les migrations que beaucoup d'entre eux accomplissent suivant les saisons, allant de la montagne à la plaine en hiver, remontant dans la montagne pendant l'été, sont toujours fort restreintes, et les migrations exceptionnelles signalées chez un petit nombre d'espèces conservent le même caractère : elles sont motivées par la disette de nourriture, comme pour les Lemmings (*Myodes*), qui partant des monts Scandives émigrent de l'Est à l'Ouest vers la mer du Nord, ou de l'Ouest à l'Est vers la Baltique ; elles n'ont rien de comparable aux migrations des Oiseaux qui s'opèrent au contraire du Nord au Sud et réciproquement. Les migrations des Antilopes, dans l'Afrique australe, ont le même caractère : elles sont plutôt circulaires, car ces troupeaux de plusieurs milliers de têtes ne changent pas de patrie et reviennent aux mêmes pâturages quand l'herbe a eu le temps d'y repousser. Si la mer est le principal obstacle à la dispersion des Mammifères, les déserts, avec leur faune spéciale, constituent un obstacle du même genre ; par contre, les montagnes paraissent former de véritables ponts qui favorisent la propagation de certaines espèces : la faune d'une montagne est généralement identique sur ses deux versants, comme on l'observe par exemple dans les Pyrénées. De même la longue Cordillière des Andes, s'étendant du Nord au Sud, dans toute la longueur du Continent Américain, a dû singulièrement favoriser les échanges que l'on constate entre les faunes Néarctique et Néotropicale : elle a permis aux Cerfs du Nord de pénétrer peu à peu jusqu'en Patagonie, et aux Didelphes du Sud d'arriver, par étapes successives, jusque dans les Etats-Unis. Aucune chaîne du même genre ne relie l'Europe à l'Afrique, et l'orientation différente des montagnes suffit probablement pour expliquer l'absence des Cerfs au sud de l'Atlas. L'isolement des petites chaînes de montagnes en Europe explique également pourquoi chacune de ces chaînes possède en quelque sorte sa faune propre où les mêmes espèces sont représentées par des variétés distinctes : ces espèces ont eu, selon toute apparence, une origine commune à une époque où de vastes forêts reliaient ces montagnes l'une à l'autre. L'homme a détruit ces forêts, et les animaux relégués sur ces montagnes comme sur des îles ne se sont plus aventurés dans les plaines cultivées qui les séparent : ils ont formé par *ségrégation* des variétés et même des espèces distinctes. Les îles, à leur tour, peuvent être comparées sous ce rapport aux montagnes : leur faune reproduit d'ordinaire les principaux traits des continents dont elles sont détachées. C'est ce qu'on remarque particulièrement dans les îles de la Malaisie qui possèdent des espèces de Cerfs très voisines de celles du continent Asiatique, mais généralement plus petites, phénomène qui s'explique facilement par l'isolement, le confinement, une nourriture plus précaire et le manque de choix parmi les mâles reproducteurs.

Les Chiroptères pourvus d'ailes, ont une dispersion beaucoup plus grande, en général, que les types exclusivement terrestres : ils se rapprochent, sous ce rapport, des Oiseaux et devront être étudiés avec eux. De même les Mammifères marins (Phoques et Cétacés) sont soumis aux mêmes influences que les Poissons marins et seront traités dans le même chapitre.

Les Oiseaux diffèrent beaucoup des Mammifères par leur besoin de locomotion. Un grand nombre de types carnivores (Rapaces, Palmipèdes, Échassiers), sont devenus cosmopolites grâce à ces habitudes et à la puissance de leurs ailes. D'autres, pour la plupart insectivores, accomplissent chaque année, dans le sens du méridien, des migrations nécessitées par la poursuite des insectes dont ils se nourrissent, passant, dans chaque hémisphère, d'une région à l'autre suivant les saisons. Les espèces granivores et herbivores sont beaucoup plus sédentaires, et certaines de leurs familles ont une distribution géographique comparable à celle des Mammifères ou des Reptiles : les Brévipennes, herbivores et incapables de voler, sont à plus forte raison dans le même cas.

Les Reptiles, quadrupèdes terrestres pour la plupart comme les Mammifères, se trouvent dans des conditions presque identiques à ceux-ci, ou moins favorables encore à leur dispersion, leur taille étant généralement moindre que celle des quadrupèdes vivipares. D'ailleurs, si leur distribution ne coïncide pas avec celle des Mammifères, cela vient de ce que leur origine remonte à une époque géologique antérieure, époque où la configuration des Continents était différente de ce qu'elle est aujourd'hui. Leur condition d'*ovipares* à sang froid leur interdit presque absolument les zones froides des pôles où leurs œufs ne pourraient éclore.

Avec les Batraciens nous abordons un nouveau type très intéressant, celui des *animaux d'eau douce*, dont ils sont les représentants les plus élevés en organisation. On sait que chez ces animaux les œufs sont pondus dans l'eau douce des rivières ou des lacs : les petits ou *larves* qui sortent de ces œufs sont de véritables poissons qui ne peuvent vivre hors de l'eau et périssent rapidement dans la mer. Ce mode de reproduction empêche les adultes de s'éloigner des eaux douces qui les ont vus naître, et comme leurs moyens de locomotion et leur taille sont encore plus faibles que ceux des Reptiles, cette double particularité en fait des animaux tout à fait caractéristiques de la région qu'ils habitent. Sous ce rapport on peut dire que les Batraciens ou Amphibiens sont les plus intéressants de tous les animaux d'eau douce, car c'est le seul exemple que nous connaissions d'une classe entière présentant ce genre de vie.

Les Poissons, en effet, bien que possédant un grand nombre de types d'eau douce, sont beaucoup plus difficiles à étudier sous ce rapport. La plupart des familles présentent à la fois des types marins, d'eau saumâtre et d'eau douce et beaucoup d'espèces (les Esturgeons, par exemple) ont l'habitude de passer, par une sorte de migration régulière, de la mer dans les rivières, et réciproquement. D'ailleurs l'origine des types d'eau douce est évidemment marine, comme le prouve la faune des grands lacs. Cependant on connaît un certain nombre de familles qui sont, à l'époque actuelle, confinées dans les eaux douces : nous les étudierons en même temps que les Amphibiens et nous indiquerons leur importance au point de vue de la Géographie Zoologique.

Parmi les Invertébrés, les Mollusques et les Crustacés sont tout à fait comparables aux Poissons : leurs espèces d'eau douce descendent d'ancêtres marins qui se sont peu à peu acclimatés dans les eaux saumâtres, puis dans les eaux douces. Ces deux groupes renferment en outre des espèces terrestres dont l'organisation diffère très peu de celle des types d'eau saumâtre ou franchement marins qui s'en rapprochent (*Gastropodes pulmonés*, *Isopodes* : ces espèces terrestres ne peuvent prospérer que dans les localités humides. A ce point de vue, la distinction entre les types marins, d'eau douce et terrestre, est ici beaucoup moins nette que chez les Vertébrés supérieurs et présente moins d'importance pour leur distribution géographique. Nous étudierons cependant celle des principaux types terrestres et d'eau douce comparativement avec celle des Vertébrés placés dans les mêmes conditions.

Dans l'embranchement des Arthropodes, les deux classes des Arachnides et des Myriapodes sont exclusivement composées d'espèces terrestres, ou plus rarement d'eau douce, et doivent, par suite, être étudiées avec les animaux terrestres. La grande classe des Insectes renferme des types à habitudes plus variées, et tandis que les Coléoptères, les Hémiptères hétéroptères et même les Orthoptères, qui volent rarement, peuvent être considérés comme terrestres, les autres groupes, notamment les Lépidoptères, les Névroptères, les Diptères et les Hémiptères homoptères sont, comme les Oiseaux, des animaux qui se servent beaucoup de leurs ailes, et doivent être étudiés avec ces derniers. Toutefois, les migrations qu'ils pourraient accomplir sont entravées, il ne faut pas l'oublier, par leur condition *d'animaux à métamorphoses*, passant toute la première partie de leur vie sous forme de larves (vers ou chenilles), vivant en parasites quelquefois sur *une seule espèce* de plante. Dans ce cas, la faune est, comme on le voit, sous la dépendance immédiate de la flore, la propagation d'une espèce d'insecte donnée étant absolument soumise à la présence de la plante qui peut lui servir de nourriture ou des plantes de la même famille qui peuvent la remplacer. Sous ce rapport, les Lépidoptères par exemple, malgré le développement de leurs ailes, sont beaucoup moins aptes à émigrer et à coloniser des régions nouvelles, que les Libellules dont les larves vivent dans l'eau douce, et dont la femelle adulte, se nourrissant d'insectes, peut aller pondre ses œufs partout où existe le moindre cours d'eau.

Parmi les Annélides, la famille des Vers de terre (*Oligochètes*) est la seule qui ait des habitudes terrestres, et Darwin a montré l'importance de ce groupe dans la formation de la terre végétale. On a trouvé des Oligochètes dans toutes les régions du globe : malheureusement l'étude systématique de ces animaux est encore trop peu avancée pour qu'il soit possible de tracer une carte exacte de leur distribution géographie.

Tous les autres Invertébrés dont il nous reste à parler sont des animaux marins dont la répartition est soumise aux mêmes lois que celle des Poissons, des Mollusques et des Crustacés marins. Tels sont les Tuniciers, les Bryozoaires, les Brachiopodes, la plupart des Annélides, les Echinodermes, les Cœlentérés et les Protozoaires. Le nombre des espèces de ces différents groupes qui habitent, *exceptionnellement*, les eaux douces, est trop peu considérable pour qu'il y ait lieu d'en tenir compte ici. Les animaux marins, en général, ont une distribution très différente de celle des animaux terrestres, et qui, dans la plupart des cas, n'a aucun rapport avec les régions zoologiques continentales : ils sont distribués par grandes zones dont la température est le principal facteur, et nous verrons que ce sont les *Courants marins* qui modifient surtout cette répartition et qui constituent le second facteur des *Provinces marines* que l'on peut distinguer dans les mers de l'époque actuelle. Ici encore, la question des métamorphoses est d'une importance capitale, si l'on veut se rendre un compte exact des moyens de dispersion de chaque type considéré isolément. Beaucoup d'animaux fixés au rivage, ou sédentaires à l'âge adulte (les Cirrhipèdes, les Mollusques lamellibranches, les Echinodermes) sortent de l'œuf sous forme de larves qui nagent avec beaucoup d'agilité, et qui, se mêlant aux animaux *pélagiques*, c'est-à-dire de haute mer et vivant à la surface, sont entraînés par les courants et peuvent aller fonder au loin de nouvelles colonies. La Distribution Géographique des animaux marins présente par suite une plus grande uniformité et beaucoup moins de faits intéressants que celle des animaux terrestres.

Les considérations qui précèdent nous permettent de classer de la façon suivante les différents types du règne animal, envisagés au point de leur habitat et de leurs moyens de dispersion :

1. ANIMAUX TERRESTRES.

MAMMIFÈRES *terrestres.*
REPTILES.
MOLLUSQUES *terrestres.*
ARACHNIDES.
MYRIAPODES.
Isopodes terrestres.
Coléoptères.
Hémiptères.
Orthoptères.
Oligochètes.

2. ANIMAUX D'EAU DOUCE.

AMPHIBIENS *ou* Batraciens.
POISSONS *d'eau douce.*
CRUSTACÉS.
MOLLUSQUES *d'eau douce.*
ANNÉLIDES *d'eau douce.*

3. ANIMAUX AÉRIENS
(ou pourvus d'ailes).

OISEAUX.
Chiroptères.
Névroptères.
Lépidoptères.
Hyménoptères.
Diptères.

4. ANIMAUX MARINS.

POISSONS marins.
Cétacés et *Pinnipèdes.*
MOLLUSQUES marins.
CRUSTACÉS marins.
ANNÉLIDES marins.
ECHINODERMES.
CŒLENTÉRÉS.
PROTOZOAIRES.

Moyens de dispersion étrangers à l'animal lui-même.
— Les courants marins ne sont pas les seuls agents
atmosphériques susceptibles de transporter au loin des
animaux terrestres. Le Dr Albert Muller, de Bâle, a
étudié dans un travail spécial[1] le transport par le vent
des animaux qui ne sont pas naturellement migrateurs.
Des insectes pesants et mauvais voiliers ont été transportés à de grandes distances : c'est ainsi que pendant le
voyage de Darwin à bord du *Beagle* un coléoptère d'eau
douce appartenant au genre *Colymbetes* vint s'abattre
sur le navire à 45 milles (83 kilomètres) de toute terre ;
un petit Longicorne fut pris de la même manière à 500
milles de la côte ouest d'Afrique, des Papillons et des
Sauterelles à 200 milles de cette même côte. A Bâle,
pendant un tourbillon de grêle, des larves de grande
taille appartenant à l'*Egosoma scabricorne* furent pro-
jetées au loin. Les anciens auteurs parlent souvent de
pluies de poissons : des observations plus récentes prouvent qu'il s'agissait, selon toute apparence, de Tétards,
ou larves de Batraciens, enlevés de leur étang par un
ouragan et transportés au loin, de sorte que cette classe
elle-même, aux habitudes si sédentaires, n'échapperait
pas à des migrations forcées.

Une autre classe, également réputée pour ses habitudes sédentaires, n'en possède pas moins un mode de
dispersion tout particulier, mais qui réclame l'aide du
vent : je veux parler des Arachnides. Tout le monde
connaît les *fils de la vierge*, ces longs fils d'Araignée qui
se montrent en abondance à l'automne, couvrant les
sommités des herbes des prairies ou flottant aux branches
des arbres, et qui viennent si désagréablement s'accro-
cher au visage et aux vêtements des promeneurs[2]. Dans

---

1. *On the Dispersal of Non-Migratory Insects by atmospheric
Agencies*, dans *The Transactions of the Entomological Society of
London*, 1871, II, p. 175.
2. Ces fils appartiennent, dans notre pays, à des Arachnides

son célèbre voyage à bord du *Beagle*, si fertile en découvertes, Darwin rencontra, à 60 milles du continent de l'Amérique du Sud, une nuée de ces fils de la vierge, flottant au-dessus de la mer et dont une partie s'accrocha aux agrès du navire. En les examinant de plus près, l'illustre naturaliste constata qu'une petite araignée, presque microscopique, était suspendue à l'extrémité de chacun d'eux. Ces légers filaments constituent donc des sortes d'aérostats comme on l'a prétendu en édifiant sur cette base la théorie du *vol des Araignées*, ou pour mieux dire de véritables parachutes que le moindre vent emporte, et dont les jeunes araignées se servent pour émigrer en s'éloignant du lieu de leur naissance.

Les courants marins eux-mêmes qui transportent au loin les montagnes de glace, les troncs d'arbres flottants, les fruits volumineux de ces arbres (les noix de coco, par exemple), transportent en même temps les insectes qui se trouvent attachés à ces objets. Des recherches suivies sur ce mode de transport seraient fort intéressantes et sont encore à faire. Le Dr Muller a vu flotter sur le Rhin de véritables îles de pierre ponce dont les trous étaient remplis de Carabiques parfaitement vivants. — Ce fait nous donne, en petit, une idée des phénomènes qui se sont produits récemment sur une plus vaste échelle, à la suite du tremblement de terre de Krakatoa et de la destruction à peu près complète de cette île de la Malaisie. Des troncs d'arbres et des bancs de pierre ponce provenant de cette catastrophe et entraînés par les courants sont venus s'échouer sur la côte orientale de l'Afrique et de Madagascar; ces sortes de radeaux portaient des animaux terrestres d'assez grande taille, notamment des Reptiles. — Il y a donc lieu, en Géographie Zoologique, de tenir compte même de ces faits exceptionnels, que le

des familles des *Thomisidæ. Epeiridæ* et *Lycosidæ*. Voyez à ce sujet : Brehm. *Les Insectes*, édition Kunckel d'Herculais, t. II, p. 684 et suiv. (J.-B. Baillière et fils).

calme relatif de l'époque géologique actuelle nous fait peut-être trop oublier, et qui ont dû être beaucoup plus fréquents aux époques géologiques antérieures.

Le transport des organismes inférieurs à de grandes distances par les Oiseaux migrateurs a été admis par Darwin et Lyell sur l'examen de faits isolés, et jusque dans ces derniers temps la généralité de ce transport était niée ou considérée comme douteuse par beaucoup de naturalistes. M. J. de Guerne, un des zoologistes du voyage de l'*Hirondelle* dans l'Atlantique, a fait des recherches précises pour arriver à démontrer la réalité de ce phénomène de dissémination, inconscient et involontaire des deux parts[1]. Sur des Oiseaux migrateurs, notamment des Palmipèdes (*Anas boschas*, *Querquedula crecca*), il a trouvé adhérents aux pattes et au bec, par l'entremise de la vase, des Crustacés d'eau douce ou des œufs de ces crustacés, des Statoblastes (bourgeons de Bryozoaires), etc., mais ce sont surtout les plumes des ailes qui recueillent les petits organismes flottant à la surface des lacs et des rivières et les transportent au loin. Ces faits, désormais bien établis, expliqueraient l'uniformité de la faune des invertébrés d'eau douce dans toutes les régions zoologiques, si la haute antiquité des types qui la composent n'en était vraisemblablement la cause principale. Des Vertébrés inférieurs même ont pu être transportés, à l'état d'œufs, par les pattes des oiseaux migrateurs : c'est ainsi qu'on explique la présence aux îles Sandwich du *Bufo dialophus*, Crapaud qui se rattache à un type exclusivement américain, tandis que ce genre fait défaut dans tout le reste de la Polynésie. Les œufs de ces batraciens, pondus en longs chapelets visqueux, ont pu se coller aux pattes des petits échassiers qui passent périodiquement du continent à l'archipel d'Hawaï et, déposés dans les lacs de ces îles, y for-

1. *Comptes rendus des séances de la Société de Biologie*, V, séance du 24 mars 1888, et *Revue scientifique*, 1888, t. 41, p. 455.

mer une nouvelle colonie. On conçoit sans peine que ces faits de transport ne peuvent s'appliquer aux vertébrés supérieurs, et dans la plupart des cas il est possible de démêler, par une comparaison attentive, l'origine réelle de la faune d'un pays donné. Ce sont les faunes insulaires qui se prêtent le mieux à ces considérations [1], et l'origine Européenne de la faune des invertébrés des îles de l'Océan Atlantique (Açores, Canaries, îles du Cap Vert), plus voisines cependant du continent Africain, est aujourd'hui bien démontrée.

Animaux Cosmopolites : transport volontaire ou involontaire par l'homme. — Les Animaux Cosmopolites appartiennent tous à des espèces migratrices ou accomplissant des voyages réguliers sous l'influence des saisons : tous sont des animaux ailés, au moins à l'âge adulte, ou des types marins. Par cosmopolite, d'ailleurs, on veut dire simplement que l'animal habite toutes les régions et, le plus souvent, toutes les sous-régions zoologiques, pourvu qu'il y rencontre les conditions d'existence nécessaires à son mode d'organisation. Parmi les vertébrés, la classe des Oiseaux est à peu près la seule à présenter beaucoup de types de ce genre, et les Rapaces, les Échassiers et les Palmipèdes sont les trois ordres qui les renferment, à l'exclusion des autres. Tels sont le Balbuzard (*Pandion haliætus*) et la Chouette commune (*Strix flammea*) parmi les Rapaces ; la Poule d'eau (*Gallinula chloropus*), le Chevalier cendré (*Totanus incanus*), et beaucoup d'autres petits échassiers de la famille des *Tringidæ*. — Parmi les Insectes, les exemples de ce genre sont plus nombreux encore. A. Müller, dans le travail précédemment cité, a rappelé combien les migrations, instinctives ou forcées, étaient communes dans cette classe, sous l'influence de conditions météorolo-

1. Voyez le livre très intéressant de Wallace (*Island Life*, 1880). consacré à l'étude des faunes insulaires dans toutes les régions du globe.

giques spéciales et particulièrement de la disette de nourriture : rappelons les migrations de la Chenille processionnaire (*Gastropacha processionea*), celles de l'*army-worms* (larves de la famille des *Lucanidæ*), qui ne peuvent avoir une grande influence sur leur distribution géographique, et celles qui nous intéressent davantage parce qu'elles se produisent sous la forme d'adulte *ailé*, des Sauterelles, des Libellules et des Papillons. Des Coléoptères même figurent dans cette liste, notamment des *Coccinellidæ*, insectes chétifs et dont le vol est peu soutenu.

De son côté, M. H. Plateau a relevé[1] une liste assez

Fig. 32. — Vanesse Belle-Dame (*Vanessa cardui*),
Papillon cosmopolite (grand. nat.).

complète de ces Insectes cosmopolites. Nous avons déjà parlé des migrations des Sauterelles en traitant des régions zoologiques où se produisent plus spécialement ces migrations : le *Pachytylus migratorius*, d'après Köppen, s'étend, sur l'Ancien Continent, de Madère aux îles Fidji, entre le 50° de lat. Nord et le 40° de lat. Sud ; il n'est donc pas réellement cosmopolite. Par contre le Papillon *Belle-Dame* (fig. 32) (*Vanessa cardui*) est absolument cosmopolite, à l'exception de l'Amérique Australe, s'étendant, en Polynésie, jusqu'aux îles Marquises

1. H. Plateau. *Les Animaux cosmopolites* (Revue de Genève, 1886)

et à la Nouvelle-Zélande : les émigrations de cette espèce, qui s'accomplissent par bandes innombrables semblables à des nuages, rappellent celles des Sauterelles, tiennent aux mêmes causes, et ont été observées, notamment en France (juin 1879), par un grand nombre d'entomologistes [8]. Les Libellules présentent le même phénomène, qui s'observe assez fréquemment dans notre pays.

Un beaucoup plus grand nombre d'animaux ont été transportés par l'homme, à bord de ses navires, en même temps que les animaux domestiques qu'il a introduits dans tous les pays du monde. Les uns l'ont été volontairement, comme les Chèvres et les Cochons redevenus sauvages qui peuplent un grand nombre d'îles de l'hémisphère austral, comme les Lapins importés en Australie et qui, trouvant dans ce pays des conditions favorables, y sont devenus beaucoup plus gros que ceux d'Europe et s'y sont tellement multipliés que le gouvernement de la Nouvelle-Galles du Sud a dû faire appel à des moyens spéciaux pour les détruire, le fusil du chasseur étant insuffisant pour cet office. Beaucoup d'autres ont été transportés involontairement et inconsciemment, comme les Rats, dont nous avons déjà parlé, les Geckos, tels que le *Platydactylus facetanus*, qui s'attachent à tout et se font ainsi monter à bord des navires, les Scinques qui se tapissent volontiers sous l'écorce des troncs d'arbres et peuvent être ainsi transportés non seulement par les navires, mais encore par les courants marins, ce qui expliquerait leur abondance dans les archipels de l'Océanie et leur distribution cosmopolite. Beaucoup d'Insectes sont dans le même cas : tels sont les Blattes dont les nombreuses espèces pullulent à bord des navires, les Termites et les Fourmis, les Punaises, etc. C'est de la même manière, selon toute apparence, que des Ara-

1. Voyez : A.-E. Brehm, *Les Insectes*, tome II, p. 271 et suiv., édit. Kunckel.

chnides européennes sont devenues cosmopolites : ces animaux installent leur toile à bord des navires et sont débarqués accidentellement avec les objets faisant partie de la cargaison. C'est ainsi que notre Araignée commune (*Tegenaria vulgaris*) est devenue cosmopolite, et que d'autres espèces de la même classe (*Amaurobius ferox*, par ex.) se sont propagées jusqu'à la Nouvelle-Zélande. Ces faits qui ont dû se produire dès les premières migrations humaines ont pu altérer plus ou moins profondément le caractère de la faune de certains pays et sont quelquefois très embarrassants, lorsque l'on n'a pas de documents historiques sur la première apparition de ces espèces dans la région qu'elles habitent à l'époque actuelle.

II.

Caractères fauniques des différentes régions zoologiques. — On désigne sous le nom de *caractères fauniques* l'ensemble des particularités de formes et d'habitudes que présentent les animaux les plus caractéristiques d'une région donnée : ainsi les animaux *grimpeurs* sont caractéristiques des régions couvertes de grandes forêts : les animaux *coureurs, sauteurs* et *fouisseurs* des plaines découvertes, des régions arides et sablonneuses désignées sous le nom de *déserts*. C'est un savant français, le Dr Pucheran, aide-naturaliste au Muséum de Paris sous la direction d'Isidore Geoffroy Saint-Hilaire, qui a le premier appelé l'attention sur ces caractères, et qui a créé ce terme de *caractères fauniques* pour les désigner. C'est en étudiant les différences que présentent les Mammifères au point de vue des fonctions de locomotion, que le Dr Pucheran a été amené à établir les rapports étroits qui existent entre la forme des membres des animaux et leur genre de vie, entre ce genre de vie et l'habitat plus ou moins étendu qu'ils oc-

cupent à la surface du globe. Cet habitat et ce genre
de vie entraînent dans les formes et l'apparence extérieure des modifications qui sont étroitement liées aux
habitudes de l'animal : telles sont les membres courts,
généralement plantigrades, les griffes aiguës et souvent
rétractiles des Mammifères grimpeurs, contrastant avec
les membres élancés, digitigrades, les griffes usées, semblables à des sabots, qui caractérisent les Mammifères
coureurs habitants des déserts, les pattes palmées des
Mammifères aquatiques, etc. Ces modifications donnent
à l'animal un faciès particulier qui permet à lui seul et
souvent à première vue de dire quelles sont ses habitudes, et par suite les localités dont il fait son séjour
ordinaire. Cela est si vrai que les naturalistes attachés à
de grands établissements scientifiques, comme le Muséum
de Paris, arrivent facilement, par l'habitude, à déterminer l'origine d'un animal qui leur arrive sous forme de
peau plate ou bourrée, mais sans indication de patrie,
ou avec une indication erronée.

Cette influence de la localité, et par suite des conditions de température et de nourriture qui en résultent,
est telle, qu'elle change souvent presque complétement
l'apparence extérieure d'une espèce donnée, au point
qu'on est tenté de croire que l'on a affaire à des formes
bien distinctes. Ce sont les teintes et la longueur du
pelage, les dimensions même de l'animal qui sont surtout modifiées par ces influences climatologiques. A une
époque où les Musées ne possédaient que très peu de
termes de comparaison sous ce rapport, on a créé beaucoup d'espèces sur ces différences superficielles : à mesure que les voyages se sont multipliés et que des formes
intermédiaires se sont révélées, on a reconnu que la
plupart de ces espèces nouvelles n'étaient que des variétés locales d'un même type spécifique ayant une extension géographique beaucoup plus grande qu'on ne le
supposait primitivement. C'est ainsi que le Tigre royal
(*Felis tigris*) des bords de l'Amour et de l'île Saghalien

possède une fourrure épaisse, en rapport avec le climat froid de ce pays, et qui change assez les teintes de son pelage pour qu'on ait voulu en faire une espèce à part (*Felis longipilis,* Fitzinger), opinion que personne ne soutient plus aujourd'hui. De même, le Renard et le Cerf de Corse et d'Algérie (*Vulpes algeriensis* ou *niloticus, Cervus barbarus* ou *corsicanus*), sont plus petits que le Renard et le Cerf d'Europe, ce qui tient très probablement à ce que les îles de la Méditerranée et les côtes du nord de l'Afrique sont moins favorables à leur développement que les régions boisées du centre de l'Europe.

Le Dr Pucheran a, le premier, fait remarquer que les Carnivores du Mexique avaient le pelage plus court et plus ras que leurs homologues (souvent d'espèce identique), appartenant à la faune des États-Unis et du Canada, et que les Carnivores de la Colombie et du Brésil avaient ce pelage encore plus ras, quand on les compare à ceux du Mexique. De même les Cerfs de la région Néotropicale ont des bois beaucoup moins développés que ceux de la région Néarctique. — Deux naturalistes américains, J. A. Allen et Elliot Coues, attachés au *Geological and Geographical Survey* des États-Unis, ont repris l'étude de ces faits et les ont confirmés en s'appuyant sur un plus grand nombre de termes de comparaison [1]. Ils ont montré par des chiffres précis résultant de mesures prises sur le squelette, notamment sur le crâne, que la taille des spécimens appartenant à une même espèce diminuait en général à mesure que l'on allait du Canada au Mexique. Les exceptions à cette règle ne font que la confirmer : ainsi chez certains rongeurs du groupe des Campagnols (*Arvicola rutilus*), on remarque que les individus provenant de l'extrême Nord, c'est-à-dire des régions glacées du pourtour de la Baie d'Hud-

---

1. *Geographical variation,* etc. (dans *Bulletin of the geological and geogr. Survey of the Territories,* vol. II, 1876).

son, ont *une taille moindre* que celle des individus des États-Unis, et ce qui est plus remarquable encore, c'est que cette diminution de taille porte surtout *sur les extrémités,* de telle sorte que les proportions ordinaires de l'espèce en sont altérées : les pattes et les oreilles sont relativement plus courtes, ce qui contraste avec l'allongement du pelage, comme si l'animal rétractait ces appendices pour donner moins de prise au froid. Ces faits s'expliquent d'eux-mêmes : ils prouvent que pour chaque type donné il existe une région du globe qui peut être considérée comme sa véritable patrie ; c'est là que ce type acquiert son entier développement : que l'animal s'éloigne de sa patrie dans un sens ou dans l'autre, qu'il émigre vers les pays chauds ou vers les pays froids, il rencontre dans l'un comme dans l'autre cas des conditions défavorables à ce développement et qui, par des effets différents, produiront un résultat sensiblement identique, se traduisant au bout d'un certain temps par la diminution de taille.

Si l'on veut appliquer, comme l'a fait Pucheran, les caractères *fauniques* à l'étude des différentes régions du globe, on arrive à tracer des provinces zoologiques très naturelles, mais qui ne coïncident qu'en partie avec les Régions de Wallace. Ces provinces concorderaient mieux avec les sous-régions, car chacune de nos grandes régions zoologiques renferme à la fois des contrées couvertes de forêts, des contrées montagneuses et des déserts. La limite de ces contrées, en effet, est quelquefois difficile à tracer, et tel petit pays, fraction infime d'une grande région, la France, par exemple, présente sur son territoire une grande variété de contrées ayant chacune leur faune spéciale. C'est ainsi que la faune des forêts montagneuses des Ardennes et des Vosges n'est pas la même que celles des Marais de *la Brenne* ou de *la Bresse,* des campagnes cultivées de la Champagne ou de *la Beauce,* et diffère encore plus de celle des plaines arides de la Provence et du Languedoc où souffle le vent du désert africain. La faune des Pyrénées elle-même n'est pas la même que celle des Alpes.

En réalité, l'étude des faunes examinées à ce point de vue nous ramène vers une subdivision du globe terrestre par grandes zones continentales analogues à celles que nous avons dû conserver pour les régions polaires (Zones ou Régions Arctique et Antarctique). Nous avons également signalé la Zone de Déserts qui existe, sur les deux continents, au sud des Régions Paléarctique et Néarctique, et que Pucheran fait coïncider avec l'*Equateur de Contraction* dont Jean Reynaud a démontré l'existence en se fondant sur des données purement géologiques. Mais on semble avoir négligé jusqu'ici de relever ce fait qu'il existe dans l'hémisphère Austral une seconde Zone de Déserts, parfaitement symétrique de celle dont nous venons de parler, et représentée en Amérique par le *Despoblado* ou *Pampa* de la République Argentine, en Afrique par le *Désert de Kalahari*, au nord de la Colonie du Cap, en Australie par le *désert central* de ce continent. L'amoindrissement des masses continentales dans cet hémisphère est évidemment la cause de la faible étendue de ces déserts qui, par cela même, ont moins attiré l'attention : ils n'en ont pas moins leur faune aussi bien caractérisée que celle des grands déserts. Or, si l'on examine sur une carte la position de ces déserts, on voit que dans les deux hémisphères ils coïncident à peu de choses près avec la *ligne des Tropiques*, tandis que celle de l'Equateur coïncide, sur tous les continents, avec une zone de forêts — vallée de l'Amazone en Amérique, région du Soudan en Afrique, Madagascar, Malaisie et Nouvelle-Guinée au sud de l'Asie, — que l'on peut considérer, ainsi que nous l'avons vu, comme possédant les trois faunes les plus riches du globe. Ces considérations n'ôtent rien au mérite de J. Raynaud qui, le premier, a montré l'importance de ces zones au point de vue de l'histoire du globe, mais si nous voulons en faire l'application à la Géographie Zoologique, nous placerons le véritable *Equateur Zoologique* dans cette zone des forêts et non dans la zone septentrionale des déserts, malgré l'intérêt qui s'attache à celle-ci, surtout au point de vue de l'histoire de l'humanité.

En définitive, si nous allons d'un pôle à l'autre, nous rencontrons successivement des zones découvertes ou boisées qui alternent de la façon la plus régulière : au Nord les plaines glacées de la zone arctique ; puis la zone couverte de montagnes et de forêts des régions Paléarctique et Néarctique ; la zone des déserts du Tropique du Cancer, coïncidant avec l'*Equateur de Contraction* de Jean Raynaud ; la zone des forêts vierges sub-équatoriales ; la seconde zone de déserts situés sous le Tropique du Capricorne ; plus au Sud, il est difficile de trouver une nouvelle zone de forêts bien marquée, la mer ayant balayé toute cette région australe des continents : cependant les forêts de la Terre-de-Feu, de la Tasmanie et de la Nouvelle-Zélande peuvent être considérées comme les restes de cette sixième zone ; enfin une septième et dernière est formée par la région Antarctique. — Nous avons ainsi deux ou même quatre zones de Déserts (si l'on assimile, comme il semble naturel, les zones polaires à des déserts), et trois zones de Forêts qui les séparent. Examinons successivement la faune de ces différentes zones en les rapprochant d'après les *caractères fauniques* qui les distinguent.

Caractères fauniques des trois zones de Forêts. — Les animaux qui habitent les zones forestières sont presque exclusivement des *grimpeurs arboricoles*, ainsi que l'a montré le docteur Pucheran. Le fait est déjà bien évident pour la zone forestière sub-arctique, malgré le peu de variété des types qui composent sa faune. La présence de l'Écureuil volant (*Pteromys volans* sur l'Ancien Continent. *Pt. volucella* en Amérique) suffirait à elle seule pour caractériser cette zone. Les Martes *Mustela* et les Écureuils *Sciurus*, passent leur vie sur les arbres. Parmi les Oiseaux, les types *percheurs* prédominent, et les Pics (*Picidæ*), grimpeurs à la manière des Mammifères, peuvent être considérés comme originaires de cette zone, car leur nombre décroît déjà manifestement dans la zone sub-équatoriale, et ils font complètement défaut à Madagascar et dans l'Australie.

Sautons maintenant par-dessus la zone des déserts de l'hémisphère Nord pour arriver à la zone forestière sub-équatoriale. La richesse de cette zone en types arboricoles frappe au premier coup d'œil. Les Singes, qui sont le type le plus parfait et le plus élevé des grimpeurs arboricoles, sont propres à cette zone sur les deux continents, et il en est de même des Lémuriens à Madagascar, en Afrique et dans la Malaisie. Les Insectivores ont dans ce dernier pays les seuls représentants arboricoles de leur ordre (les genres *Tupaia* et *Ptilocercus*). Les Écureuils et les Carnivores arboricoles abondent : il nous suffira de citer les Ours, et les genres *Arctictis*, *Paradoxurus*, *Ailurus*, etc., dans l'Ancien Continent : les genres *Cercoleptes*, *Nasua*, *Procyon*, etc., en Amérique. Outre les Écureuils volants (*Pteromys*) plus nombreux ici qu'ailleurs, cette zone possède les genres *Anomalurus* et *Galeopithecus* qui ont la même conformation. Madagascar présente le même caractère faunique, non seulement par ses Lémuriens nombreux, y compris le *Chiromys*, mais encore par ses Carnivores : le *Crypto-procta* plantigrade est par cela même le plus arboricole de tous les Chats. Le *noctambulisme* de tous ces types est, d'après Pucheran, un autre caractère de Madagascar. La Nouvelle-Guinée n'est qu'une vaste forêt, aussi presque tous ses Mammifères sont arboricoles ; c'est par excellence la patrie des Couscous (*Dactylopsila*), si semblables extérieurement aux Lémuriens, des Phalangers volants (*Belideus*) semblables aux *Pteromys*, et les Kangourous eux-mêmes y prennent les mêmes habitudes (*Dendrolagus*). L'Amérique centrale est la patrie d'un grand nombre de types à queue prenante : outre les Singes, les Carnivores (*Cercoleptes*), les Rongeurs (*Capromys*,

Synetheres, etc.) et les Marsupiaux (*Didelphys*) y présentent cette particularité, et ce même pays possède les seuls Edentés grimpeurs que l'on connaisse (*Bradypus, Cyclothurus*). — La zone forestière australe n'a qu'une faune relativement très pauvre, mais la Tasmanie possède encore les genres *Phalangista* et *Dromicia*, et la Nouvelle-Zélande elle-même, parmi les rares Mammifères que l'on y trouve, nous offre un type très curieux de Chauve-Souris (*Mystacina tuberculata*) dont les pattes sont conformées comme celles des Geckos du genre *Hemidactylus*, et présentent un appareil adhésif permettant à l'animal de grimper et de courir sur les branches des arbres, sans se servir de ses ailes qui sont protégées par des sortes d'élytres coriaces. — Les Oiseaux, essentiellement percheurs dans toute la zone sub-équatoriale, et les Reptiles qui présentent une grande abondance de types grimpeurs (Iguanes américains, Dragons volants de la Malaisie, Ophidiens arboricoles, Caméléons très nombreux à Madagascar, etc.), confirment ce caractère faunique. Les Amphibiens eux-mêmes prennent dans cette zone les mêmes habitudes, les Rainettes ou *grenouilles d'arbres* (*Hylidæ, Cystignathidæ*) ont ici leur plus grand développement, et un type de la Malaisie et de Madagascar (*Rhacophorus*) a la membrane interdigitale tellement développée que l'animal s'en sert comme de parachute pour *voler* d'un arbre à l'autre (fig. 12, p. 95) à la manière des Ecureuils volants[1].

La *Faune des deux zones de déserts* n'est pas moins bien caractérisée : ici, ce sont les animaux *coureurs, sauteurs* et *fouisseurs* qui prédominent ; en outre, l'inégalité des deux paires de membres, qu'elle soit à l'avantage des membres postérieurs, comme chez les Gerboises

---

1. Les animaux à mœurs aquatiques, ou qui se plaisent dans les marais, habitent également les régions forestières qui sont en même temps celles des grands cours d'eau et des marais : citons les genres *Castor, Lutra, Sus, Tapirus*, etc.

et les Galagos, à celui des membres antérieurs, comme chez la Girafe, les Hyènes, les genres *Proteles, Bubalis* et *Damalis*, est un autre caractère faunique de l'Afrique signalé par Pucheran. Le grand développement des conques auditives, si manifeste dans les genres *Otocyon, Fennecus, Galago*, accompagne généralement celui des membres : enfin la couleur du pelage est presque universellement celle du sol même, c'est-à-dire l'isabelle pâle. Les genres *Equus, Camelus, Saïga* sont propres au désert septentrional de l'Ancien Continent. Les Antilopes, la Girafe, les genres *Macroscelides* et *Dipus* se retrouvent également dans le désert méridional de l'Afrique, avec les Zèbres et les genres *Pedetes, Rhynchocyon* et *Petrodromus*. Les animaux fouisseurs sont représentés par un grand nombre de Rongeurs et par le genre *Chrysochloris*. Enfin l'Autruche (*Struthio*), qui leur est commune, achève de donner à ces deux zones leur caractère faunique.

Dans l'Amérique du Nord, la zone des Déserts ou des Prairies est surtout caractérisée par ses Rongeurs à membres postérieurs plus développés que les antérieurs : les genres *Zapus, Dipodomys, Heteromys* représentent les Gerbilles et les Gerboises de l'Ancien Continent : l'*Antilocapra* y représente le type coureur des Antilopes. — Le désert des Pampas de l'Amérique du Sud possède aussi des types qui lui sont propres : tel est le *Dolichotis patagonica* dont les membres postérieurs sont beaucoup plus développés que les antérieurs ; tous les grands rongeurs si caractéristiques de l'Amérique du Sud (*Dasyprocta, Cœlogenys, Hydrochœrus, Lagidium*) présentent du reste la même particularité, et doivent être considérés comme originaires de la région Patagonienne. — Dans le désert Australien, les Kangourous et les Potorous semblent le prototype des Helamys (*Pedetes*) et des Gerboises, les Peramèles et les Chéropes celui des Macroscélides et des Rhynchocyons, et, pour compléter la ressemblance morphologique des deux faunes, le type fouisseur, qui paraissait jusqu'ici manquer à cette région, vient d'y être découvert sous la forme d'un marsupial ayant extérieurement l'apparence des Chrysochlores ou Taupes africaines. — Enfin, les Oiseaux brévipennes sont représentés dans le Désert Patagonien par les Autruches à trois doigts ou Nandous (*Rhea*), et dans le Désert Australien par l'Émeu (*Dromaeus*) ou Casoar sans casque.

On aurait tort de ne voir dans ces rapprochements qu'une vue ingénieuse de l'esprit, et c'est à dessein que nous y insistons plus qu'il ne semble nécessaire. Ainsi que l'a fort bien compris d'Archiac, les caractères fauniques nous donnent en quelque sorte la clé de toute la paléontologie. L'harmonie constante que l'on remarque entre un pays et les types d'animaux qui constituent sa faune, permet à elle seule d'expliquer des faits considérés, encore à l'heure actuelle, comme des problèmes insolubles : pourquoi, par exemple, les grands Pachydermes ont disparu avant l'époque historique du sol de l'Europe ; pourquoi le Cheval, qui vivait encore en Amérique au commencement de l'époque quaternaire, a disparu complétement de ce pays avant l'apparition de l'homme. C'est que, sous l'influence de causes géologiques, et plus particulièrement des changements de configuration des continents et des modifications de climat qui en résultent, les déserts arides remplacent les forêts humides ou les forêts succèdent aux déserts sur un même point du globe, attirant les animaux qui peuvent s'accommoder des conditions d'existence que ces localités leur offrent, et repoussant les autres. Cette harmonie est donc *post-établie*.

Caractère faunique des régions insulaires. — La faune des îles est en grande partie formée d'immigrants venant des continents voisins et qui s'y sont acclimatés. Outre la petite taille des rares Mammifères qui les habitent, fait que nous avons déjà signalé, un autre caractère très remarquable est *l'absence d'ailes* ou la brièveté de ces organes chez des animaux terrestres dont les proches parents en sont pourvus. Le danger d'être emporté par le vent en pleine mer empêche ces animaux de prendre leur vol, et l'étroitesse du territoire qui les nourrit ne leur en fait plus une nécessité ; en outre, l'absence de carnivores, en donnant aux Oiseaux plus de sécurité, doit singulièrement augmenter leur paresse à se servir de leurs ailes ; il en résulte que ces organes s'atrophient peu à peu. A Madère, Wollaston a remarqué que, dès que le vent souffle, tous les Coléoptères se tiennent cachés sous les pierres ou dans l'herbe : aussi la plupart de ces insectes ont-ils leurs ailes complètement atrophiées, et le fait est général chez les Coléoptères qui habitent des îles. — De même, Pucheran donne comme caractère faunique de la Nouvelle-Zélande la présence d'un grand nombre d'Oiseaux à ailes courtes ou nulles et à habitudes terrestres (*Apteryx*, *Strigops*, *Notornis*, *Ocydromus*, etc.), et le même caractère se retrouve aux îles Mascareignes si riches autrefois en Oiseaux aptères (*Didus*, *Aphanapteryx*, *Pezophaps*, etc.), à la Nouvelle-Guinée et dans les îles voisines qui possèdent 10 espèces de Casoar (*Casuarius*) et de plus des Mégapodes, des Talégalles, etc., chacune de ces espèces étant propre à l'île qu'elle habite. L'Autruche d'Afrique elle-même vit en réalité, non dans le désert, mais dans les oasis qui forment les îles de cette mer de sable. C'est seulement lorsqu'elle est poursuivie par l'homme, son seul ennemi, qu'elle s'en éloigne, cherchant son salut dans la vitesse de ses jambes, et regagnant par un long circuit l'îlot de verdure qui lui sert d'asile. Il est donc permis de considérer tous les Oiseaux terrestres à ailes courtes ou nulles qui habitent les continents, comme des représentants de faunes insulaires, qui ont existé autrefois dans les localités mêmes où nous les trouvons aujourd'hui.

III.

Méthodes graphiques usitées en Géographie Zoologique. — Pour se faire une idée nette de la distribution géographique des différents groupes du règne animal, il est indispensable de figurer cette distribution sur des cartes. On se sert généralement pour cet usage du Planisphère dressé suivant la projection de Mercator qui est adopté, dans toutes les méthodes graphiques, comme plus commode que les autres planisphères. Cette carte doit être muette, ou du moins ne porter que des indications relatives à la géographie physique (fleuves, montagnes, etc) ; lorsqu'il s'agira d'animaux marins, elle devra, en outre, porter l'indication des courants océaniens. Les anciens planisphères figuraient toujours l'Ancien Continent à droite et l'Amérique à gauche du spectateur ou du lecteur, de telle sorte que, l'Océan Atlantique occupant le centre de la carte, le Pacifique se trouvait coupé en deux portions inégales séparées par toute la largeur de la feuille. Cette disposition est évidemment préférable dans une carte de géographie politique ou commerciale, les relations nautiques à travers l'Atlantique étant beaucoup plus nombreuses que celles à travers le Pacifique ; mais il n'en est pas de même en géographie physique et surtout en géographie zoologique. C'est ce qu'indique à lui seul le rapprochement des deux continents dans l'hémisphère Nord, où ils semblent se toucher par l'entremise du Kamtschatka, de l'Alaska et des îles Aléoutiennes, que les anciennes cartes coupaient au hasard ainsi que les archipels de la Polynésie. Plus on étudie les questions de Géographie Zoologique et plus on arrive à se convaincre que l'Océan Pacifique est « *la grande cuvette* » du monde terrestre, tandis que l'Océan Atlantique en est « *le grand fossé* ». Ces expressions un peu triviales peignent bien à l'esprit l'idée que nous attachons au rôle géologique de ces deux Océans. Il est donc utile, ou même indispensable, pour le genre d'étude qui nous occupe ici, d'avoir des cartes dont *le centre soit occupé par l'Océan Pacifique*, et les géographes modernes ont si bien compris cette utilité que, par une sorte de réaction, aujourd'hui la plupart des cartes qu'ils nous donnent sont ainsi construites et non suivant l'ancien système[1].

Cette carte, d'ailleurs, ne coupe aucun continent de quelque importance et ses limites extrêmes, passant entre l'Irlande et le Groënland, ou si l'on veut, entre les Iles Britanniques et l'Irlande, ne rompent que très peu les rapports naturels, tels qu'ils existent sur un globe terrestre. Nous avons souvent constaté que l'aspect seul d'une carte ainsi dressée suffisait pour détruire certains préjugés résultant, selon toute apparence, de l'habitude d'étudier la géographie sur les anciennes cartes, comme, par exemple, de supposer que les relations entre les Régions Paléarctique et Néarctique ont dû exister autrefois par l'entremise de l'Islande, du Groënland et du Labrador, plutôt que par l'entremise du Kamtschatka et de l'Alaska qui, par l'identité de leur faune, relient encore à l'époque actuelle les deux continents.

On figure sur le planisphère la distribution géographique des espèces, des genres et des familles, en commençant par les groupes les plus simples. Sur les anciennes cartes on entourait d'un trait de couleur distincte pour chaque type toute l'étendue du domaine de l'espèce ou du genre considérés. Ce mode de notation est encore

---

1. Ces cartes muettes se trouvent aujourd'hui à un prix assez modique pour qu'on puisse les acheter par centaines. Nous nous servons du *Planisphère muet de Mercator*, dressé par Erhard, avec les courants figurés en couleur (Hachette), et du *Planisphère muet* de la collection Foncin, imprimé des deux côtés, donnant par conséquent deux cartes sur chaque feuille (Armand Colin et Cie, éditeurs), qui est encore à plus bas prix et convient surtout pour les esquisses ou brouillons.

employé dans la nouvelle édition de l'*Atlas de Berghaus*[1]. Mais la nécessité de faire figurer une grande quantité d'indications de ce genre sur un petit nombre de cartes, dans un ouvrage destiné à être gravé, rend la lecture de cet Atlas pénible et difficile. On a également employé les teintes plates actuellement en usage dans les Atlas de Géographie, ce qui permet d'indiquer, par l'intensité plus ou moins grande de la teinte, le centre de dispersion du type et sa rareté aux limites de la région qu'il habite. C'est le procédé employé par A. Murray dans son ouvrage sur la *Distribution Géographique des Mammifères*[2].

Ces deux modes de notation laissent également à désirer, bien que la nécessité de ne pas trop multiplier les cartes, dans un ouvrage à publier, explique la préférence que les auteurs leur ont donnée. Toutes les fois que l'on aura le choix, et particulièrement dans les tableaux manuscrits qui doivent servir de base à tout travail d'ensemble sur la Géographie Zoologique, on devra préférer le procédé graphique adopté par M. A. Milne Edwards, dans son grand ouvrage sur la *Faune des Régions Australes*, et l'on multipliera les cartes le plus possible, afin d'éviter de les surcharger d'un trop grand nombre de signes différents; leur comparaison suffira pour en déduire des conclusions générales[3]. Un signe particulier, que sa forme et sa couleur ne permettent pas de confondre avec aucun de ceux qui figurent sur la même carte, est placé sur chacun des points où l'espèce que

---

1. Berghaus, *Physikalischer Atlas*, Abtheil. IV, Gotha, 1887.

2. A. Murray, *The Geographical Distribution of Mammals*, 1866.

3. *La Faune des Régions Australes* ne comporte pas moins de 175 cartes. La 1re partie seulement, relative aux *Oiseaux de la Région Antarctique*, a été publiée, comme nous l'avons dit, dans les *Annales des Sciences naturelles* et la *Bibliothèque des hautes Études* (quatre parties, 1879-82), avec des cartes qui donnent une idée du mode de notation que nous préconisons ici, et que nous avons également employé sur la carte II du présent volume.

l'on étudie a été observée, et ces divers points sont reliés entre eux par une ligne de même couleur, ce qui permet d'apercevoir au premier coup d'œil l'étendue de l'aire géographique occupée par chaque espèce. (Voyez la carte II, où ce mode de notation est appliqué.)

Dans les ouvrages dont le format ou le prix ne permet pas l'addition de cartes géographiques, on y supplée généralement par des tableaux semblables à ceux dont Wallace a donné le modèle dans le second volume de son ouvrage sur la *Distribution Géographique des Animaux*. Les noms des six Régions adoptées par l'auteur sont inscrits en tête de six colonnes parallèles, et l'on inscrit en marge le nom des espèces, des genres ou des familles dont on veut étudier la distribution : les numéros que l'on fait figurer en regard dans chaque colonne indiquent l'existence du type en question dans la sous-région qui correspond à ce numéro d'après la classification de Wallace et d'après ses cartes, chaque région étant sub-divisée, comme nous l'avons dit, en quatre sous-régions. Au lieu de numéros on peut figurer un trait horizontal dont la longueur et l'épaisseur indiquent le plus ou moins d'étendue de l'habitat et le plus ou moins d'abondance du type dans la région ou la sous-région correspon-dante. C'est ce que montre le tableau suivant où les deux notations sont successivement employées. (V. le tableau de la p. 174.)

Dans ce tableau, nous avons figuré la Distribution Géographique des familles de Mammifères Quadrumanes (ou Primates), c'est-à-dire des Singes et des Lémuriens. Les sous-régions habitées par les Singes sont désignées par leurs numéros ; celles qui sont habitées par les Lémuriens sont indiquées par un trait plus ou moins accentué : on voit que ce trait est très épais dans la colonne qui correspond au n° 4 de la Région Éthiopienne, c'est-à-dire à la *Sous-Région Malgache*, ce qui indique que les Lémuriens sont plus nombreux à Madagascar que partout ailleurs et y ont leur centre de dispersion.

Distribution géographique des Familles de PRIMATES.

FAMILLES / SOUS-RÉGIONS	ÉTHIOPIENNE				ORIENTALE				AUSTRALIENNE				NÉOTROPICALE				NÉARCTIQUE				PALÉARCTIQUE			
RÉGIONS	1	2	3	4	1	2	3	4	1	2	3	4	1	2	3	4	1	2	3	4	1	2	3	4
	Centrale-orientale	Occidentale	Australe	Malgache	Indienne	Ceylanaise	Indo-chinoise	Malaise	Papoue	Australienne	Polynésienne	Néo-zélandaise	Patagonienne	Brésilienne	Mexicaine	Antillienne	Californienne	Centrale	Alléghanienne	Canadienne	Européenne	Sibérienne	Mantchourienne	Méditerranéenne
ORDRE I. SINGES.																								
Simiadæ	1	2					3	4																
Cercopithecidæ	1	2	3		1	2	3	4															3	4
Cebidæ														2	3									
Hapalidæ														2	3									
ORDRE II. LEMURIENS.																								
Lemuridæ																								
Nycticebidæ																								
Tarsidæ																								
Chiromydæ																								

Un dernier procédé, qui peut être employé concurremment avec le précédent pour suppléer à l'absence de cartes, a été imaginé par J. A. Allen dans son mémoire intitulé : *The Geographical Distribution of the Mammalia* [1]. Il consiste à indiquer, par un diagramme schématique, la position, l'étendue et les relations réciproques des Régions et Sous-Régions Zoologiques, à peu près telles qu'elles seraient figurées sur un planisphère. C'est ce que montre la figure suivante qui nous donne un schéma des grandes Régions Zoologiques du globe telles que nous les avons circonscrites, en grande partie d'après Wallace, sur notre carte (p. 8) :

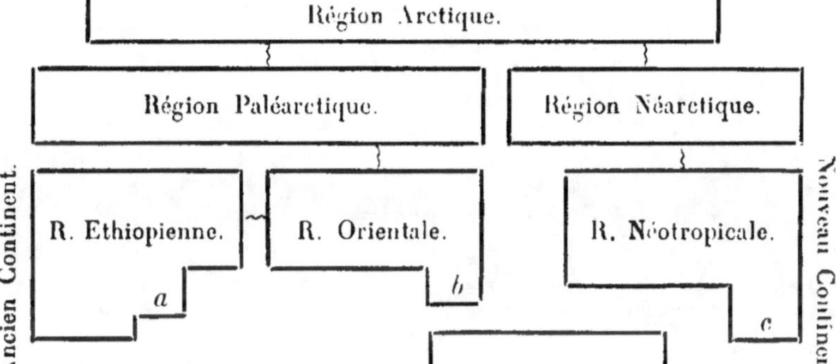

Les lobes ou protubérances que présentent quatre de ces régions, correspondent à des sous-régions bien distinctes, savoir : *a*, S.-R. Malgache ; *b*, S.-R. Malaise ; *c*, S.-R. Patagonienne ; *d*, S.-R. Néo-Zélandaise.

1. *Bulletin of the Geological and Geographical Survey*, IV, nº 2. Washington, 1878.

Dans les chapitres suivants nous ferons souvent usage de la notation par tableaux synoptiques et des diagrammes schématiques, à défaut des cartes que ne comporte pas le format de ce volume.

CHAPITRE VII

Distribution géographique des Animaux Terrestres : Mammifères,
Reptiles, Arachnides, Insectes (Coléoptères, etc.).

La distribution Géographique des Animaux Terrestres,
c'est-à-dire de ceux qui ne peuvent ni voler par-desssus
les mers ni traverser ces mers à la nage, est essentiellement bornée par l'étendue des Continents. Cet axiome
est surtout évident quand on l'applique aux Mammifères
et aux Reptiles, qui, par leur taille supérieure en général à celle des Invertébrés, ont besoin de plus d'espace
et d'une plus grande quantité de nourriture. Les animaux de ces deux classes, et particulièrement les Mammifères qui ont apparu les derniers à la surface du globe,
doivent donc caractériser beaucoup mieux que les Invertébrés la faune actuelle des terres émergées. Les Invertébrés, en effet, par suite de leur ancienneté même et de
leur plus grande facilité à se dérober aux causes de destruction, ont très peu de types de familles qui ne soient
pas cosmopolites. Leur étude en Géographie Zoologique
ne peut donc avoir l'importance que présente celle des
Vertébrés.

Ces principes, qui découlent des considérations auxquelles nous nous sommes livrés dans le chapitre précédent, doivent toujours être présents à la mémoire
lorsqu'on étudie plus spécialement la distribution
géographique d'une classe ou d'un groupe zoologique

quelconque. M. A. Milne Edwards les résume de la façon suivante [1] :

La répartition géographique d'un type zoologique est toujours soumise à quatre conditions principales :

1° Le mode de locomotion auquel ces animaux sont appropriés ;

2° Les relations géographiques du foyer zoogénique avec les parties circonvoisines du globe ;

3° L'aptitude de ces régions (suivant les conditions de climat, de nourriture, etc.), à être habitées par des immigrants ;

4° L'époque géologique à laquelle remonte le type zoologique réalisé par ces êtres.

I.

Les *Mammifères terrestres*, grâce à leur mode de reproduction vivipare, ont pu s'accommoder de tous les climats : ainsi, nous avons vu que ces animaux existent jusque dans les régions polaires de la zone arctique, et si l'on n'en trouve pas au pôle austral, c'est que la mer a presque complétement submergé les continents de la région antarctique. Il s'en faut cependant de beaucoup que tous les types de Mammifères soient représentés dans les régions froides : deux ordres seulement (les Carnivores et les Rongeurs) se montrent jusqu'au 82° de latitude Nord. Un plus grand nombre de types habitent les régions tempérées (Paléarctique et Néarctique) de l'hémisphère Nord, mais deux ordres au moins (les Singes et les Lémuriens) sont confinés dans la zone intertropicale, et trois autres (les Édentés, les Didelphes et les Monotrèmes) peuvent être considérés comme caractérisant les différentes régions de l'hémisphère austral.

1. A. Milne Edwards, *Considérations générales sur la Distribution géographique des Animaux* (*Congrès de Géographie*, t. I, p. 192, 1875).

Les *Singes* ou Primates habitent les parties les plus chaudes des régions Éthiopienne, Orientale et Néotropicale, où les exigences de leur régime frugivore les tiennent forcément attachés à la grande zone des forêts intertropicales. A l'époque tertiaire, l'Europe nourrissait des singes : le climat de cette époque devait ressembler beaucoup plus à celui des îles de la Malaisie qu'à notre climat actuel ; nos forêts de chênes et d'arbres dépouillés de toute verdure pendant l'hiver ne permettraient plus à ces animaux d'y trouver une nourriture suffisante. Cette question de régime, en effet, prime toujours la question de température ; c'est pourquoi les animaux carnivores ou omnivores s'accommodent bien de tous les climats, tandis que les types herbivores et frugivores sont sous la dépendance immédiate de la végétation, soumise elle-même à des conditions de chaleur et d'humidité qui ne peuvent varier que dans d'étroites limites. Les Singes, qui n'émigrent pas et changent peu d'habitat dans leurs forêts natales, ont besoin d'un climat variant peu d'une saison à l'autre et qui permette à la végétation de leur fournir toute l'année les fruits dont ils se nourrissent.

A ce point de vue, deux types de Singes doivent appeler notre attention, soit par leur facilité à s'accommoder d'un climat plus froid, soit par leur vaste dispersion géographique. Lorsque, dans son fructueux voyage dans la Chine occidentale, l'Abbé Armand David arriva, en 1869, dans les montagnes du Moupin et du Kokonoor, situées au nord du Thibet, par 32° de latitude Nord, il fut surpris de voir des Singes gambader sur les arbres couverts de neige qui revêtent les crêtes les plus élevées de ces montagnes. Ce pays appartient à la sous-région Mantchourienne qui fait partie de la région Paléarctique. Trois espèces de singes habitent ces montagnes où l'hiver est aussi rigoureux que dans nos Alpes. La première *Rhinopithecus Roxellana* appartient au groupe des Semnopithèques, type exclusivement asiatique et qui se nourrit de feuilles d'arbre, et non de fruits, comme la plupart des autres Singes. En raison de cette nourriture, l'estomac des Semnopithèques est dilaté et divisé en plusieurs compartiments comme celui des herbivores. Ce régime, plus frugal que celui des autres Singes, leur permet d'habiter le nord de l'Inde et de s'élever jusqu'à 11,000 pieds dans les Monts Himalaya (*Semnopithecus schistaceus*). Le Rhinopithèque vit de la même manière dans les monts Kokonoor : sa nourriture en hiver consiste en bourgeons d'arbres et en jeunes pousses de bambous sauvages (A. David).

Les deux autres Singes du Moupin appartiennent au genre Macaque (*Macacus thibetanus* et *M. tcheliensis*), c'est-à-dire au type dont l'habitat est le plus étendu sur l'Ancien Continent, — du rocher de Gibraltar au sud du Japon, et de là dans toutes les contrées où l'on trouve des Singes, sauf dans l'Afrique australe où ce type est remplacé par le type exclusivement éthiopien des *Cynocéphales* à museau plus allongé. — Les Macaques sont omnivores, se nourrissant indifféremment de lézards, de grenouilles, de crabes et de fruits, ce qui leur permet de s'accommoder plus facilement d'un climat froid ou tempéré : ils se plaisent aussi dans les régions rocheuses et montagneuses, ce qui explique leur présence sur le rocher de Gibraltar (*Macacus sylvanus*) à l'extrême pointe de l'Europe. Ce sont eux aussi qui s'avancent le plus loin au Sud-Est sur la limite de la région Orientale. Les *Macacus ocreatus* et *Cynopithecus niger* habitent Célèbes, île où se fait, au moins pour les Mammifères, le mélange des deux faunes Orientale et Australe.

Les Singes Anthropoïdes ont un habitat beaucoup plus restreint. L'Orang (*Simia satyrus*) ne se trouve que dans l'est de Sumatra et la région voisine du sud-ouest de Bornéo. Le Gorille et le Chimpanzé (*Gorilla gina, Troglodytes niger*) sont propres à la sous-région Occidentale de l'Afrique, seule partie de la région Éthiopienne qui soit essentiellement forestière, et l'on ne sait pas encore jusqu'où s'étend leur habitat, à l'Est, à travers le Soudan. La nourriture du Gorille est très recherchée : elle consiste en fruits de palmiers (*Elæis guineensis*. arbre qui fournit le *chou palmiste*), de papayers (*Carica*), de bananiers (*Musa*), etc., c'est-à-dire de végétaux qui ne se trouvent que dans la zone intertropicale. La région de la Malaisie habitée par l'Orang est essentiellement marécageuse ; au contraire, le Gorille habite, au Gabon, une contrée plus sèche, entrecoupée de collines et de vallées, et remonte assez haut dans les forêts des montagnes.

La distribution géographique des Singes américains (*Cébiens*) est beaucoup plus simple que celle des *Simiens*. La vallée de l'Amazone peut être considérée comme leur centre de dispersion et c'est là qu'ils sont le plus abondants. Une espèce d'Atèle (*Ateles vellerosus*) habite le Mexique jusque vers le 23° de latitude Nord, dans l'État de San Luis Potosi, et la vallée du Rio Tampico : c'est le point le plus septentrional où des Singes aient été vus en Amérique à l'état de liberté. Vers le Sud, les Singes ne dépassent guère le sud du Brésil ou du Paraguay et la région septentrionale de la République Argentine qu'on appelle le Grand-Chaco (*Mycetes niger*, *Cebus Azaræ* et *Nyctipithecus felinus*) : le premier s'avance jusque vers le 28° de latitude Australe, dans la vallée de Parana. Aucune espèce de Singe ne vit, paraît-il, sur le versant occidental des Andes, du côté du Pacifique.

Les *Lémuriens* que l'on réunissait autrefois aux Singes dans l'ordre des Primates, appartiennent à un type très différent de la classe des Mammifères et ne ressemblent aux Singes que par la forme de leurs mains, caractère en harmonie avec un genre de vie arboricole, et qui se retrouve d'ailleurs chez des types très inférieurs, les Rongeurs et les Didelphes par exemple. Les recherches paléontologiques ont montré que les Lémuriens étaient beaucoup plus anciens que les Singes à la surface du globe : ils datent de l'Éocène, tandis que les véritables Singes ne sont pas connus avant le Miocène.

La grande île de Madagascar, où les Lémuriens tiennent la place des Singes, peut donc être caractérisée comme ayant conservé une faune Éocène. Malgré le voisinage de l'Afrique, pas une seule espèce de Singe ne vit dans les forêts de Madagascar : par contre, les Lémuriens y abondent. La moitié des genres et les deux tiers des espèces, y compris les plus grandes de toutes les Makis et les Indris, sont propres à cette île. Le reste se répartit entre le continent africain et la Malaisie qui ont chacun deux genres : *Perodicticus* et *Galago* en Afrique, *Nycticebus* et *Tarsius* dans la Malaisie. Enfin le curieux Aye-Aye *Chiromys*, à dents de rongeurs est également de Madagascar, tandis que le non moins singulier *Galeopithecus*, qui forme le passage des Lémuriens aux Insectivores, est de la Malaisie (voyez le tableau, p. 174). Tous ces types d'un aspect étrange semblent bien les derniers représentants de la faune d'un autre âge.

Les *Insectivores* présentent une distribution géographique non moins remarquable[1]. Se nourrissant d'insectes qui abondent jusque dans les régions froides des deux hémisphères, il semble que leur dispersion devrait être des plus uniformes. Il est loin d'en être ainsi cependant. Et d'abord, dans la zone australe des deux Continents, c'est-à-dire dans les deux régions Australe et Néotropicale, les Insectivores placentaires, dont nous nous occupons ici, sont remplacés par des Insectivores aplacentaires appartenant à l'ordre des Didelphes. Un peu plus au Nord, dans cette île de Madagascar déjà si remarquable par ses Lémuriens, dans l'Afrique australe et aux Antilles, on trouve un premier type d'Insectivores placentaires, mais dont les dents conservent encore un caractère archaïque bien marqué (fig. 33). Plus au Nord encore, c'est-à-dire dans les Régions Paléarctique,

<hr>

1. E. Trouessart. *La Distribution géographique, la Classification et les affinités des Mammifères insectivores (Revue scientifique, t. XXX, 1882, p. 513).*

Néarctique, Orientale et le nord de la Région Ethiopienne, se montre enfin le second et dernier type d'Insectivores placentaires, celui qui nous est le mieux connu à l'époque actuelle comme le plus nombreux de beaucoup, et celui dont les caractères dentaires indiquent une origine relativement moderne. Comme il arrive toujours sur les continents, ces trois types se mélangent légèrement sur les limites de leur habitat respectif, mais les trois zones que nous venons d'indiquer n'en restent pas moins distinctes de la façon la plus nette.

Fig. 33. — Tanrec (*Centetes*), type d'Insectivores propre à Madagascar (1/5 de grand. nat.).

Les Insectivores qui nous sont le mieux connus sont les Hérissons, les Taupes et les Musaraignes d'Europe qui appartiennent à ce dernier type, le plus récent de tous. Le centre de dispersion de ce type paraît être la sousrégion Mantchourienne, car c'est là qu'il présente le plus de variété et le plus grand nombre de genres réunis sur un petit espace. Les deux familles des *Soricidæ* et des *Talpidæ* se sont propagées ensuite vers l'Est et vers l'Ouest, c'est-à-dire d'une part vers la Région Néarctique, de l'autre vers la sous-région Européenne : la présence du genre *Urotrichus* d'une part au Japon (S.-R.

DISTRIBUTION GÉOGRAPHIQUE

DES

Familles de **MAMMIFÈRES INSECTIVORES** [1]

FAMILLES	RÉGIONS					
	ÉTHIOPIENNE	ORIENTALE	AUSTRALIENNE	NÉOTROPICALE	NÉARCTIQUE	PALÉARCTIQUE
A. Orbis Septentrionalis.						
Galeopithecidæ. . . .	. . .	3.4	. . .	. . .	. . .	. . .
Tupaïdæ.	. . .	1. 3.4	. . .	. . .	. . .	. . .
Macroscelidæ. . . .	1.2.3.	. . .	. . .	. . .	. . .	4
Erinaceidæ.	1.2.3.	1. 3.4	. . .	. . .	. . .	1.2.3.4
Soricidæ.	1.2.3.4	1.2.3.4	1. 3.	3.	1.2.3.4	1.2.3.4
Talpidæ.	. . .	1. 3.	. . .	. . .	1.2.3.4	1.2.3.4
B. Orbis Meridionalis.						
Centetidæ [2]. . . .	4	. . .	. . .	. . .	. . .	. . .
Solenodontidæ. . .	. . .	. . .	. . .	4	. . .	. . .
Potamogalidæ. . .	2.	. . .	. . .	. . .	. . .	. . .
Chrysochloridæ.. .	3.	. . .	. . .	. . .	. . .	. . .

1. Pour l'explication des numéros, voyez le tableau, p. 174.
2. Comprenant les genres *Oryzorictes*, *Microgale* et *Geogale* (dans la sous-famille des *Oryzorictinæ*).

Mantchourienne, de l'autre en Amérique, sur le versant du Pacifique, à la même latitude, est des plus instructives, car elle nous prouve l'unité des deux faunes mammalogiques Néarctique et Paléarctique. Les Musaraignes *Sorex*, qui ressemblent tant aux Rats et aux Souris, ont comme eux la faculté d'émigrer à la suite de l'homme, et comme leurs nombreuses espèces sont répandues sur tout l'Ancien Continent et l'Amérique du Nord, ce fait explique la présence de quelques-uns de ces petits insectivores à Madagascar et même à l'île de Christmas[1], au milieu de l'Océan Pacifique. La famille des *Tupaïdæ* ou Musaraignes-Écureuils est propre à la Région Orientale et celle des *Macroscelidæ* ou Musaraignes-Gerboises à la Région Éthiopienne. Les Hérissons (*Erinaceidæ*) sont communs aux deux régions et à la Région Paléarctique, mais font complètement défaut en Amérique.

Les Insectivores de l'autre type n'ont plus qu'un petit nombre de représentants, qui doivent être considérés, avec les Lémuriens, comme les derniers survivants d'une faune Éocène. On ne les trouve plus que sur des points assez restreints du globe, formant, comme nous l'avons vu, une zone assez étroite entre la zone septentrionale, patrie des Insectivores modernes dont nous venons de parler, et la zone australe, patrie des Insectivores marsupiaux. Comme pour les Lémuriens, Madagascar est la sous-région qui en possède le plus grand nombre : tels sont les genres *Centetes*, *Ericulus*, *Oryzorictes*, *Microgale* et *Geogale*. Dans l'Afrique australe on trouve le type fouisseur (*Chrysochloris*, fig. 31) et dans l'Afrique occidentale le type aquatique *Potamogale velox*. Enfin le *Solenodon* fig. 23 est plus isolé encore aux Antilles. La taille moyenne de ces animaux est, en général, supérieure à celle des Insectivores modernes : le Potamogale notamment est plus grand que les Desmans qui le repré-

1. *Crocidura fuliginosa*, espèce de l'Inde et de Java, dont le type de Christmas constitue une variété distincte.

sentent en Europe, les Tanrecs plus grands que les Hérissons, etc.

Les *Rongeurs*[1] sont, comme les Insectivores, un type très ancien et qui a peu varié depuis le début de l'époque Éocène : aussi l'ordre, qui est le plus nombreux de la classe des Mammifères considérée dans son ensemble, est à peu près cosmopolite. Mais on peut remarquer tout d'abord que le type des Rongeurs est assez peu varié en Australie (la seule famille des *Muridæ* y ayant des repré-

Fig. 34. — Chrysochlore dorée, Insectivore de l'Afrique australe (1/4 de grand. nat.).

sentants), tandis que la Région Néotropicale, ou, pour mieux dire, la sous-région Patagonienne possède les types les plus remarquables par leurs formes et leur grande taille. La Région Éthiopienne vient ensuite : chacune de ces deux régions possède des représentants de dix familles sur dix-huit ; les Régions Paléarctique et Néarctique n'en ont que neuf et la Région Orientale cinq

[1] E. Trouessart, *La Distribution géographique des Rongeurs vivants et fossiles* (*Revue scientifique*, t. XXVIII, 1881, p. 65).

DISTRIBUTION GÉOGRAPHIQUE

DES

Familles de MAMMIFÈRES RONGEURS [1]

FAMILLES	RÉGIONS					
	ÉTHIOPIENNE	ORIENTALE	AUSTRALIENNE	NÉOTROPICALE	NÉARCTIQUE	PALÉARCTIQUE
Anomaluridæ.	1.2.	. . .	. . .	. . .	. .	. . .
Sciuridæ.	1.2.3.	1.2.3.4	. . .	2.3.4	1.2.3.4	1.2.3.4
Haplodontidæ.	. . .	. . .	. . .	. . .	1.	. . .
Castoridæ.	. . .	. . .	. . .	. . .	3.4	1.2.
Myoxidæ.	1.2.3.	. . .	. . .	. . .	. . .	1.2.3.4
Lophiomydæ.	1.	. . .	. . .	. . .	. . .	. . .
Muridæ.	1.2.3.4	1.2.3.4	1.2.3.4	1.2.3.4	1.2.3.4	1.2.3.4
Spalacidæ.	1.2.3.	3.	. . .	. . .	. . .	3.4
Geomydæ.	. . .	. . .	. . .	3.4	1.2.3.4	. . .
Dipodidæ [2].	3.	. . .	. . .	. . .	1.2.3.4	2.3.4
Octodontidæ.	1.2.3.	. . .	. . .	1.2.4	. . .	4
Hystricidæ.	1.2.3.	1.2.3.4	. . .	1.2.3.4	1.2.3.4	4
Chinchillidæ.	. . .	. . .	. . .	1.	. . .	. . .
Dasyproctidæ.	. . .	. . .	. . .	1.2.3.4	. . .	. . .
Dinomydæ.	. . .	. . .	. . .	1.	. . .	. . .
Caviidæ.	. . .	. . .	. . .	1.2.3.	. . .	. . .
Lagomydæ.	. . .	1.3.	. . .	. . .	. . .	2.3.4
Leporidæ.	1.2.3.	1.2.3.4	. . .	1.2.3.	1.2.3.4	1.2.3.4

1. Pour l'explication des numéros, voyez le tableau, p. 174.
2. Le genre *Zapus* (une espèce) est seul de la Région Néarctique.

seulement : Madagascar, comme l'Australie et la Polynésie, ne possède que des *Muridæ* ; cette famille est du reste la seule qui soit cosmopolite par suite de l'habitude qu'ont les Rats d'accompagner l'homme sur ses navires et de s'accommoder de tous les genres de nourriture, de tous les climats.

Cette famille des *Muridæ*, excessivement nombreuse en espèces (environ quatre cents réparties dans une cinquantaine de genres et neuf sous-familles), présente, malgré son cosmopolitisme, un certain nombre de types dont la distribution géographique mérite d'appeler notre attention. Les véritables Rats omnivores (*Murinæ*) ont leur centre de dispersion dans la Région Orientale, au pied des Monts Himalaya, d'où ils ont envahi peu à peu tout l'Ancien Continent, y compris l'Australie. En Amérique, nos trois espèces domestiques (Souris, Rat noir et Surmulot), n'ont apparu que depuis la découverte de ce continent par Colomb. Mais les deux Amériques étaient habitées antérieurement par un type très semblable extérieurement, mais qui en diffère par ses dents, et dont on a fait le genre *Hesperomys*. Le régime de ces Rongeurs est plus exclusivement végétal que celui des Rats, et ils ne cherchent pas, comme ceux-ci, à se rapprocher des habitations de l'homme pour y vivre en parasites. M. O. Thomas a montré récemment[1] que le genre *Hesperomys* était représenté dans la Région Paléarctique par le genre Hamster (*Cricetus*), dont les Rats Américains ont les dents et les mœurs, et il n'hésite pas à réunir l'ancien genre *Hesperomys* au genre *Cricetus*. Tous ces Rats d'Amérique sont donc des Cricétiens, et le type Hamster présente ainsi une dispersion géographique plus grande encore que celle des Rats. En effet, outre les Régions Paléarctique, Néarctique et Néotropicale, les Cricétiens habitent aussi l'Afrique (*Cricetomys, Deomys*, etc.), et Madagascar (*Hallo-*

---

1. *Proceedings of the Zoolog. Soc. of Lond.*, 1888, p. 130.

mys, Nesomys, Hypogeomys, etc.). Ces Cricétiens d'ailleurs, de même que les Muriens, sont remplacés plus au Nord par une troisième sous-famille, celle des Campagnols (*Arvicolinæ*), à régime plus végétal encore, s'il est possible, et qui ne se trouve que dans les régions arctiques des deux continents, pénétrant jusqu'au voisinage du pôle, ainsi que nous l'avons indiqué (genre Lemming ou *Myodes*). Ces trois types qui se partagent le globe ne se trouvent réunis en nombre que sur un seul point de la Région Paléarctique, sur le plateau central de l'Asie, et c'est probablement en ce point qu'il faut placer leur centre de dispersion.

Les autres familles de Rongeurs sont moins généralement répandues. Les Écureuils (*Sciuridæ*), auxquels se rattachent les Marmottes et le Castor, ont leur centre de dispersion dans la zone forestière des régions septentrionales du globe, surtout sur l'Ancien Continent : leur nombre diminue considérablement en Afrique où le genre *Anomalurus* remplace les Écureuils-volants de l'Europe et de l'Asie : il en est de même dans la Région Néotropicale, où les Écureuils ne dépassent pas le sud du Brésil qui possède une seule espèce de ce genre. Ils manquent à Madagascar et dans toute la Région Australienne.

Les Loirs (*Myoxidæ*) et la petite famille voisine des *Lophiomydæ* sont propres aux régions Paléarctique et Éthiopienne. Les Rats-taupes (*Spalacidæ*) ont la même patrie, et sont représentés dans la Région Néotropicale par les *Geomydæ*, qui sont propres à l'Amérique centrale. Les Gerboises (*Dipodidæ*) sont, comme nous l'avons vu, caractéristiques du désert circum-méditerranéen, mais une grande espèce (*Pedetes caffer*) habite le désert sud-africain. Une petite espèce aberrante (*Zapus hudsonius*) est seule de l'Amérique du Nord. Les Lièvres (*Leporidæ*), qui forment un type de rongeurs bien distinct, sont également propres aux plaines et aux montagnes de l'hémisphère Nord et très peu d'espèces s'étendent au sud de l'Equateur, surtout en Amérique. Toutes ces familles manquent à Madagascar.

Avec les Porcs-épics (*Hystricidæ*, nous abordons des types dont le centre de dispersion est beaucoup plus méridional. Cette famille ne dépasse pas vers le Nord le sud des Etats-Unis, le pourtour de la Méditerranée ou le sud des Monts Himalaya. Une famille voisine (*Octodontidæ*)est presque exclusivement Néotropicale, mais compte cependant trois genres en Afrique (*Ctenodactylus, Pectinator, Petromys*). Les grands rongeurs des Antilles (*Plagiodontia, Capromys*, et le représentant du Castor dans l'Amérique du Sud (*Myopotamus*), lui appartiennent également. Plus grands encore sont les *Caviidæ, Dasyproctidæ* et *Chinchillidæ* constituant un dernier groupe de Rongeurs désignés quelquefois sous le nom de *subongulés*, parce qu'il semble remplacer dans le sud de la Région Néotropicale les Ongulés qui y font complètement défaut. Le plus grand de tous les rongeurs est le Cabiai, qui atteint la taille d'un mouton.

En résumé, nous voyons que des quatre grands groupes de Rongeurs, il en est trois (*Sciuromorpha, Myomorpha, Lagomorpha*) qui semblent originaires de l'Ancien Continent : un seul (*Hystricomorpha*) semble avoir eu son centre de dispersion dans la Région Néotropicale et même dans la sous-région patagonienne.

L'ordre des *Carnivores* est, comme le précédent, cosmopolite, — toujours à l'exception de la Région Australienne où ce type est remplacé par des Didelphes. Par la nature même de leur régime, ces Mammifères peuvent vivre partout où se trouvent d'autres vertébrés terrestres ou marins. Les Ours (*Ursidæ*) cependant sont de l'hémisphère Nord des deux continents, et l'Ours blanc s'avance jusqu'au pourtour du cercle arctique, par 82° de latitude Nord. Au Sud, une seule petite espèce *Tremarctos ornatus*, vit dans les Andes du Pérou et du Chili, tandis que ce type fait complètement défaut dans la Région Ethiopienne. La petite famille des *Procyonidæ*, comprenant les Coatis et les Ratons, est au contraire exclusivement Américaine. Les Martes (*Mustelidæ*), y compris les Blaireaux et les Loutres, sont les plus franchement cosmopolites et renferment les plus petits de tous les Carnivores : elles manquent à Madagascar et en Australie. Les Chiens (*Canidæ*) et les Renards ont une répartition analogue : le Dingo (*Canis dingo*), redevenu sauvage en Australie, est une importation de l'homme. Les Hyènes (*Hyænidæ*) sont restreintes aux régions Orientale et Africaine, et s'étendent en outre dans la sous-région Méditerranéenne. Les Civettes (*Viverridæ*) ont la même répartition et se trouvent en outre à Madagascar (*Fossa, Galidictis, Eupleres*). Les Chats enfin (*Felidæ*), les plus parfaits et les mieux armés de tous, sont cosmopolites, mais manquent à l'Australie et sont représentés à Madagascar par le *Cryptoprocta ferox* qui est un véritable chat plantigrade. Les Chats habitent de préférence les zones de forêts, tandis que les Chiens et les Hyènes parcourent les zones de plaines et de déserts. Les Ours sont essentiellement des habitants des montagnes.

Dans le groupe des *Ongulés*, l'ancien ordre des Pachydermes de Cuvier, généralement abandonné aujourd'hui, renferme un petit nombre de types de très grande taille en général, qui paraissent isolés dans la nature actuelle, parce qu'ils sont les derniers survivants d'une faune tertiaire en voie d'extinction. Presque tous sont propres à l'Ancien Continent où le besoin d'une nourriture abondante, en rapport avec leur taille, les attache à la zone des forêts subtropicales. Tels sont les Éléphants et les Rhinocéros qui vivent dans les régions Orientale et Éthiopienne. L'Hippopotame ne se trouve plus que dans les fleuves et les lacs de cette dernière. Par contre, le Tapir ne vit sur l'Ancien Continent que dans la région Orientale, mais trois espèces du même genre se retrouvent dans la région Néotropicale : c'est le seul genre de ce groupe qui soit commun aux deux continents. Le Cheval (*Equus*) au contraire, ne vit plus que sur l'Ancien

Continent, les espèces à robe uniforme (*Equus*, *Asinus*) étant propres au désert circum-méditerranéen, celles à robe rayée (*Zebra*) à la région Éthiopienne et au désert de Kalahari. Un type de petite taille très aberrant, le Daman (*Hyrax*), est également éthiopien.

La famille des Cochons ou Sangliers (*Suidæ*) est commune aux trois régions de l'Ancien Continent : elle est représentée en Amérique par les Pécaris (*Dicotyles*) qui se rapprochent davantage des Ruminants.

Ceux-ci présentent un ensemble plus uniforme que les Pachydermes. Les Chameaux (*Camelidæ*) sont communs aux deux continents, le genre *Camelus*, qui est comme le Cheval de la S.-R. Méditerranéenne, étant représenté dans la région néotropicale par le genre Lama (*Auchenia*), type essentiellement montagnard. Les Chevrotains (*Tragulidæ*), dépourvus de cornes comme les précédents, sont de la région Orientale, et le *Hyæmoschus* les remplace en Afrique. La Girafe (*Camelopardalis*) est exclusivement éthiopienne. Les Cerfs (*Cervidæ*) sont propres aux zones de forêts des régions Paléarctique, Orientale et Néarctique et font complètement défaut dans la région Éthiopienne : ils y sont remplacés par les Antilopes (*Antilopidæ*), qui préfèrent les plaines aux forêts et dont quelques espèces habitent aussi le sud de l'Asie. Les Chèvres et les Moutons, ou plutôt les Bouquetins (*Capra*) et les Moufflons (*Ovis*), représentants sauvages de nos races domestiques, habitent exclusivement les chaînes de montagnes de l'hémisphère Nord. Enfin les Bœufs (*Bovidæ*), les plus lourds de tous les Ruminants, se trouvent dans les plaines du même hémisphère et s'étendent en outre jusque dans le sud de la Région Éthiopienne.

Les deux ordres dont il nous reste à parler semblent, au contraire, originaires de l'hémisphère austral. Les *Édentés*, sur 5 familles, en ont 3 qui sont exclusivement Néotropicales : ce sont les Paresseux (*Bradypidæ*), les Fourmiliers (*Myrmecophagidæ*), et les Tatous (*Dasypidæ*). Des deux autres, la première, c'est-à-dire les

Pangolins (*Manidæ*), est commune aux régions Orientale et Ethiopienne, tandis que la seconde (*Orycteropidæ*) est confinée dans celle-ci. Tous ces types sont manifestement en voie d'extinction, comme leur qualité d'*édentés* suffirait seule à le prouver.

Les *Marsupiaux* ou *Didelphes* se divisent en deux séries bien distinctes. Les *Didelphidæ*, ou l'unique famille des didelphes américains, ne semblent pas avoir la même origine que les Didelphes australiens. Ceux-ci, plus nombreux et plus variés, comptent des Carnivores (*Dasyuridæ*), des Insectivores (*Peramelidæ*), des Frugivores (*Phalangidæ*), des Herbivores (*Macropodidæ*), et même des Rongeurs (*Phascolomydæ*). Dans ce groupe, les Edentés sont représentés par les *Monotrèmes* ou Ornithodelphes qui ont deux genres (*Echidna* et *Ornithorhynchus*). Tous ces types se trouvent à la Nouvelle-Guinée comme sur le continent Australien : les *Phalangidæ* s'avancent au Nord jusqu'à Célèbes, à l'Est jusqu'à la Nouvelle-Irlande, et le principal représentant des *Dasyuridæ*, le *Thylacinus cynocephalus* est confiné dans l'île méridionale de Van Diemen (Tasmanie). Aucune espèce de Didelphe ne vit à la Nouvelle-Zélande ni dans la Polynésie, où l'on trouve cependant, comme nous l'avons vu, des Rats et des Musaraignes très probablement importés de la Malaisie.

Ce coup d'œil rapide sur la population Mammalogique des Continents nous montre que la division primordiale du globe en *Arctogée* et *Notogée* a, dans la classe des Mammifères, beaucoup plus d'importance que la division en *Paléogée* et *Néogée*. En effet, l'Amérique, prise dans son ensemble, ne diffère en réalité de l'Ancien Continent que par le petit nombre d'Ongulés qu'elle possède et la taille généralement moindre de ses Carnivores : la faune des Régions Néarctique et Paléarctique est, dans ses principaux caractères, presque identique. Au contraire, nous remarquons que c'est dans l'hémisphère austral (*Notogée*) que se montrent les types à la fois les plus distincts et les plus inférieurs de la classe : les Didelphes et les Monotrèmes, les Edentés et les grands Rongeurs subongulés, les Lémuriens et les Insectivores à molaires trilobées. Il en résulte que, si l'on veut figurer les grandes Régions zoologiques en prenant uniquement pour base la classe des Mammifères, on est amené à tracer un graphique assez différent de celui de Wallace. Les régions Paléarctique et Néarctique seront fondues en une seule (*Région Holarctique*) et les régions Orientale et Ethiopienne seront également réunies, comme étant *fille* l'une de l'autre (Région Ethiopienne), les autres régions restant sans changement. C'est ce que nous montre la figure suivante :

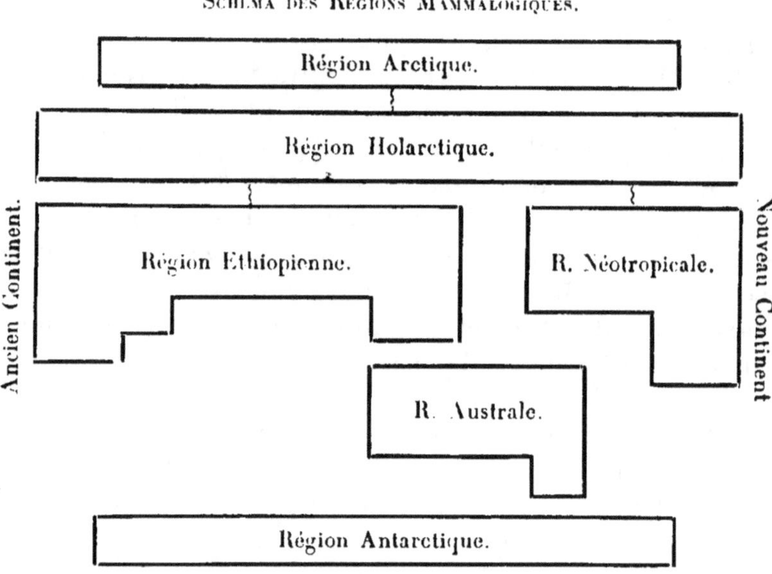

Schéma des Régions Mammalogiques.

Les sous-régions peuvent subir des modifications analogues : ainsi, il suffirait de diviser la Région Holarctique en 4 sous-régions (Paléarctique et Méditerranéenne, Néarctique et Rocheuse ou Centrale) ; la Région Ethiopienne en 3 (Orientale, Malgache et Ethiopienne) ; la Région Néotropicale en 2 (Néotropicale et Patagonienne), chacune de ces sous-régions pouvant d'ailleurs présenter des provinces de moindre importance.

Enfin, si l'on compare la faune de ces différentes régions avec les faunes fossiles que la paléontologie nous révèle, et dont nous parlerons dans un des chapitres suivants, on peut caractériser ainsi les différentes régions mammalogiques :

La Région Holarctique présente un faciès *quaternaire* ou moderne :

La Région Éthiopienne, un faciès *tertiaire* (et dans celle-ci, la sous-région Orientale est *pliocène ;* la sous-région Africaine, ou Éthiopienne proprement dite, est *miocène ;* la sous-région Malgache, *éocène*) :

La Région Néotropicale est également *éocène,* surtout par sa sous-région Patagonienne ;

Enfin la Région Australe présente un faciès *crétacé,* et c'est, par conséquent, la faune de mammifères la plus ancienne qui ait survécu jusqu'à l'époque actuelle.

II.

Les *Reptiles* ont des conditions d'existence très différentes de celles des Mammifères. Vertébrés ovipares et à température variable suivant celle du lieu qu'ils habitent, ces animaux ne couvent que très exceptionnellement leurs œufs, qui, tantôt enfouis dans la terre ou dans le sable, le plus souvent abandonnés à la surface du sol, éclosent sous la seule influence de la chaleur solaire. Il en résulte que ces animaux, très nombreux dans toutes les contrées intertropicales, deviennent rares dans les zones tempérées des deux hémisphères, et font complètement défaut dans les zones arctique et antarctique. On peut dire, d'une façon générale, que l'habitat des Reptiles est borné au Nord par le 60° de lat. Nord (correspondant au sud de la péninsule Scandinave), tandis que cette limite n'est arrêtée, dans l'hémisphère Sud, que par l'extrémité australe des continents, car on trouve des reptiles dans le sud de la Patagonie (*Liolæmus magellanicus*) et à la Nouvelle-Zélande, par 45° environ de lat. Australe. Le froid des régions septentrionales du globe exerce une action remarquable sur le mode de reproduction des rares Reptiles qui ont pu s'y acclimater : ces animaux deviennent *ovovivipares* et font leurs petits vivants, l'éclosion de l'œuf ayant lieu dans le corps de la mère : tels sont la Vipère (*Vipera berus*) et le Lézard vivipare (*Zootoca vivipara*), les deux espèces Européennes qui s'avancent le plus vers le Nord.

Cette nécessité d'une température relativement élevée (le 60° degré de lat. Nord correspond à peu près à la ligne isotherme + 5° centigrades) suffit à expliquer pourquoi l'on trouve si peu de familles de Reptiles communes aux deux Continents, tandis que les Mammifères qui dépassent cette limite vers le Nord sont presque identiques dans les deux régions Paléarctique et Néarctique. Comme corollaire, on peut en déduire que la communication continentale que l'on suppose avoir existé entre les deux continents, à une époque relativement récente (pendant les périodes tertiaire ou quaternaire), ne s'étendait pas au sud du 60° de lat. Nord, sans quoi les Lézards, par exemple, qui sont de l'Ancien Continent, auraient pu passer dans l'Amérique septentrionale, à l'exemple des Campagnols et de beaucoup d'autres types de Mammifères, tandis qu'ils y font complétement défaut.

Les deux ordres des Chéloniens et des Crocodiliens sont ceux qui sont le plus étroitement cantonnés par ces conditions de température. Les Chéloniens ne dépassent pas le 50° de lat. Nord et les Crocodiliens le 35° au nord et au sud de l'Équateur, tandis que les Sauriens et les Ophidiens, comme nous venons de le dire, atteignent le 60°, limite extrême de la classe. — Les Reptiles du reste s'accommodent de tous les genres de vie : on en trouve dans les zones de désert comme dans les zones de forêts,

mais dans les montagnes ils sont arrêtés par les mêmes
nécessités de température, et les espèces vivipares seules
se montrent au-dessus de l'altitude qui correspond à la
moyenne annuelle de + 5° centigrades. Dans tous les
ordres on trouve des espèces d'eau douce ou marines,
grimpeuses ou fouisseuses, etc. : et malgré le grand
nombre d'espèces à mœurs aquatiques que l'on trouve
dans les deux ordres des Chéloniens et des Crocodiliens,
il serait peu naturel de les ranger parmi les types d'eau
douce, puisque les œufs sont toujours pondus sur terre[1],
différence essentielle qui sépare tous les Reptiles des
Batraciens.

Les Tortues ou *Chéloniens* se divisent en 5 familles
dont l'organisation est en parfaite harmonie avec les
habitudes terrestres, d'eau douce ou marines. Les *Testu-
dinidæ* seules sont terrestres : ce type, à peu près cosmopolite, abonde surtout dans les Régions Éthiopienne
et Orientale et devient rare dans le nord de la Région
Australienne et le sud de la Région Paléarctique, n'étant
représenté que par trois espèces dans la sous-région
Méditerranéenne. Quelques genres sont propres aux
régions Néarctique et Néotropicale. Des espèces d'une
taille gigantesque, en voie d'extinction par suite du mas-
sacre qu'on en a fait, étaient autrefois très nombreuses
aux îles Mascareignes (*Testudo elephantina*) et dans
l'archipel des Gallapagos (*Testudo elephantopus*). — Les
Tortues de Marais (*Emydidæ*) forment la transition de
la famille précédente à la suivante, et sont surtout
abondantes dans la Région Orientale : elles manquent à
la Région Australe. Le genre *Emys*, très nombreux en
espèces, est commun aux Régions Paléarctique et Néarctique. — Les *Chelydidæ*, plus aquatiques que les précédentes, ont leur centre de dispersion dans la sous-région
Brésilienne, si riche en grands fleuves : elles se retrouvent

1. Il faut faire une exception pour les Serpents marins (*Hydrophidæ*) qui font, paraît-il, leurs petits vivants.

dans la Région Éthiopienne, à Madagascar et dans la Malaisie, mais sont remplacées en Asie par la famille suivante : enfin les rares tortues d'eau douce que l'on trouve en Australie sont de cette famille. — Les *Trionychidæ* ou Tortues fluviatiles sont de la région Orientale, avec quelques représentants en Afrique et dans l'Amérique du Nord. En résumé, les Tortues *pleurodères* (*Chelydidæ*) sont surtout du Nouveau Continent et les *cryptodères* (*Emydidæ*) de l'ancien monde. — Enfin les Tortues Marines (*Chelonidæ*) sont de toutes les mers chaudes ou tempérées, cinq espèces étant à peu près cosmopolites. — Cette distribution géographique nous montre un type très ancien universellement répandu, et l'absence de tel ou tel groupe, dans une région donnée, indique seulement des extinctions partielles. Les Chéloniens, en effet, datent du Jurassique.

Les *Crocodiliens* sont exactement dans le même cas et datent de la même époque. Les trois types modernes (*Crocodilus*, *Alligator* et *Gavialis*) descendent d'une souche commune et ont coexisté à l'époque tertiaire sur tous les points du globe. À l'époque actuelle les Crocodiles proprement dits habitent les régions Orientale, Éthiopienne et Néotropicale : on en trouve également à Madagascar et à la Nouvelle-Guinée. Les Alligators, ou Caïmans, sont surtout nombreux dans l'Amérique chaude, une espèce remontant jusqu'au Mississipi (R. Néarctique) ; ce genre a été retrouvé récemment en Chine dans le Yang-tse-Kiang, ou fleuve Bleu, sur la limite des régions Orientale et Mantchourienne (*A. sinensis*). Enfin, les Gavials ne se trouvent que dans la région Orientale et à la Nouvelle-Guinée.

Les *Sauriens* et les *Ophidiens*, d'origine plus récente, nous offrent des types nombreux et variés, beaucoup plus intéressants au point de vue qui nous occupe. On peut former un ordre à part (*Rhynchocephalia*), du genre *Hatteria* (ou *Sphenodon*) qui habite la Nouvelle-Zélande (fig. p. 144) et constitue le type le plus caractéris-

DISTRIBUTION GÉOGRAPHIQUE

DES

Familles de SAURIENS (Lacertiliens) [1]

D'après Boulenger

FAMILLES	ÉTHIOPIENNE	ORIENTALE	AUSTRALIENNE	NÉOTROPICALE	NÉARCTIQUE	PALÉARCTIQUE
Geckonidæ	1.2.3.4	1.2.3.4	1.2.3.4	1.2.3.4	1.2.3.	3.4
Eublepharidæ	1.	3.	. . .	3.	. . .	. . .
Uroplatidæ	4	. . .	. . .	. . .	. . .	. . .
Pygopodidæ	. . .	. . .	2.	. . .	. . .	. . .
Agamidæ	1.2.3.	1.2.3.4	1.2.3.	. . .	. . .	3.4
Iguanidæ	4	. . .	3.	1.2.3.4	1.2.3.4	. . .
Xenosauridæ	. . .	. . .	. . .	3.	. . .	. . .
Zonuridæ	1.2.3.	1.	. . .	. . .	. . .	. . .
Anguidæ	. . .	3.	. . .	2.3.4	1.	1. 4
Helodermidæ	. . .	. . .	. . .	. . .	1.	. . .
Varanidæ	1.2.3.	1.2.3.4	1.2.	. . .	. . .	4
Xanthusiidæ	. . .	. . .	. . .	3.4	. . .	. . .
Teiidæ	. . .	. . .	. . .	1.2.3.4	1.2.3.	. . .
Amphisbænidæ	1.2.3.	. . .	. . .	2.3.4	1.2.	4
Lacertidæ	1.2.3.	1.2.3.	. . .	. . .	. . .	1.2.3.4
Gerrhosauridæ	1.2.3.4	. . .	. . .	. . .	. . .	. . .
Scincidæ	1.2.3.4	1.2.3.4	1.2.3.4	2.3.4	1.2.3.4	1. 3.4
Anelytropidæ	1.2.3.	. . .	. . .	3.	. . .	. . .
Dibamidæ	. . .	4	1.2.	. . .	. . .	. . .
Chamæleontidæ	1.2.3.4	1.2.	. . .	. . .	. . .	. . .
RHYNCHOCEPHALIA. (Hatteriadæ)	. . .	. . .	4	. . .	. . .	. . .

1. Pour l'explication des numéros, voyez le tableau p. 174.

tique de la faune de cet archipel, situé à nos antipodes. Ce reptile, qui ressemble extérieurement à un grand lézard, est tout à fait isolé par ses caractères dans la nature actuelle : son crâne présente des particularités qui le rattachent à un groupe de Reptiles éteints depuis l'époque Triasique.

Des 21 familles de *Sauriens* que Boulenger admet dans son récent Catalogue[1], il en est deux qui peuvent être considérées comme cosmopolites, ce sont les Geckos (*Geckonidæ*) et les Scinques (*Scincidæ*), probablement originaires de l'Ancien Continent. Ces reptiles sont comparables, sous ce rapport, aux Rats et aux Musaraignes dont nous avons précédemment signalé la vaste dispersion. Exclusivement insectivores, les petites espèces de Geckos montent souvent à bord des navires et sont transportées, cachées dans les moindres fissures des objets de la cargaison : ils s'acclimatent facilement dans toutes les régions chaudes. Comme la Souris, ils s'installent dans les habitations humaines, sortant la nuit de leur retraite pour faire la chasse aux insectes. Les Scinques, également insectivores, généralement vivipares, n'ayant souvent que des membres très courts ou atrophiés, ce qui les fait ressembler à des Orvets, se glissent sous l'écorce des troncs d'arbres et peuvent ainsi être transportés par les courants, d'un continent à l'autre. Ceci explique pourquoi ces deux types de Sauriens sont seuls représentés par de petites espèces dans les archipels de la Polynésie. Une des plus grandes de la famille des Scinques, le *Macroscincus Cocteaui* (fig. 35), est au contraire confinée, à l'époque actuelle, sur un étroit îlot (*Ilheo Branco*) de l'archipel du Cap-Vert. Les *Anelytropidæ* et les *Dibamidæ* sont deux types vermiformes dégradés, peu nombreux en espèces, se rattachant aux Scinques, et qui habitent le premier l'Afrique, le second

---

1. *Catalogue of the Lizards in the British Museum*, 3 vol. in-8°, London, 1885-87.

Fig. 35. — Macroscinque de Cocteau, des îles du Cap-Vert (1 ½ de grand. nat.).

la Malaisie et l'Australie, région qui paraît être le centre de dispersion des Scinques.

Les Sauriens qui nous sont le plus familiers en Europe sont les Lézards (*Lacertidæ*), type exclusivement propre à l'Ancien Continent, représenté en Afrique et dans toute la région Paléarctique, plus rare dans la région Orientale, et qui manque à Madagascar et à l'Australie. Cette famille est remplacée de la façon la plus absolue, dans les deux Amériques, par les *Teiidæ*, qui sont des Lézards pour le vulgaire, mais diffèrent des vrais lézards par la constitution de leurs dents : ceux-ci, dits *Cœlodontes*, ont les dents creuses, tandis que les *Teiidæ*, ou *Pléodontes,* ont les dents pleines : ce sont les Ameivas et les Sauvegardes des créoles d'Amérique.

Deux autres familles renfermant des Sauriens de plus grande taille et en partie phytophages, les Agames (*Agamidæ*) et les Iguanes (*Iguanidæ*), présentent une distribution géographique tout à fait parallèle à celle des Lézards. Les Agames sont *acrodontes*, c'est-à-dire que leurs dents sont implantées *sur* le bord libre de la machoire : les Iguanes, au contraire, sont *pleurodontes*, leurs dents étant appliquées *contre* le bord externe de la machoire, comme les pieux d'une palissade. Tous les Agames sont de l'Ancien Continent, à l'exception de Madagascar et de la Nouvelle-Zélande. Leur centre de dispersion est dans l'Inde, d'où ils rayonnent vers la Nouvelle-Guinée et l'Australie, l'Afrique et le désert circum-méditerranéen. Les Iguanes représentent les Agames dans toute l'Amérique chaude et, par une particularité remarquable, se retrouvent à Madagascar (à la place des Agames), et en Polynésie où le genre *Brachylophus* vit aux îles Fidji et Tonga.

Les Caméléons (*Chamæleontidæ*), type arboricole insectivore (fig. 36), sont très remarquables par leur distribution qui coïncide presque complètement avec celle des Lémuriens : leur centre de dispersion est à Madagascar qui possède la moitié des espèces : de là ils rayonnent

dans les deux régions Orientale et Ethiopienne, une seule
espèce s'étendant jusque dans le sud de l'Europe. — Les
Gerrhosauridæ, voisins des Scinques, sont de l'Afrique
avec Madagascar. Il en est de même des *Zonuridæ*. —
Les Varans (*Varanidæ*) sont de l'Ancien Monde s'étendant jusqu'en Australie et aux îles de l'Amirauté, mais
manquent à Madagascar. Les *Uroplatidæ*, au contraire,
n'ont qu'un seul genre propre à cette grande île, et les
Pygopodidæ sont confinés dans l'Australie.

Les types spéciaux à l'Amérique sont les *Heloder-
midæ*, les seuls sauriens venimeux : les *Xenosauridæ*, les

Fig. 36. — Tête et patte de Caméléon, Saurien de Madagascar
(grand. nat.)

Anniellidæ, les *Xanthusiidæ*, petites familles assez pau-
vres en espèces d'un type dégradé et vermiforme pour la
plupart. Les Amphisbènes (*Amphisbænidæ*), également
vermiformes et fouisseurs, sont surtout nombreux dans
l'Amérique centrale et les Antilles : quelques espèces se
retrouvent en Afrique et dans la sous-région méditerranéenne. Les Orvets (*Anguidæ*) présentent la même distribution : deux espèces seulement se trouvent dans le
sud de l'Europe, deux autres dans l'Himalaya et en Birmanie. Enfin, la distribution des *Eublepharidæ*, sur les
deux continents, ne s'explique qu'en considérant les

genres de cette famille comme les derniers survivants d'un type autrefois plus généralement dispersé.

En résumé, on voit que, si l'on met à part les familles cosmopolites, les deux Continents diffèrent par leur faune herpétologique de la façon la plus tranchée et que la division du globe en deux grandes régions (*Paléogée* et *Néogée*) met bien en relief. L'Ancien Continent (*Paléogée*) possède seul les *Lacertidæ*, les *Agamidæ*, les *Varanidæ* et les *Chamæleontidæ*; — le Nouveau-Monde (*Néogée*) ayant par contre les *Teiidæ*, les *Iguanidæ* qui représentent si bien les deux premières familles de la Paléogée, et de plus la plupart des *Anguidæ* et des *Amphisbænidæ*. Les autres familles ont un habitat en général très restreint.

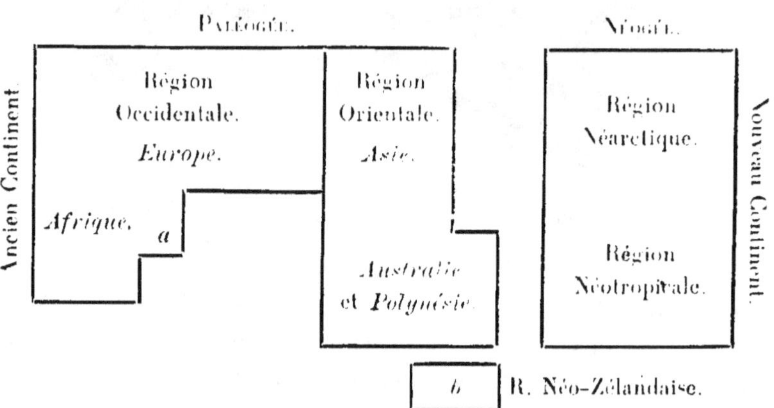

SCHÉMA DES RÉGIONS HERPÉTOLOGIQUES.
(Spécialement d'après les *Sauriens*.)

Région Arctique (Absence de Reptiles).

PALÉOGÉE. NÉOGÉE.

Région Antarctique (Absence de Reptiles).

On peut donc, à l'exemple de M. Boulenger, admettre d'abord deux grandes faunes herpétologiques (Paléogée et Néogée), qui chacune se subdivisent seulement en deux régions : en effet, la faune de l'Europe se rattache à celle de l'Afrique (Région Occidentale), et celle de l'Australie à celle de l'Asie, qui comprend en outre la sous-région Mantchourienne (R. Orientale). La Néogée se divise également en deux régions peu distinctes (Régions Néarctique et Néotropicale). Si l'on fait entrer en ligne de compte le Rhynchocéphale (*Hatteria*) de la Nouvelle-Zélande, qui forme à lui seul un ordre à part séparé des Sauriens par les naturalistes modernes, il y a lieu d'admettre une cinquième région (figurée en *b*), pour la sous-région Néo-Zélandaise de Wallace. La sous-région Malgache (*a*) est la seule qui se distingue nettement de la Région Occidentale de la Paléogée, par des caractères qui la rapprochent de la Néogée. En effet, nous avons vu que Madagascar est peuplée par des Iguanes (*Hoplurus, Chalarodon*) à faciès américain, et l'absence des *Agamidæ*, des *Varanidæ* et des *Amphisbænidæ*, largement répandus sur le continent Africain, est un caractère négatif non moins significatif. Par contre, les Caméléons, les *Gerrhosauridæ* et les *Zonuridæ* rapprochent cette île de l'Afrique australe. L'Australie ne peut former qu'une sous-région, à peine distincte, de la Paléogée Orientale. La présence dans la Polynésie centrale d'un genre d'Iguanes (*Brachylophus*, qui se rapproche de *Cyclura* des Antilles, doit être rangée parmi les phénomènes sporadiques, mais rapprochée de celui que présente Madagascar sur une plus grande échelle. Il est ici d'autant plus remarquable que les véritables Agames se trouvent à la Nouvelle-Guinée, en Australie et dans les îles qui en dépendent.

Les *Ophidiens* ou Serpents ont une distribution géographique comparable à celle des Sauriens, au moins dans son ensemble ; mais, ce type, qui date d'une époque plus récente, a beaucoup plus de groupes communs aux deux continents. Douze familles sont dans ce cas : *Typhlopidæ, Tortricidæ, Calamariidæ, Coronellidæ, Colubridæ, Dryadidæ, Natricidæ, Dendrophidæ, Dryiophidæ, Dipsadidæ*, et parmi les serpents venimeux, *Elapidæ* et *Crotalidæ*. Onze familles sont propres à la Paléogée : *Xenopeltidæ, Uropeltidæ, Acanthiophidæ,*

DISTRIBUTION GÉOGRAPHIQUE

DES

Principales familles d'OPHIDIENS

D'après Hoffmann

FAMILLES	RÉGIONS					
	ÉTHIOPIENNE	ORIENTALE	AUSTRALIENNE	NÉOTROPICALE	NÉARCTIQUE	PALÉARCTIQUE
Typhlopidæ. . . .	1.2.3.4	1.2.3.4	1.2.3.	2.3.4	2.	4
Tortricidæ. . . .	. . .	2. 4	1.	2.	. . .	. . .
Xenopeltidæ. . . .	2.	3.4	1.	. . .	. . .	. . .
Uropeltidæ. . . .	. . .	1.2.	. . .	. . .	. . .	. . .
Calamaridæ. . . .	1.2.3.	1.2.3.4	. . .	1.2.3.4	1.2.3.	3.4
Oligontidæ. . . .	. . .	1.2.3.4	. . .	. . .	. . .	. . .
Coronellidæ. . . .	1.2.3.4	1.2.3.4	1.2.	1.2.3.4	1.2.3.	1. 3.4
Colubridæ. . . .	1.2.	1.2.3.4	1.2.	2.3.4	1.2.3.	1.2.3.4
Dryadidæ. . . .	2. 4	1.2.3.4	. . .	1.2.3.4	2.3.	. . .
Natricidæ. . . .	1.2. 4	1.2.3.4	1.2.3.	1.2.3.4	1.2.3.	1.2.3.4
Homalopsidæ. . . .	. . .	1.2.3.4	1.2.	3.	2.	. . .
Psammophidæ. . .	1.2.3.4	1.2.3.4	. . .	. . .	. . .	4
Rhachiodontidæ. .	2.3.	1.	. . .	. . .	. . .	. . .
Dendrophidæ. . .	1.2.3.4	1.2.3.4	1.2.3.4	1.2.3.4	2.	4
Dryiophidæ. . . .	1.2. 4	1.2.3.4	3.	2.3.4	. . .	. . .
Dipsadidæ . . .	1.2. 4	1.2.3.4	1.2.	1.2.3.	1.2.	. . .
Lycodontidæ . . .	1.2.3.4	1.2.3.4	1.2.	1.	. . .	. . .
Scytalidæ. . . .	4	. . .	. . .	1.2.3.	. . .	. . .
Pythonidæ [2]. . .	1.2.3.4	1.2.3.4	1.2.3.	. . .	. . .	2.3.4
S.-fam. *Boinæ*. . .	. . .	. . .	. . .	1.2.3.4	1.2.	. . .
Acrochordidæ. . .	. . .	4	1.	. . .	. . .	. . .
Crotalidæ. . . .	. . .	1.2.3.4	1.	1.2.3.4	1.2.3.	2. 4
Viperidæ. . . .	1.2.3.	1.2.3.4	. . .	. . .	. . .	1. 4
Elapidæ. . . .	1.2.3.	1.2.3.4	1.2.3.	1.2.3.	. . .	4
Hydrophidæ. . . .	4	1.2.3.4	1.2.3.4	. . .	. . .	. . .

1. Pour l'explication des numéros, voyez le tableau, p. 174.
2. *Pythoninæ* et *Erycinæ*.

Oligodontidæ, Psammophidæ, Rhachiodontidæ, Ambly-cephalidæ, Pythonidæ, Erycidæ, Acrochordidæ et *Vi-peridæ ;* trois seulement sont spéciales à la Néogée : ce sont les *Stenostomidæ, Notophidæ* et *Boidæ*, ces derniers remplaçant les Pythons de la Paléogée. Enfin, trois petites familles ont une distribution assez singulière : les *Homalopsidæ* d'Asie et d'Australie ont quelques représentants dans l'Amérique du Nord ; les *Lycodontidæ* de la Paléogée ont un représentant isolé (*Gerrhosteus*) dans la sous-région Patagonienne ; enfin, les *Scytalidæ* de l'Amérique du Sud ont, en revanche, un genre isolé aux Philippines. Les *Hydrophidæ* ou serpents marins se montrent sur toutes les côtes intertropicales du Pacifique et de la mer des Indes, mais font complètement défaut dans l'Atlantique. — Ces chiffres montrent que la Paléogée est beaucoup plus riche que la Néogée sous le rapport des Ophidiens, puisque 4 familles au plus peuvent être considérées comme propres à cette dernière, tandis que l'Ancien Continent en possède 12 ou 13, sans compter celles qui sont communes ; le nombre des espèces que possède la Paléogée est presque double de celui des espèces américaines.

Les Mollusques terrestres appartiennent exclusivement au groupe des *Gastropodes pulmonés,* qui, bien que respirant l'air en nature, ont un tel besoin d'humidité qu'on peut les considérer comme aquatiques. Ce groupe comprend, du reste, à la fois des types d'eau douce, d'eau saumâtre et terrestres, et il nous semble plus naturel d'étudier sa distribution avec celle des autres mollusques d'eau douce, comme l'ont toujours fait, d'ailleurs, les Malacologistes. Nous traiterons de cette distribution dans le chapitre suivant.

III

Dans l'embranchement des Arthropodes, il existe deux classes, les Arachnides et les Myriapodes, qui peuvent être considérées comme exclusivement terrestres. Bien que la distribution de ces deux types n'ait pas encore été étudiée d'une façon complète, nous en dirons quelques mots.

Les *Arachnides* sont des animaux essentiellement insectivores dont l'origine remonte à la plus haute antiquité (Époque Carbonifère ou même Silurienne, pour les Scorpions). Aussi leur répartition présente-t-elle une très grande uniformité, surtout quand on la compare à celle des Vertébrés: comme le fait est général pour tous les Arthropodes, leur nombre augmente dans la zone intertropicale et diminue à mesure que l'on s'avance vers les pôles. C'est seulement dans la zone torride des deux continents que l'on rencontre ces énormes Scorpions de 20 centimètres de long et ces Mygales (*Avicularidæ*) larges comme la main (fig. 37) avec leurs pattes étendues, qui peuvent attaquer des petits Oiseaux ou même des Reptiles et des Rongeurs de faible taille. Comme nous l'avons dit dans le chapitre précédent, les jeunes Araignées ont, dans leurs fils jetés au vent, un moyen de dispersion exceptionnel, mais dont l'usage n'est probablement pas volontaire, au moins lorsqu'il les entraîne dans de lointains voyages. C'est aussi involontairement qu'elles sont transportées par l'homme sur ses navires: actuellement une vingtaine d'espèces, pour la plupart tropicales, sont ainsi devenues cosmopolites.

La division du globe en deux hémisphères (Paléogée et Néogée) s'applique aux Arachnides comme aux Reptiles, tandis que la division en Arctogée et Notogée, a beaucoup moins d'importance. On peut, d'après M. Eug. Simon[1], reconnaître les Régions Arachnologiques suivantes qui diffèrent sensiblement des régions de Wallace.

1° La *Région Paléarctique* est celle qui en diffère le

---

1. Ces renseignements *inédits* nous ont été fournis directement par l'éminent spécialiste.

moins dans son ensemble, mais les sous-régions sont
autrement distribuées ; on peut les définir de la manière
suivante : *a.*) sous-région Européo-Sibérienne ; *b,*) s.-r.
Hispano-Italique comprenant les rives de la Méditerranée Occidentale et les Canaries ; *c.*) s.-r. Taurique ou
Orientale, comprenant l'Asie Mineure et les Steppes

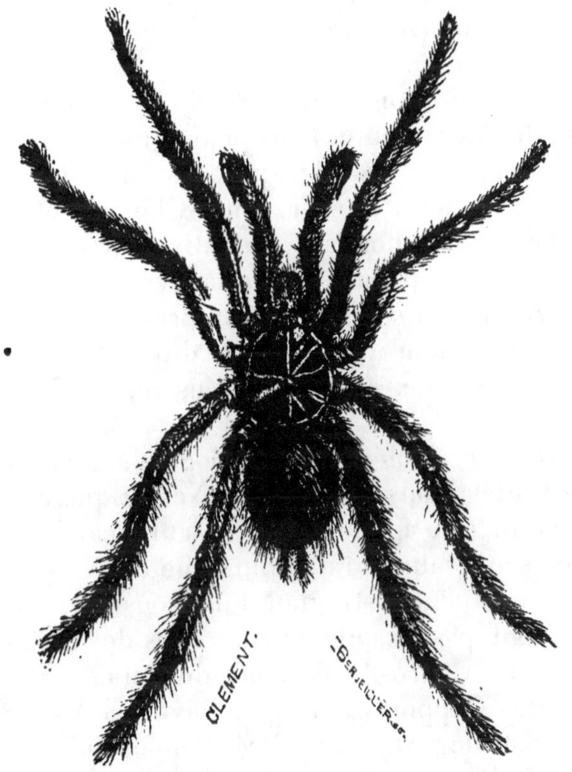

Fig. 37. — Mygale aviculaire, type de la Région Néotropicale
(1/2 grand. nat.).

Touraniennes ; *d.*) enfin, s.-r. Mantchourienne pour la
Chine et le Japon.

2° La *Région Éthiopienne*, qu'il conviendrait d'appeler
plutôt *Lybique* pour la distinguer de celle de Wallace,
est formée par l'Afrique continentale au sud de l'Atlas
et l'Arabie intérieure ou centrale. Elle comprend les

sous-régions suivantes : *a*.) s.-r. désertique ou Saharienne, au nord du Soudan ; *b*.) s.-r. Abyssinienne, contrée montagneuse qui s'étend au sud-est jusqu'aux monts Kilimandjaro ; *c*.) s.-r. Centrale comprenant la région boisée de l'Afrique tropicale Occidentale et Orientale ; *d*.) s.-r. Australe, comprenant le désert de Kalahari, qui présente une certaine ressemblance avec l'Australie.

3° La *Région Orientale* comprend les sous-régions suivantes : *a*.) s.-r. Malgache, pour Madagascar et la bande de terre du continent Africain qui fait face à cette île (côte de Mozambique) jusqu'aux montagnes qui la séparent de la s.-r. de l'Afrique Australe ; *b*.) s.-r. Indienne avec Ceylan ; *c*.) s.-r. Indo-Chinoise et *d*.) s.-r. Indo-Malaise correspondant aux divisions de Wallace, celle-ci s'étendant jusqu'aux Mariannes.

4° La *Région Australienne* comprend : *a*) une sous-région Australienne proprement dite ; *b*.) une sous-région Polynésienne, et *c*.) une sous-région Néo-Zélandaise.

5° La *Région Américaine* (Néogée) est la plus distincte de toutes, mais les Régions Néarctique et Néotropicale doivent être fondues en une seule, car l'Amérique n'a qu'une seule faune arachnologique du Nord au Sud. Par contre, on peut distinguer huit sous-régions qui ne correspondent pas exactement à celles de Wallace ; ce sont : *a*.) s.-r. Austro-Américaine ou Patagonienne, qui présente des rapports marqués avec l'Australie et l'Afrique australe ; *b*.) s.-r. Brésilienne, qui s'étend au Nord jusqu'à l'Amazone ; *c*.) s.-r. Caraïbe qui comprend le nord de l'Amérique méridionale sur le versant de l'Atlantique (Guyanes, Venezuela et île de Trinité) ; *d*.) s.-r. Andienne, comprenant le versant du Pacifique du Chili à l'isthme de Panama : Nord du Chili, Pérou et Colombie) ; *e*.) s.-r. Antillienne ; *f*.) s.-r. Mexico-Floridienne avec les îles Bahamas ; *g*.) s.-r. Californienne, et enfin : *h*.) s.-r. Canadienne pour le reste de l'Amérique du Nord.

Parmi les particularités qui servent à établir ces distinctions, on peut signaler les suivantes. La famille des *Sicaridæ* est celle qui établit le mieux les rapports de la sous-région Austro-Américaine (Patagonienne) avec l'Afrique australe : sur deux genres connus dans cette famille, le premier (*Hexomma*) est commun aux deux pays, l'autre (*Sicarius*) est Patagonien. Par contre, les Arachnides vraies indiquent peu de rapports entre la Patagonie d'une part et la Nouvelle-Zélande ou la Tasmanie de l'autre, mais, parmi les Scorpions, on peut signaler la famille des *Bothriuridæ* qui est Brésilienne et Patagonienne et se retrouve en Australie et à la Nouvelle-Zélande. Une petite famille fondée d'abord sur un type fossile, en Europe, dans l'ambre tertiaire (les *Archæidæ*), n'est plus représentée que par trois genres dispersés dans les régions méridionales du globe : *Mecysmauchenius* (Simon), de la Terre de Feu (Patagonie), *Eriauchenius* (Cambridge), de Madagascar et *Landana* (Simon), du Congo [1]. La sous-région Brésilienne est, de beaucoup, la plus riche de toutes, même quand on la compare au sud de l'Europe qui a été beaucoup mieux exploré sous ce rapport. Les *Epeiridæ*, par exemple, les *Aviculariidæ* (Mygales) et les Phalangides (*Opiliones*) y sont représentées par un nombre d'espèces bien supérieur à celui des autres régions. Les familles des *Attidæ* et des *Drassidæ* sont très nombreuses dans la région Méditerranéenne, ce qui tient peut-être à ce que ces animaux y ont été plus étudiés qu'ailleurs. Les Scorpions habitent les régions arides de toutes les parties du monde : on en trouve en Australie, en Polynésie et à la Nouvelle-Zélande. Le genre *Buthus*, très répandu sur l'Ancien Continent, manque en Amérique, où il

---

1. D'après E. Simon la famille des *Archæidæ* doit être placée près des *Epeiridæ* de la s.-f. des *Tetragnathinæ*, et non loin des *Theridionidæ*. Elle n'a aucun rapport avec les *Laterigradæ*, contrairement à l'opinion de Scudder.

est remplacé par le genre *Centrurus* qui habite aussi l'Asie Orientale. Les Galéodes sont aussi des habitants des déserts. Les Pédipalpes manquent dans les régions Paléarctique et Néarctique. Les Thélyphones manquent à l'Afrique et au Continent Australien, tandis que les Phrynes s'étendent jusqu'en Australie et en Polynésie.

Les *Myriapodes* ont été encore moins étudiés que les Arachnides, notamment sous le rapport de leur distribution géographique. Les tableaux que nous avons dressés pour nous en rendre compte prouvent que toutes les grandes familles *Geophilidæ, Scolopendridæ, Julidæ*, etc.), sont cosmopolites, et il est probable que les divisions en régions et sous-régions proposées par M. E. Simon pour les Arachnides s'appliquent également aux Myriapodes. Un certain nombre d'espèces surtout tropicales ont été transportées sur les navires et sont actuellement cosmopolites (*Scolopendra subspinipes, Sc. morsitans, Otostigma calcitrans*). La zone équatoriale possède de grandes Scolopendres dont la morsure est des plus dangereuses : tels sont *Scolopendra gigas* de 30 centimètres de long et *Sc. occidentalis* qui peut atteindre 50 centimètres : ces deux espèces sont de l'Amérique tropicale. Parmi les *Lithobiidæ*, le genre *Henicops* ne se trouve qu'en Australie, à la Nouvelle-Zélande et au Chili.

On rapproche généralement des Myriapodes un type très remarquable par ses caractères d'infériorité, et qui doit former un ordre ou même une classe à part (*Onychophora* ou *Protracheata*. C'est le genre *Péripate* (fig. 38) confiné à l'époque actuelle dans les régions méridionales du globe. Il se trouve au Chili, à la Nouvelle-Zélande et dans l'Afrique australe ; des découvertes récentes ont montré qu'il remontait vers le Nord jusqu'à Sumatra et jusqu'au Démérara (Guyane).

Les Crustacés terrestres de l'ordre des Isopodes désignés sous le nom vulgaire de *Cloportes*, et qui ressemblent tant à certains Myriapodes (*Glomeridæ*), doivent avoir une distribution géographique peu différente de cette classe. Ce sont des animaux qui s'accommodent facilement de tous les climats, pourvu qu'ils y trouvent une certaine humidité. Un assez grand nombre d'espèces ont été transportées sur les navires et sont devenues cosmopolites.

La grande classe des *Insectes* renferme des animaux qui diffèrent beaucoup sous le rapport des moyens de dispersion dont ils sont doués. Les Lépidoptères (Papillons), les Névroptères (Libellules), les Hyménoptères, les Diptères et même les Orthoptères se servent volontiers de leurs ailes : ce sont des animaux aériens, comme les Oiseaux, et nous les étudierons avec eux. Les Coléoptères, au contraire, et les Hémiptères du sous-ordre des

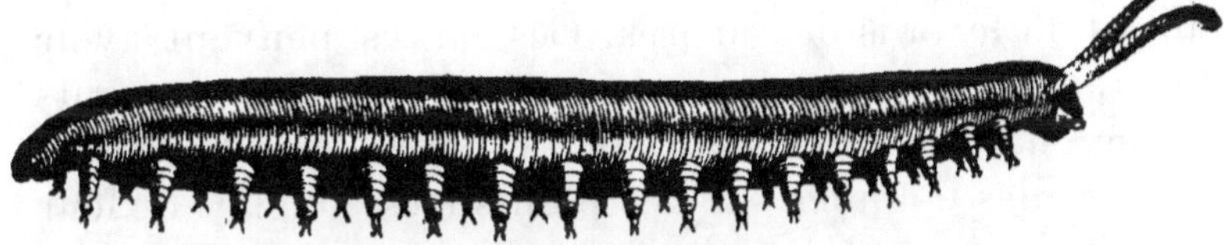

Fig. 38. — Péripate du Cap, type de Myriapode inférieur des Régions Australes (grand. nat.).

Hétéroptères, s'élèvent plus rarement dans les airs et leur vol est généralement peu soutenu ; beaucoup ont les ailes atrophiées. On peut, dans une certaine limite, les considérer comme des animaux terrestres.

L'ordre des *Coléoptères* est excessivement nombreux en genres et en espèces[1] appartenant à des familles très variées sous le rapport des mœurs. Les uns sont terrestres (Carabiques), d'autres vivent dans les eaux douces (Hydrocanthares), et d'autres encore (les Longicornes, par exemple), volent de fleur en fleur et sont presque aussi aériens que les Papillons. Ces derniers, par conséquent, peuvent être transportés par le vent, bien que

---

1. Plus de 80,000 espèces décrites, selon toute probabilité, 100,000 en chiffres ronds.

leur vol soit bien moins soutenu que celui des Lépidoptères ou des Névroptères. Mais, pour tous ces animaux, il convient de tenir compte des métamorphoses et des conditions particulières dont les larves ont besoin pendant les premiers mois de leur existence. La question est donc très complexe et ne pourra être résolue que lorsque l'on connaîtra les formes jeunes de la plupart des genres et le mode de nourriture des larves, conditions que nous sommes loin de pouvoir remplir actuellement, même pour les principaux types de familles. Sous ce rapport, les Carabiques et les Hydrocanthares, dont les larves sont carnassières, peuvent être considérés comme caractérisant telle ou telle région beaucoup mieux que les Longicornes, les Lamellicornes et les autres types phytophages dont les larves rongent les feuilles ou le bois des arbres. Ces larves peuvent avoir été transportées dans le *bois flotté* que les courants marins charrient d'un continent à l'autre, et avoir formé de nouvelles colonies sur des points très éloignés de leur patrie primitive. Cependant nous ignorons encore jusqu'à quel point les larves sorties des œufs pondus par ces immigrants ont pu s'accommoder des essences forestières que leur fournissait la nouvelle patrie ; mais nous savons que la flore intertropicale présente sous ce rapport une assez grande uniformité pour qu'on puisse supposer, à priori, que cette difficulté s'est trouvée, dans la plupart des cas, facilement aplanie. Il est bon de ne pas oublier ces considérations et les conditions très multiples de la vie des animaux à métamorphoses, lorsque l'on étudie la distribution géographique des Insectes. Les Coléoptères ont d'ailleurs une origine assez ancienne, puisqu'on en connaît dans le Trias.

Le seul naturaliste qui se soit occupé récemment de la distribution géographique de cet Ordre est A. Murray [1],

____

1. *Journal of the Linnean Society, Zoology*, t. XI (1870-71), p. 1-90, et observations de R. Trimen à ce sujet, même volume, p. 276-284.

qui rattache tous les Coléoptères du globe à trois grandes *Souches,* dérivant elles-mêmes d'une seule souche (*Stirps*) primitive. Ces trois souches sont : 1° la Souche Indo-Africaine, 2ᵉ la Souche Brésilienne, et 3° la Souche *Microtypique,* ainsi nommée d'après la petite taille de ses représentants quand on les compare à ceux des autres souches. Chacune de ces souches correspond à une grande Région que l'on peut désigner par le même nom, savoir : 1° la *Région Indo-Africaine,* qui comprend

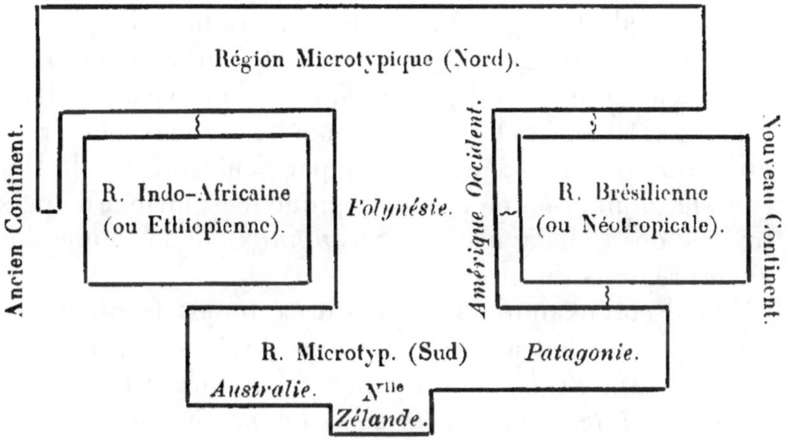

l'Afrique au sud du Sahara, Madagascar, l'Asie au sud des monts Himalaya, la Malaisie et la Nouvelle-Guinée : cette région est moins modifiée que la suivante par l'introduction d'éléments étrangers. 2° La *Région Brési-lienne* comprend l'Amérique Centrale et Méridionale à l'est des Andes et au nord du Rio-de-la-Plata ; ses éléments ont fait de nombreuses incursions dans l'Amérique du Nord, et réciproquement elle en a reçu beaucoup de types appartenant à la faune caractéristique de la région suivante. 3° La *Région Microtypique* comprend l'Europe, l'Asie au nord des monts Himalaya, le Japon, l'Amérique du Nord jusqu'au désert des Prairies, le versant occidental des Andes de la Californie au Chili, l'Amérique Australe à partir du Rio-de-la-Plata, puis en revenant dans l'autre hémisphère, la Polynésie, la Nouvelle-Zélande et le Continent Australien. Cette région comprend, en outre, toutes les îles de l'Atlantique, des Açores à Tristan d'Acunha.

Cette distribution géographique est figurée par le diagramme (p. 215).

Au premier abord cette division paraît consister simplement dans la distinction des zones tropicales et tempérées que l'on retrouve comme un des principaux facteurs de la distribution géographique, en étudiant la plupart des groupes zoologiques. On a, en effet, dans le diagramme précédent, une zone tropicale qui se subdivise en deux régions (Paléogée et Néogée), puis deux zones tempérées que Murray réunit en une seule par l'entremise de la Polynésie, dont la faune entomologique n'est formée d'après lui que des « balayures » (*Sweppings*) de la faune des autres régions du globe.

Mais, en l'examinant de plus près, on est frappé de ce fait, mis en relief par les divisions de Murray, à savoir que *la faune de la zone tempérée australe est presque identique à la faune de la zone tempérée boréale*, fait qui contraste de la façon la plus marquée avec les résultats que nous a donnés l'étude des Vertébrés supérieurs. Avec les Coléoptères, plus de distinction en Arctogée et Notogée, tandis que cette distinction est si nette lorsqu'il s'agit des Mammifères par exemple. Il semble que l'évolution du type des Coléoptères était déjà achevée lorsque de larges mers coulant dans les régions équatoriales du globe (pendant la période mésozoïque, selon toute apparence), isolèrent l'Australie et la Patagonie des continents de l'hémisphère boréal. Cette supposition explique la présence dans l'Amérique Australe des genres *Cara-*

bus, Asida, Helops, Opatrum, types de la Région Paléarctique, beaucoup mieux que la supposition d'une migration lente et progressive en suivant la chaîne des Andes du Nord au Sud, les trois derniers de ces quatre genres n'étant pas représentés dans l'Amérique Septentrionale. — On constate, en outre, un certain accord entre les divisions de Murray et les principales régions établies par Simon pour les Arachnides : c'est ainsi que les sous-régions *Andienne* (ou Américaine du versant du Pacifique) et *Patagonienne*, sont nettement indiquées par les Coléoptères comme par les Araignées [1].

Un autre fait très remarquable, et qui semble venir à l'appui de l'opinion de Murray, c'est que l'on ne connaît en Europe, *à l'état fossile*, aucun type de Coléoptères de grande taille comparable aux Lamellicornes ou aux Longicornes gigantesques qui vivent encore dans les régions les plus chaudes des deux continents. Nous savons cependant qu'à l'époque miocène une flore beaucoup plus riche, paraissant indiquer un climat tropical ou sub-tropical, couvrait la plus grande partie de l'Europe. Les grands Mammifères qui vivaient de ces végétaux (Eléphants, Rhinocéros, Hippopotames) ont émigré avec eux vers les régions tropicales : mais rien n'indique que quelque chose de semblable ait dû se produire pour les Insectes, car les plus grands Coléoptères fossiles que l'on connaisse n'atteignent même pas la taille de nos Lucanes et de nos Capricornes actuels. S'il n'y a pas là insuffisance du document géologique, il faut admettre que le climat de l'époque miocène en Europe n'était pas aussi chaud que celui des tropiques, et que les Coléoptères du Brésil et de l'Afrique intertropicale sont bien caractéristiques de ces deux régions, à notre époque

---

1. De même M. Künckel d'Herculais a reconnu que la faune de Madagascar se rattache par ses Coléoptères (comme par ses Arachnides, d'après Simon) à la Malaisie plus qu'à l'Afrique.

comme à l'époque tertiaire, où leurs ancêtres devaient vivre déjà sur les mêmes points du globe.

Pour donner une idée de la répartition géographique des Coléoptères à habitudes sédentaires, nous choisirons

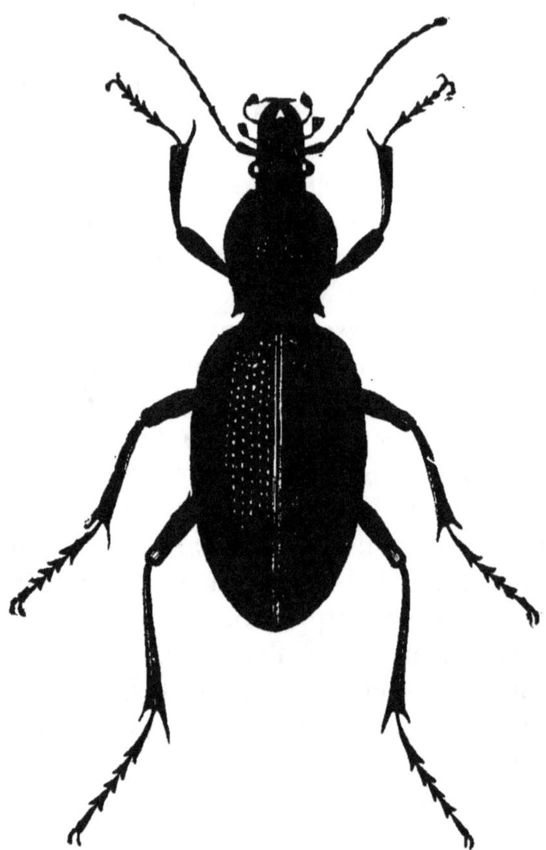

Fig. 35. — Procère scabre, Carabique de la Région Paléarctique
(Europe Sud-Est) (grand. nat.).

deux familles qui se rattachent à la Souche Microtypique de Murray, et sont assez pauvrement représentées dans les régions intertropicales des deux Continents. Elles sont au contraire très abondantes dans les **deux** zones tempérées.

Les Carabiques (*Carabidæ*) peuvent être considérés

comme originaires de la Région Paléarctique, qui possède
à elle seule 30 0/0 des espèces connues, tandis que la R.
Néotropicale n'en a que 19 0/0, les régions Ethiopienne,
Australienne et Néarctique, chacune 14 0/0, et la R.
Orientale, la plus pauvre de toutes, seulement 9 0/0. On
voit que les régions Néarctique et Australienne, appartenant à la zone tempérée, sont plus riches que la R. Orientale située entre les tropiques. Les genres *Carabus*, *Cy-
chrus*, *Elaphrus* et *Blethisa* sont communs aux deux
régions arctiques, mais la région Paléarctique possède
en propre les types de grande taille *Procerus* (fig. 39) et
Procrustes. Le g. *Carabus*, dont on connaît 264 espèces,

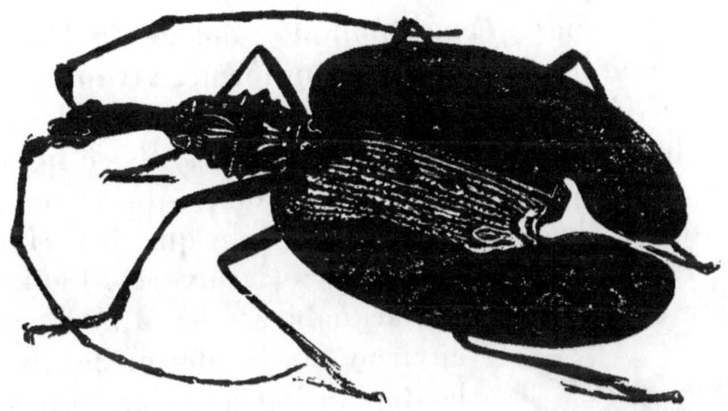

Fig. 40. — Mormolyce phyllode, Carabique de la Région Orientale
(Malaisie) (grand. nat.).

en a seulement 10 dans l'Amérique du Nord ; mais ce qui
est bien remarquable, 11 espèces habitent les montagnes
du Chili, tandis que tout le reste (243 esp.) est Paléarctique. Le désert des *Prairies* de l'Amérique du Nord
possède les g. *Pasimachus* et *Dicælus*. Le g. *Damaster*
est propre à l'archipel du Japon, et les espèces changent
à mesure que l'on passe du Nord au Sud et réciproquement. Enfin le g. *Haplothorax* est spécial à l'île de
Sainte-Hélène. L'Afrique possède, en commun avec
l'Inde, *Anthia* ; en commun avec l'Inde et l'Australie,
Eudemia, et les g. *Graphipterus* et *Tefflus* qui sont

propres à la région Éthiopienne (Madagascar étant exclu) : *Hystrichopus* est propre à l'Afrique australe. *Mormolyce* (fig. 40) est le seul genre à signaler en Malaisie. L'Australie possède les grands *Homalosoma* en commun avec Madagascar et la Nouvelle-Zélande, tandis que ce genre manque à la Nouvelle-Guinée. La Polynésie possède le g. *Huello*, avec une espèce d'un type américain (*Agra*), égarée à la Nouvelle-Calédonie, et la Nouvelle-Zélande possède en propre le g. *Maoria*. — En Amérique *Onychopterygia* est de l'isthme mexicain, *Calophæna* et *Agra* de la sous-région brésilienne ; plus au sud *Antarctica* habite la sous-région Andienne (Chili) avec de vrais Carabes et la Patagonie avec *Migadops*.

Les Mélasomes (*Tenebrionidæ*) sont des coléoptères revêtus d'une livrée sombre et uniforme, vivant à terre comme les Carabes, et ne se plaisant que dans les localités arides, les déserts et les montagnes. Ils se nourrissent de matières animales en décomposition, remplissant, auprès des Carabiques, le rôle que les Hyènes jouent à la suite des Mammifères Carnivores. Leur distribution est des plus remarquables : des 4,500 espèces environ que renferme le groupe, la Région Paléarctique en possède à elle seule 36 0/0, la R. Néotropicale (surtout dans le Sud et l'Ouest) 19 0/0, la R. Éthiopienne 15 0/0, la R. Australienne 12 0/0, enfin la R. Orientale (dépourvue de déserts) seulement 5 0/0. Le g. *Opatrum* (fig. 41) s'étend sur tout l'Ancien Continent avec l'Australie, mais non la Nouvelle-Zélande, et se retrouve au Chili. *Helops* habite les déserts des R. Paléarctique et Néarctique, et se retrouve dans les montagnes de Ceylan et sur la côte Orientale de l'Australie avec les îles qui

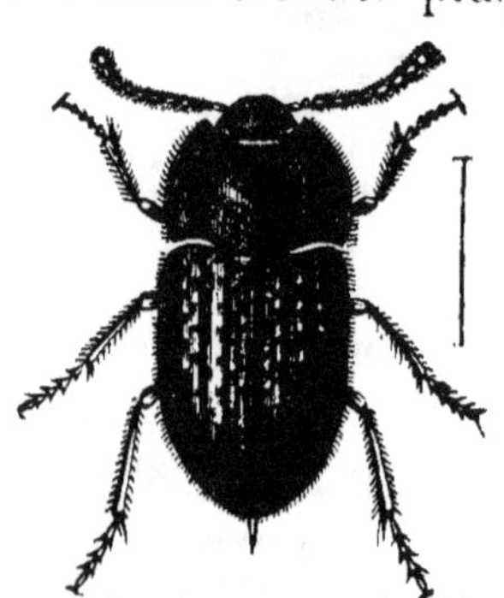

Fig. 41. — Opatre des sables (*Opatrum sabulosum*), Coléoptère de la famille des Ténébrionides (grossi).

en dépendent : il se trouve avec le genre précédent et le suivant au Chili. *Asida*, type du pourtour de la Méditerranée, est remplacé dans les steppes Touraniennes par *Anatolica* : le genre *Asida* se retrouve cependant dans la Prairie de l'Amérique du Nord, dans l'Afrique australe et au Chili. La présence de ces trois genres (*Opatrum*, *Helops*, *Asida*) avec *Carabus* dans la sous-région Patagonienne est digne de remarque. Les *Blaps*, qui sont propres à l'Ancien Continent, sont remplacés dans la Prairie américaine par *Elæodes*. — *Zophosis* est de la région Méditerranéenne et d'Afrique, y compris Madagascar ; *Psammodes* et *Machla* de l'Afrique australe ; *Hegeter* des îles Atlantiques, des Açores aux îles du Cap-Vert ; *Nycteropus* et *Heterophyllus* sont propres à Madagascar ; enfin *Emmenastus* relie le sud du Kamtschatka à l'Orégon et au nord de la Californie à travers le Pacifique. *Pseudoblaps* est le seul genre que l'on puisse citer dans la région Indo-Malaise. En Amérique, *Diastolinus* est propre aux Antilles et *Stomion* aux îles Gallapagos ; *Praocis* et *Ammophorus* sont de la sous-région Andienne (Pérou et Chili), et ce dernier genre habite aussi les îles Sandwich, où il a été très probablement importé ; enfin *Scotobius* et surtout *Thinobatis* caractérisent la sous-région Patagonienne, signalée depuis longtemps comme remarquablement riche en Mélasomes.

Les trois groupes suivants ont, à l'opposé des deux précédents, leur plus grand développement dans les régions équatoriales des deux continents et semblent mieux pourvus de moyens de locomotion.

Les Lamellicornes renferment une douzaine de familles riches en types de grande taille à formes singulières ou parées de couleurs élégantes et variées. Sur ce nombre, 7 familles peuvent être considérées comme ayant leur centre de dispersion dans la région Brésilienne : *Passalidæ*, *Dynastidæ* (ou *Scarabæidæ*), *Melolonthidæ*, *Copridæ*, *Rutelidæ*, *Hybosoridæ*, et *Horphnidæ*. Les *Lucanidæ* pectinicornes (qui sont remplacés en Amérique par les

Passalidæ), et les *Hopliidæ* sont plutôt de la région Orientale, les *Cetoniidæ* de l'Afrique avec Madagascar et les *Geotrupidæ* et *Glaphyridæ* paléarctiques. Enfin la famille des Bousiers (*Aphodiidæ*), qui vit exclusivement des déjections des Mammifères herbivores, a suivi nos animaux domestiques jusque dans les îles de la Polynésie, devenant rapidement cosmopolite. Les *Geotrupidæ* se font remarquer par leur absence en Afrique et en Australie.

Les *Scarabæidæ* renferment, s'il est permis de s'exprimer ainsi, les *éléphants* du groupe des Insectes. Tel est le *Scarabæus* ou *Dynastes hercules* dont le mâle atteint 15 centimètres de long et qui habite l'Amérique intertropicale. Sa larve ronge le bois décomposé des troncs d'arbres. — Les *Cetonidæ*, qui remplacent les Scarabéides en Afrique, ont aussi des espèces de très grande taille comme le *Goliathus Druryi*, presque aussi gros que le Scarabée hercule dont nous venons de parler, et qui habite l'Afrique Occidentale.

La famille des Buprestes (*Buprestidæ*), démembrée comme les Taupins du groupe des Serricornes de Latreille, renferme également des espèces remarquables par leur grande taille et l'éclat des couleurs métalliques dont elles sont parées. Les régions Néotropicale (20 0/0 des espèces connues) et Australiennes (19 0/0) sont les plus riches en types de cette famille, et l'Europe (sous-région Méditerranéenne) en possède un assez grand nombre. Le Bupreste géant (*Euchroma gigantea*) est de l'Amérique tropicale. D'autres grandes espèces habitent l'Afrique et l'Asie chaude (*Chrysochroa, Catoxantha*); *Polybothris* est propre à Madagascar, et les genres *Stigmodera* et *Cisseis* sont de l'Australie : le G. *Stigmodera* se retrouve au Chili, de même que *Conognatha*, très répandu dans la S.-R. Brésilienne, possède une espèce en Tasmanie et une autre à Bornéo.

Les *Longicornes* (*Cerambycidæ*) sont les plus élégants de tous les Coléoptères par leurs allures vives et leurs

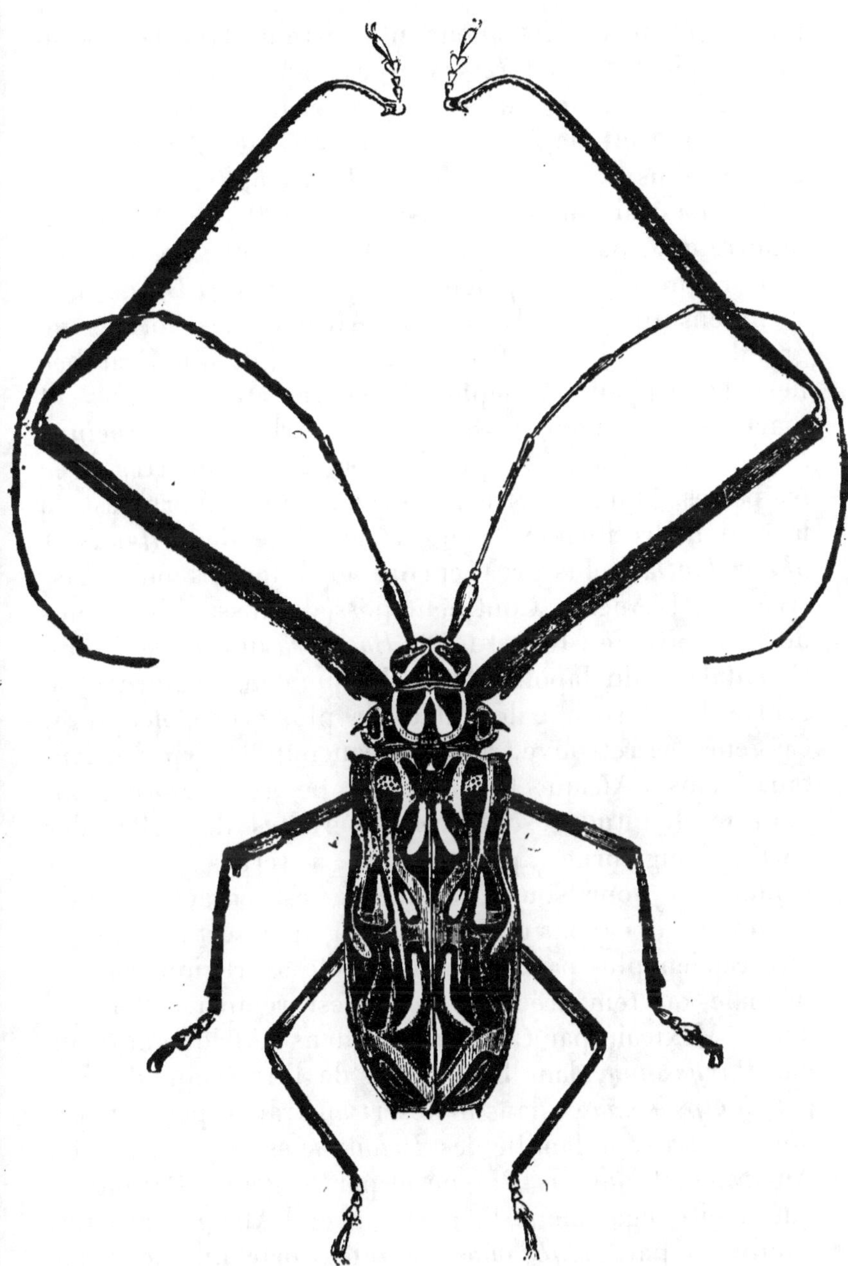

Fig. 42. — Acrocine aux longs bras, ou Arlequin, Longicorne de la Région Néotropicale (1/2 de grand. nat.).

formes élancées. Ils abondent surtout dans la région intertropicale des forêts vierges. Ici encore, c'est la région Brésilienne qui est la plus riche en types variés (39 0/0 de toute la famille), et la vallée de l'Amazone est célèbre sous ce rapport depuis le voyage de l'Anglais Bates. La Malaisie vient ensuite (16 0/0), et Wallace a montré que, pour la beauté et la recherche des formes, cette région le cédait peu à la précédente. L'Australie vient ensuite (14 0/0), avant l'Afrique. Les formes de grande taille abondent dans ce groupe, et si le Scarabée hercule rappelle l'Éléphant, les Insectes allongés et marbrés de couleurs vives comme l'Arlequin (*Acrocinus longimanus*) (fig. 42), qui dépasse 25 centimètres avec les pattes, font penser à la Girafe. Ce longicorne est de la région Brésilienne. Il en est de même des *Titanus* et *Macrodontia,* plus gros encore et à formes plus massives. — L'Ancien Continent possède aussi des formes de grande taille : tel est le G. *Batocera* qui, de la région Orientale et du Japon, s'étend jusque dans le nord et le centre de l'Australie dont il est le plus gros Coléoptère. Ce genre se retrouve, comme beaucoup de types orientaux, dans l'Afrique Occidentale. Le genre *Dorcadion,* dont les habitudes sont très différentes de celles des autres Longicornes, puisqu'il vit à terre, se cachant pendant le jour sous les pierres, est caractéristique, comme nous l'avons déjà dit (p. 70), du désert circumméditerranéen, plus particulièrement de sa région septentrionale ou tempérée. Ce genre est remplacé dans le désert Mexicain par *Callopteryx,* dans l'Afrique australe par *Phryssoma,* dans les Pampas de l'Amérique du Sud par *Compsosoma* et dans le désert australien par *Cerægidion.* — La sous-famille des *Prioninæ* est représentée en Australie et dans la Polynésie par le genre *Parandra,* qui habite également l'Amérique et l'Afrique, aux îles Sandwich par *Ægosoma,* de telle sorte que les trois sous-familles sont représentées dans les archipels du Pacifique. Les deux autres, cependant, prédominent à la

Nouvelle-Zélande, les *Cerambycinæ* étant représentés par *Clytus* (genre cosmopolite), *Xuthodes, Didymacantha, Astetholea, Naomorpha,* et les *Lamiinæ,* par des formes plus nombreuses, comme dans toute la Polynésie : *Xyloteles, Somatidia, Zygocera, Hybolasius,* etc. Le G. *Symphyletes* est caractéristique de la région Australienne.

IV

Les Vers de terre (*Lumbricidæ* ou *Oligochètes*) pourraient former, d'après M. E. Perrier, une classe à part tant leur organisation est différente de celle des autres vers. Ils vivent dans la terre humide, partout où la végétation abonde. Darwin a montré le rôle considérable qu'ils jouent dans la formation de la terre végétale et par suite dans l'extension progressive des prairies et des forêts, et il a appelé l'attention sur les singulières *constructions turriformes* que ces animaux bâtissent de leurs déjections. L'auteur de ce livre s'est assuré que ces constructions régulières n'étaient pas spéciales au genre exotique *Perichæta,* et que nos Lombrics indigènes en construisaient d'absolument semblables dans certaines circonstances, particulièrement pendant les longues périodes de pluie[1]. On trouve des Lombrics dans toutes les régions du globe, et le rôle véritablement *géologique* que ces habitudes leur donnent dans l'évolution des continents prête beaucoup d'intérêt à l'étude de leur distribution géographique. Malheureusement cette étude est à peine ébauchée, surtout en ce qui a rapport aux espèces exotiques. D'après les travaux les plus récents, dus surtout aux recherches de M. E. Perrier, cette

---

1. E. Trouessart. *Sur les Constructions turriformes des Vers de terre de France* (Comptes rendus de l'Académie des sciences (1882), 95, p. 739).

distribution est aussi nette que celle des Insectes. Le genre *Lumbricus* domine dans les régions Paléarctique et Néarctique, il se retrouve en Afrique et dans les îles de l'Atlantique, en Australie, au Chili et dans la région Patagonienne. Le genre *Megascolex* (*Perichæta*) est propre à la région Orientale, et s'étend jusqu'aux îles Mascareignes, à la Nouvelle-Guinée, dans la Polynésie jusqu'aux îles Sandwich et dans le sud de l'Australie ; de plus, il habite, avec d'autres genres, toute la région Néotropicale, du Mexique au Chili. Les genres *Tritogenia* et *Geogenia* (Afrique australe), *Moniligaster* (Ceylan), *Perionyx* (Cochinchine), *Digaster* (Indo-Chine et Australie), *Cryptodrilus*, *Didymogaster* (Australie), sont propres à l'ancien Continent. *Rhinodrilus* (Venezuela), *Eudrilus* (Antilles et Brésil), *Urochæta*, *Eurydame* (Panama) sont d'Amérique. *Acanthodrilus*, de même que *Megascolex*, est des deux Continents (Madagascar, Nouvelle-Calédonie, Nouvelle-Zélande, Amérique du Sud), mais pour ce genre, comme pour *Megascolex* et *Lumbricus*, il est à craindre que l'intervention de l'homme n'ait déjà modifié la distribution géographique primitive en transportant ces animaux cachés dans la terre adhérente aux racines de plantes importées d'un continent à l'autre. Dans les contrées intertropicales on trouve des Vers de terre d'une taille gigantesque, et dont le travail doit être en rapport avec les dimensions colossales : plusieurs d'entre eux atteignent 1 m. 50 de long. Tels sont les *Anteus gigas* et *Titanus brasiliensis* du Brésil, le *Microchæta Rappi* de l'Afrique australe, les *Megascolides australis* et *Notoscolex camdenensis* d'Australie, le *Geophagus Darwini* (Keller) de Madagascar et l'*Acanthodrilus* de la Nouvelle-Calédonie. On est surpris de voir que des animaux de cette taille aient échappé, jusque dans ces dernières années, à l'attention des naturalistes.

En résumé, la distribution géographique des Invertébrés diffère surtout de celle des Vertébrés par le peu d'importance de la distinction des continents en Arctogée et Notogée, tandis que la distinction en Paléogée et Néogée conserve toute sa valeur. C'est surtout quand on étudie les Arthropodes, notamment les Insectes, que l'on est frappé de ce fait que la faune entomologique de l'Australie et de la Nouvelle-Zélande diffère beaucoup moins de la faune Européenne que celle-ci ne diffère de celle de l'Afrique ou de l'Asie tropicale, tandis que l'étude des Vertébrés nous montre précisément le contraire. La même faune entomologique s'étend, comme nous l'avons vu, de l'Inde et du sud du Japon jusqu'à la Nouvelle-Guinée, l'Australie, la Polynésie et la Nouvelle-Zélande, et nous verrons, en étudiant la distribution des animaux marins, que ceux-ci présentent la même particularité (faune Indo-Pacifique). En outre, on s'aperçoit que, pour trouver des différences zoogéographiques dans la classe des Insectes, il ne suffit pas, comme pour les Vertébrés, d'étudier les ordres ou les familles, mais qu'il faut arriver jusqu'aux genres et aux espèces, toutes les familles et sous-familles de quelque importance étant cosmopolites. Cela tient, sans doute, à l'ancienneté géologique de ces animaux et à l'influence moindre qu'ont eue sur eux les changements de forme et de climat des continents, par suite de leur plus petite taille et d'un genre de vie très différent.

CHAPITRE VIII

L'étude de la faune des eaux douces est des plus intéressantes et des plus instructives au point de vue de la géographie zoologique. Étroitement bornés, dans leurs migrations, par l'étendue du fleuve ou du lac qu'ils habitent, les Poissons, par exemple, qui sont le type principal des animaux d'eau douce, ne peuvent changer d'habitat que par suite de bouleversements géologiques devenus fort rares à l'époque actuelle. Il n'est pas douteux d'ailleurs que les Poissons et les Crustacées lacustres et fluviatiles tirent leur origine d'espèces marines qui ont été abandonnées par la mer dans les grands lacs, lors du soulèvement des continents, ou qui se sont habituées à remonter les fleuves et à passer peu à peu des eaux saumâtres des estuaires à l'eau douce des rivières. Dans un même bassin, les inondations périodiques rendent les communications faciles d'une rivière à l'autre : il est donc naturel que la faune soit la même dans toute l'étendue d'une même région hydrographique. En outre, M. Sauvage a établi cette loi que la faune d'un grand fleuve est la même de l'embouchure à la source, fait très important, car il explique comment des organismes d'eau douce peuvent émigrer d'une région tropicale dans une région tempérée, comme on le constate par exemple pour le Nil qui, prenant sa source sous l'Equateur, au centre de la Région Ethiopienne, vient se jeter dans la Méditerranée, c'est-à-dire dans la Région Paléarctique. Les migrations d'un bassin à l'autre ne peuvent se faire que dans les régions montagneuses où les sources de deux fleuves coulant dans des directions opposées se trouvent rapprochées, souvent même reliées par des anastomoses collatérales ou souterraines. Ces migrations d'un bassin à l'autre doivent être fort rares, le nombre des organismes qui remontent les cours d'eau des montagnes étant relativement très restreint. — Il en résulte que les animaux d'eau douce sont, toutes choses égales d'ailleurs, les êtres les plus caractéristiques de la contrée qu'ils habitent, au point que M. Th. Gill, a pu dire[1] que « les types d'eau douce sont les meilleurs indices (*the best indicators*) des relations primitives de la Région qui les nourrit à l'époque actuelle ».

I

Les *Amphibiens* ou *Batraciens* sont le seul exemple que l'on connaisse d'une classe entière étroitement attachée aux eaux douces par la nécessité d'y passer toute la première partie de son existence, et d'y revenir à l'âge adulte pour y pondre les œufs d'où sortiront les générations futures. A ce point de vue, l'importance de cette classe en géographie zoologique nous semble supérieure même à celle des poissons d'eau douce. Des expériences directes ont prouvé que l'eau de mer tuait très rapidement les œufs des Batraciens : le transport de ces œufs d'un continent à l'autre doit donc être considéré comme

1. *The Principles of Zoogeography* (*Proceed. Biol. Society of Washington*, II, 1884).

DISTRIBUTION GÉOGRAPHIQUE

DES

Familles des AMPHIBIENS (Batraciens) [1]

D'après BOULENGER

FAMILLES	RÉGIONS					
	ÉTHIOPIENNE	ORIENTALE	AUSTRALIENNE	NÉOTROPICALE	NÉARCTIQUE	PALÉARCTIQUE
Ranidæ	1.2.3.4	1.2.3.4	1. 3.	2.3.	1.2.3.4	1.2.3.4
Dendrobatidæ	4	...	...	2.3.4	...	...
Engystomatidæ	1.2.3.4	1.2.3.4	1.	1.2.3.	2.	...
Discophidæ	4	3.	...	...	...	...
Cystignathidæ	...	...	2.	1.2.3.4	...	...
Dendrophryniscidæ	...	...	...	2.	...	...
Bufonidæ	1.2.3.	1.2.3.4	1.2.3.	1.2.3.4	1.2.3.4	1.2.3.4
Hylidæ	...	3.	1.2.	1.2.3.4	1.2.3.4	1.2.3.4
Pelobatidæ	...	2.3.4	1.	...	1.2.3.	1. 4
Discoglossidæ	...	...	4	...	...	1.2.3.4
Amphignathodontidæ	...	...	...	2.	...	...
Hemiphractidæ	...	...	...	2.	...	...
Dactylethridæ	1.2.3.	...	...	...	...	...
Pipidæ	...	...	...	2.	...	...
Salamandridæ [2]	...	3.	...	2.3.4	1.2.3.4	1.2.3.4
Amphiumidæ	...	...	...	...	3.	3.
Proteidæ	...	...	...	...	3.	4
Sirenidæ	...	...	...	...	2.3.	...
Caeciliadæ [3]	1.2. 4	1.2.3.4	...	1.2.3.	...	...

1. Pour l'explication des numéros, voyez le tableau, p. 174.

2. Ne figurent dans la Région Orientale que pour deux espèces sur la limite de la Région Paléarctique.

3. N'existent pas à Madagascar, mais ont deux espèces aux Seychelles.

presque impossible, ou comme un fait isolé et tout à fait exceptionnel. Les moyens de locomotion dont jouissent les adultes pendant leur vie terrestre sont d'ailleurs très limités, et malgré la variété des habitudes qui les fait distinguer en espèces sauteuses, arboricoles et fouisseuses, l'instinct primitif et le besoin de la reproduction, principal objectif de cette période de leur existence, les empêche de s'éloigner de la vallée et des rives du fleuve qui les a vus naître.

La distribution géographique de ces amphibies paraît soumise aux mêmes lois que celle des Poissons d'eau douce, et diffère complètement de celle des Reptiles, ce qui prouve bien que le mode de reproduction présente ici une importance qui prime tout le reste. M. A. Boulenger, qui s'est occupé tout particulièrement de la distribution géographique des Batraciens, a montré que la division par zones de latitude, proposée par A. Günther pour les Poissons d'eau douce, s'appliquait très bien, sauf quelques modifications de détail, aux Amphibiens.

Il admet d'abord deux grandes zones : la *Zone Septentrionale*, qui comprend les deux régions Paléarctique et Néarctique et qui est caractérisée par la présence simultanée des Anoures (Grenouilles, Crapauds) et des Urodèles (Salamandres) ; et la *Zone Équatoriale Méridionale*, caractérisée par l'absence des Urodèles et la présence simultanée des Anoures et des Apodes (Cécilies). Cette zone méridionale correspond aux zones équatoriale et méridionale de Günther, dont la distinction est nulle quand il s'agit des Batraciens. La zone méridionale est de beaucoup la plus riche des deux, car elle renferme à elle seule les deux tiers des genres et des espèces (cent trente-cinq genres et quatre cent quatre-vingts espèces, au lieu de quarante-cinq genres et cent soixante-dix espèces seulement dans la zone septentrionale). Par suite, cette zone méridionale comporte un plus grand nombre de subdivisions : on y distingue d'abord deux sections : la section des *Firmisternia* qui correspond à la *Faune Cyprinoïde* de Günther et qui comprend les Régions Indienne et Africaine, — et la section des *Arcifera* (*Faune Acyprinoïde* de Günther) qui comprend les Régions Néarctique et Australienne. C'est ce que montre le diagramme suivant :

SCHÉMA DES RÉGIONS HABITÉES PAR LES BATRACIENS.

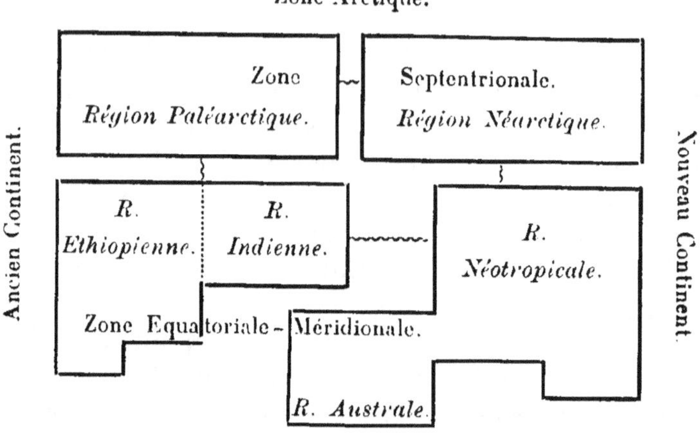

Aucune famille de Batraciens n'est absolument cosmopolite. Dans l'ordre des *Anoures*, les Grenouilles (*Ranidæ*) ont quinze genres propres à l'Ancien Continent et quatre seulement à la région Néotropicale, le genre *Rana* étant cosmopolite, à l'exception des Antilles, de la sous-région Patagonienne, de l'Australie (une seule espèce s'avance jusqu'au cap York) et de la Nouvelle-Zélande. Dans la Polynésie, ce genre est remplacé par le genre *Cornufer* qui ne dépasse pas à l'Est les îles Fidji. Mais cette famille a son maximum de développement dans les Régions Ethiopienne et Indienne, le seul genre *Rana* ayant des représentants dans la zone Septentrionale. La famille voisine des *Dendrobatidæ* est à noter comme ayant deux genres (*Mantella, Stumpffia*) et cinq espèces à Madagascar, bien que le genre type (*Dendro-*

bates), avec sept espèces, soit de la Région Néotropicale. Les *Engystomatidæ* (vingt et un genres) sont des régions Indienne[1] et Néotropicale, avec trois genres à Madagascar et trois sur le continent africain : le genre *Rhinoderma* est de la sous-région Patagonienne. Les *Discophidæ* (sept genres) sont propres à Madagascar, sauf *Caluella* qui est de l'Indo-Chine. Les *Cystignathidæ* constituent une famille nombreuse et à mœurs très variées (vingt-sept genres), propre en commun aux deux régious Néarctique (avec vingt genres) et Australienne (sept genres).

Les Crapauds (*Bufonidæ*), sont cosmopolites, à l'exception de Madagascar et de la Nouvelle-Zélande, mais des huit genres qui composent cette famille, le genre *Bufo* proprement dit est seul largement répandu, notamment dans la zone septentrionale. Il manque en Australie où il est remplacé par les genres *Pseudophryne*, *Notaden* et *Myobatrachus*, et ne compte en Polynésie qu'une seule espèce aux îles Sandwich, probablement introduite, car elle est d'un type néotropical (sous-genre *Chilophryne*). Les quatre autres genres sont propres, deux à la Région Néotropicale, deux à la Région Indienne, l'un de ces derniers (*Nectophryne*) étant seul représenté en Afrique à côté de *Bufo*.

Les Rainettes (*Hylidæ*) ont leur centre de dispersion dans la Région Néotropicale, une seule espèce, notre Rainette verte (*Hyla arborea*) s'étendant jusque dans la Région Paléarctique, tandis que la Région Néarctique possède en outre quelques représentants des genres sud-américains, *Chorophilus* et *Acris*. Les genres *Hyla* et *Hylella* sont en outre représentés en Australie, et ce dernier est commun aux deux régions Australe et Néotropicale. Les Rainettes manquent à l'Afrique, à Madagascar et à la Malaisie où elles semblent représentées

----

1. Lorsqu'il s'agit des Batraciens, la Région Indienne ou Orientale s'étend jusqu'à la Nouvelle-Guinée.

par ces singulières Grenouilles arboricoles à pattes largement tendues (*Rhacophorus*), dont nous avons parlé (p. 95). Les *Pelobatidæ*, dont le centre de dispersion est dans la Région Indienne, ont également quelques représentants dans la Région Paléarctique (*Pelobates*, *Pelodytes*), et dans la Région Néarctique (*Scaphiopus*). Les *Discoglossidæ*, représentés par le *Crapaud accoucheur*, sont très probablement un type en voie d'extinction depuis une longue période géologique, car leur distribution actuelle est des plus singulières : des six espèces connues, cinq habitent la Région Paléarctique et même l'Europe et la France (*Alytes*, *Bombinator*), et la sixième, type du genre *Liopelma*, est le seul batracien que l'on trouve à la Nouvelle-Zélande. — Les *Amphignathodontidæ* et *Hemiphractidæ* sont de la Région Néotropicale.

Les *Dactylethrydæ* n'ont qu'un seul genre très distinct, propre à l'Afrique continentale, et sont remplacés au Brésil et aux Antilles par le curieux *Pipa*, dont la femelle couve ses œufs collés par le mâle sur la peau de son dos.

Si nous passons aux *Urodèles*, nous voyons que les Salamandres (*Salamandridæ*), à l'opposé des Anoures, sont tous de la zone septentrionale des deux Continents, quelques rares espèces s'avançant d'une part jusqu'aux montagnes de l'Indo-Chine, de l'autre jusqu'à l'Amérique Centrale et aux Antilles. Deux seuls genres (*Triton* et *Spelerpes*) sont communs aux deux continents. La sous-famille des *Salamandrinæ* est surtout paléarctique ou même européenne, tandis que les *Amblystomatinæ* sont à la fois néarctiques et de la sous-région Mantchourienne, y compris le Japon. C'est aussi la patrie des *Amphiumidæ* qui renferme les plus gros de tous les Amphibiens : la Salamandre gigantesque des lacs du Japon et de la Mantchourie (*Megalobatrachus* ou *Sieboldia*). Enfin les Protées (fig. 43) (*Proteidæ*) sont communs au sud de l'Europe et à l'Amérique du Nord, et cette dernière est la patrie exclusive des *Sirenidæ*.

Les Batraciens apodes, vermiformes, fouisseurs et aveugles qui constituent la famille des *Cæciliadæ* (fig. 44), sont fort remarquables par leur distribution essentiellement sub-équatoriale et qui contraste avec celle

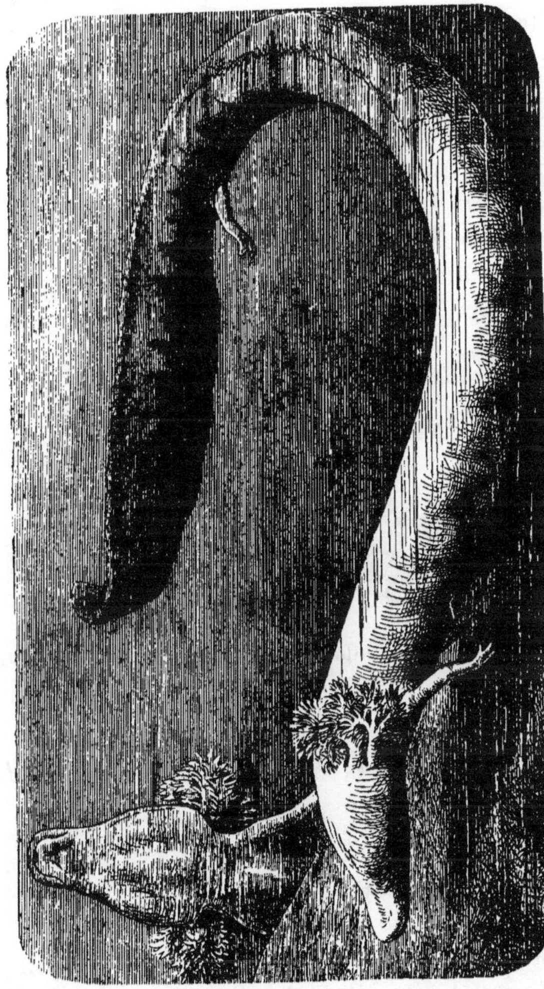

Fig. 43. — Protée aveugle des lacs souterrains de la Carniole (Région Paléarctique) — (1/8 de grand. nat.).

des Urodèles sub-arctiques. Le plus grand nombre des genres (sept sur quatorze) sont de la Région Néotropicale, cinq sont d'Afrique, trois de l'Inde. Deux genres africains (*Hypogeophis* et *Cryptopsophis*) se retrouvent aux îles Seychelles, et le genre américain *Dermophis* possède une espèce sur la côte occidentale d'Afrique.

En résumé, les traits les plus saillants de cette répartition géographique sont l'absence des Salamandres dans la zone méridionale et celle des Cécilies en Australie ; le parallélisme des deux grands groupes (*Firmisternia* et *Arcifera*) qui se remplacent sur les deux continents, rattachant l'Australie à l'Amérique, ces deux dernières contrées étant la patrie des *Hylidæ* et *Cystignathidæ*, (*Arcifera*), tandis que la région Indo-Ethiopienne est plutôt celle des *Ranidæ*, *Engystomatidæ* (*Firmisternia*) ; la présence des *Dendrobatidæ* à la fois en Amérique et à Madagascar ; enfin la localisation sous les tropiques des

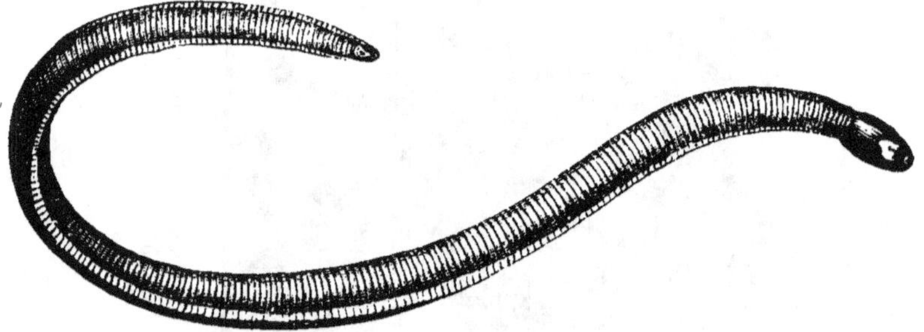

Fig. 44. — Cécilie, amphibien vermiforme, type de la Région Néotropicale. — (1/2 grand. nat.).

types vermiformes (Cécilies), comme c'est aussi le cas pour les types vermiformes et fouisseurs (*Amphisbæ-nidæ*) du groupe des Sauriens.

II.

Pour étudier avec fruit la distribution géographique des *Poissons d'eau douce*, il faut tout d'abord éliminer les familles qui, à l'époque actuelle, possèdent à la fois des types marins, d'eau saumâtre et d'eau douce, ou des espèces ayant l'habitude d'émigrer en passant successivement de la mer aux fleuves et aux rivières, qu'elles

DISTRIBUTION GÉOGRAPHIQUE

DES

Principales familles de POISSONS D'EAU DOUCE [1]

D'après GUNTHER

FAMILLES	RÉGIONS					
	ÉTHIOPIENNE	ORIENTALE	AUSTRALIENNE	NÉOTROPICALE	NÉARCTIQUE	PALÉARCTIQUE
Polycentridæ				2.		
S.-fam. *Nandinæ*		3.4				
Mastacembelidæ	2	3.				4
Opiocephalidæ	1.2.3.	1. 3.4				
Chromidæ	1.2. 4	1.2.		2.3.4		4
Siluridæ	1.2.3.4	1.2.3.4	1.2.3.	1.2.3.4	1.2.3.4	1.2.3.4
Cyprinidæ	1.2.3.	1.2.3.4		3.	1.2.3.4	1.2.3.4
Characidæ	1.2.			2.3.		
Cyprinodontidæ	2.	1. 3.		1.2.3.4	1.2.3.4	4
Umbridæ					3.4	4
Esocidæ					2.3.4	1.2.3.4
Galaxiidæ			2. 4	1.		
Mormyridæ	1.2.					
Salmonidæ					1.2.3.4	1.2.3.4
Haplochitonidæ			2. 4	1.		
Osteoglossidæ	1.2.	4	1.	2.		
Notopteridæ	2.	3.				
Gymnotidæ				2.		
Accipenseridæ					1.2.3.4	1.2.3.4
Polyodontidæ					3.	3.
Polypteridæ	1.2.					
Lepidosteidæ				3 4	1.2.3.4	
Amiidæ					3.4	
Lepidosirenidæ	1.2.		2.	2.		

1. Pour l'explication des numéros, voyez le tableau, p. 174.

remontent souvent fort loin, comme le fait l'Esturgeon. On comprend sans peine que ces familles ne nous apprendraient rien ici, et leur distribution doit être étudiée avec celle des animaux marins. Dans la caractéristique des Régions, Günther retient cependant les types qui se tiennent plus volontiers dans l'eau douce.

Parmi les types qui présentent cette particularité de passer facilement de l'eau salée à l'eau douce, nous citerons les *Percidæ, Gobiidæ, Blenniidæ, Scombresocidæ, Pleuronectidæ, Salmonidæ, Murænidæ, Petromyzontidæ, Trygonidæ* (Raies d'eau douce), *Accipenseridæ*, etc.

Les *Siluridæ* eux-mêmes, qui sont exclusivement d'eau douce, ont quelques espèces qui s'avancent dans la mer et passent d'un continent à l'autre. Il est d'ailleurs indubitable que tous les types d'eau douce descendent d'ancêtres primitivement marins, qui se sont habitués plus ou moins complètement à vivre dans l'eau douce. Les types phytophages sont plus particulièrement dans ce cas.

Günther divise la faune des Poissons d'eau douce en trois grandes zones :

1. La *Zone Septentrionale*, caractérisée par l'abondance des *Cyprinidæ* et la présence des *Esocidæ, Salmonidæ, Accipenseridæ*. Les *Siluridæ* sont en petit nombre. Cette zone comprend deux régions :

a.) La *Région Paléarctique* ou *Européo-Asiatique* est caractérisée par l'absence des Ganoïdes osseux (Lépidostées) et par la présence de nombreux Barbus et *Cobitidæ*.

b.) La *Région Néarctique* ou *Nord-Américaine* est caractérisée par la présence des *Lepidosteidæ*, des *Amiidæ*, des Siluridés de la sous-famille des *Amiurinæ* et des Cyprinidés de celle des *Catostominæ*. Il n'y a ni Barbus ni *Cobitidæ*.

2. La *Zone Équatoriale* est caractérisée par le grand développement des *Siluridæ*. Elle se subdivise en deux sections :

A. La *Section Cyprinoïde* est caractérisée par la présence des *Cyprinidæ* et des Labyrinthicés, et comprend deux régions :

c.) La *Région Indienne*, caractérisée par les *Ophiocephalidæ* et les *Mastacembelidæ* et de nombreux *Cobitidæ*.

d.) La *Région Indienne*, caractérisée par les *Polypteridæ* (Dipnoïques) et par les *Mormyridæ*. Les *Chromidæ* et *Characinidæ* sont nombreux. Pas de *Cobitidæ*.

B. La *Section Acyprinoïde* est caractérisée par l'absence des *Cyprinidæ* et des Labyrinthicés. Elle comprend deux régions.

Schéma des Régions Ichtyologiques d'eau douce.

Zone Arctique (pas de Poissons d'eau douce).

<table>
<tr><td rowspan="3">Ancien Continent.</td><td colspan="2" align="center">Zone</td><td colspan="2" align="center">Septentrionale.</td><td rowspan="3">Nouveau Continent.</td></tr>
<tr><td colspan="2" align="center">Région Paléarctique.</td><td colspan="2" align="center">Région Néarctique.</td></tr>
<tr><td colspan="2" align="center">Zone</td><td colspan="2" align="center">Equatoriale.</td></tr>
<tr><td></td><td align="center">Région Africaine.</td><td align="center">Région Indienne.</td><td align="center">Région Pacifique (ou Australienne)</td><td align="center">Région Néotropicale.</td><td></td></tr>
<tr><td></td><td colspan="2" align="center">Section Cyprinoïde.</td><td colspan="2" align="center">Section Acyprinoïde.</td><td></td></tr>
<tr><td></td><td colspan="2" align="center">Zone et Région Antarctique.</td><td></td><td></td><td></td></tr>
<tr><td></td><td align="center">Sous-R. Tasmanienne.</td><td align="center">Sous-R. Néo-Zélandaise.</td><td align="center">Sous-R. Patagonienne.</td><td></td><td></td></tr>
</table>

e.) La *Région Néotropicale* ou de l'Amérique tropicale, caractérisée par les *Lepidosirenidæ* (Dipnoïques), les *Gymnotidæ*; les *Chromidæ* et *Characinidæ* nombreux comme dans la région précédente.

f.) La *Région du Pacifique tropical* ou *Australienne*, caractérisée par la présence des *Ceratodontidæ* (Dipnoïques), et l'absence de *Chromidæ* et *Characinidæ*.

3. La *Zone Méridionale* ou *Australe*, caractérisée par l'absence des *Cyprinidæ* et la rareté des *Siluridæ*. Les *Haplochitonidæ* et les *Galaxiidæ* remplacent les *Salmo-*

nidæ et les *Esocidæ* de la *Zone Septentrionale*. Une seule région :

g.) La *Région Antarctique*, caractérisée par le petit nombre des espèces d'eau douce et dont les trois sous-régions (Tasmanie, Nouvelle-Zélande, Patagonie), malgré leur éloignement géographique, peuvent être considérées comme ne formant qu'une seule sous-région, si l'on tient compte uniquement des poissons d'eau douce. En effet, ces trois faunes diffèrent moins entre elles que celles de l'Europe et du nord de l'Asie.

Notre diagramme montre à première vue combien la forme des continents a eu peu d'influence sur la distribution des poissons d'eau douce (V. p. 239).

La *Zone équatoriale* a du être le berceau des grandes familles de poissons d'eau douce. Des poissons d'un type très ancien, les Dipnoïques, par exemple, qui datent du Trias, vivent encore dans trois des Régions équatoriales, et les *Osteoglossidæ* se trouvent dans les quatre régions, ce qui fait supposer à Günther que le type des Dipnoïques pourrait bien se retrouver quelque jour dans la Malaisie (R. Indienne), seule partie de la zone équatoriale où il ne soit pas représenté. L'étude des Régions, en commençant par la zone équatoriale, sera plus instructive ici que celle des familles prises séparément.

La *Région Indienne* possède 12 des 39 familles ou sous-familles que Günther considère comme d'eau douce. Les *Cyprinidæ*, et particulièrement les *Cyprininæ*, y ont leur centre de dispersion (200 espèces de ces derniers et plus de 350 pour la famille dans son ensemble). Les *Siluridæ* viennent ensuite avec 200 espèces. Les *Luciocephalidæ, Ophiocephalidæ* et *Mastacembelidæ* sont propres à cette région et les *Osteoglossidæ* sont représentés dans la Malaisie par *Osteoglossum formosum*. La faune de la Mésopotamie et de la Syrie est très intéressante à étudier, notamment dans le lac de Galilée : les eaux douces de cette région possèdent à la fois des formes indiennes (*Ophiocephalidæ, Mastacembelidæ*), africaines

Fig. 45. — Protoptère du Sénégal, poisson d'eau douce de la Région Éthiopienne (1/3 de grand. nat.).

Chromidæ) et paléarctiques, ce qui semble indiquer que le régime des eaux de cette région a subi des changements à une époque relativement récente. M. Hull suppose que les formes spéciales qui sont propres au lac de Galilée datent de l'époque éocène et vivaient alors dans une mer plus vaste.

La *Région Africaine* ou *Éthiopienne* est moins riche que la précédente, surtout numériquement, mais elle possède en propre les *Polypteridæ*, les *Mormyridæ* (avec *Gymnarchus*), les *Kneriidæ* et *Pantodontidæ*, et en commun avec la R. Néarctique les *Chromidæ*, *Characinidæ*, et les *Lepidosirenidæ*, ces derniers représentés par le genre *Protopterus* (fig. 45). Les *Osteoglossidæ* ont le genre *Heterotis* dans le Nil. Les *Cyprinidæ* et *Siluridæ*

Fig. 46. — Lépidosiren paradoxal, poisson dipnoïque de la Région Néotropicale (1 10 de grand. nat.).

sont moins nombreux que dans l'Inde et la Malaisie. Madagascar ne diffère pas sous ce rapport de l'Afrique : en dehors des types d'eau saumâtre, elle ne possède guère que des *Chromidæ*.

La *Région Néotropicale* est plus riche encore, numériquement parlant, que la Région Indienne. Les *Siluridæ* y comptent près de 300 espèces, les *Characinidæ* y remplacent les *Cyprinidæ* et les *Chromidæ*, les Labyrinthicés et *Ophiocephalidæ* ; les Cyprinodontes sont relativement nombreux (60 espèces). Les *Gymnotidæ* et *Polycentridæ* sont propres à cette région : les *Osteoglossidæ* y sont représentés par deux espèces dont la plus remarquable est le gigantesque *Arapaima gigas* (fig. 48, p. 248) (5 mètres de long), qui habite l'Amazone, et les Dipnoïques par le *Lepidosiren paradoxa* (fig. 46).

La *Région Pacifique tropicale*, qui comprend la Nouvelle-Guinée, l'Australie et la Polynésie, n'a qu'une faune d'eau douce assez pauvre (40 espèces environ), par suite de la rareté des *Siluridæ* et des autres familles indiennes, et de l'absence complète des *Cyprinidæ* que rien ne remplace. La ligne de Wallace s'applique très bien aux poissons d'eau douce, car Bornéo possède de nombreux *Cyprinidæ* et Bali en a encore deux, tandis que Lombock, Célèbes et toute la région à l'est de cette ligne (*Section Acyprinoïde*) en est dépourvue. Les *Osteoglossidæ* sont représentés (*Osteoglossum Leicharti*), ainsi que les Dipnoïques (*Ceratodus*). Tout le reste (*Percidæ, Ophiocephalus, Anabas*), provient d'émigrations de la région indienne à travers la mer. Les rares cours d'eau et lacs de la Polynésie ne sont peuplés également que d'espèces d'eau saumâtre ou qui se laissent volontiers entraîner par les courants marins (*Dules, Gobius, Atherinidæ, Anguilla*, etc.). Le genre *Arius*, des *Siluridæ*, est représenté aux îles Sandwich par un type qui se rattache à la faune Néotropicale.

Dans la *Zone Septentrionale*, les Ganoïdes cartilagineux (*Accipenseridæ* ou Esturgeons), les *Salmonidæ, Esocidæ* et *Cyprinidæ* sont communs aux deux continents. Ces derniers, moins nombreux (215 espèces dans l'Eurasie, 135 dans l'Amérique du Nord), peuvent être considérés comme de très anciens immigrants de la riche faune Indienne. La région Néarctique possède en outre plusieurs types très anciens (Ganoïdes) qui manquent à la R. Paléarctique : *Lepidosteidæ* (fig. 47), *Amiidæ*, et de plus les *Hyodontidæ*. Les *Siluridæ* sont plus rares que dans la zone équatoriale, et les *Petromyzontidæ* ne

Fig. 47. — Lépidostée osseux, poisson ganoïde de la Région Néarctique (1 10 de grand. nat.).

se trouvent que dans cette zone et dans la région Antarctique.

Cette dernière, qui forme à elle seule la *Zone Méridionale* ou *Australe* et réunit les eaux douces de la Tasmanie, de la Nouvelle-Zélande et de la Terre-de-Feu (y
compris le sud de la Patagonie), est très pauvre, comme
on devait s'y attendre, mais très bien caractérisée par la
présence des *Galaxiidæ* et des *Haplochitonidæ* dans les
trois sous-régions et nulle part ailleurs. *Galaxias atte-
nuatus* et une espèce de Lamproie (*Petromyzon*) se
retrouvent sur les trois points. Lorsqu'il s'agit des poissons, il n'est pas nécessaire d'avoir recours à l'hypothèse
d'une communication continentale entre ces trois localités si éloignées l'une de l'autre. Il est plus naturel
d'admettre que ces poissons ont pu vivre dans l'eau
douce résultant de la fonte des glaces flottantes entraînées par les courants marins. La présence d'un Salmo-
noïde (*Retropinna*) à la Nouvelle-Zélande prouve simplement que ce type, qui date de la période Crétacée,
ne peut vivre que dans les régions froides ou tempérées
des deux hémisphères. Dans les expéditions arctiques,
on a pêché des saumons (*Salmo arcturus, S. Naresii*),
par 82° de latitude Nord.

III

Les *Mollusques* terrestres et ceux qui habitent les
eaux douces ont, comme nous l'avons dit, un mode de
répartition identique ; il y a donc avantage à les étudier
simultanément. S. P. Woodward et P. Fischer[1] se sont
particulièrement occupés de la distribution géographique
des Mollusques. Le premier conserve les Régions et
sous-régions de Wallace. Fischer admet, pour les Mollusques terrestres et fluviatiles, 7 Zones et 30 Ré-

1. *Manuel de Conchyliologie*, 1887.

gions. Pour rendre plus facile la comparaison avec les divisions adoptées dans ce livre, nous considérerons ces dernières comme de simples sous-régions, et les Zones comme de grandes Régions. Ces zones ou régions portent les noms suivants :

1° Paléarctique, 2° Paléotropicale africaine, 3° Paléotropicale orientale, 4° Australienne, 5° Néantarctique, 6° Néotropicale, 7° Néarctique.

On voit, par le simple énoncé de ces régions, qu'elles forment en réalité seulement 3 zones de latitude, car elles se correspondent deux à deux ou trois à trois dans les deux hémisphères, comme le montre le diagramme suivant :

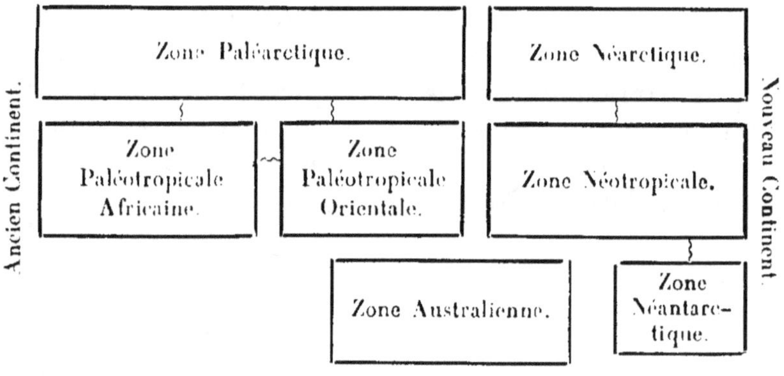

D'ailleurs, à l'exception de la 5ᵉ (Zone Néantarctique) qui comprend la sous-région Patagonienne (ou Chilienne) de Wallace, les autres correspondent parfaitement aux grandes Régions que nous avons adoptées d'après ce dernier. Nous pourrons donc, dans la plupart des cas, conserver les dénominations qui nous sont familières. Le nombre des sous-régions (Régions de Fischer) est seul variable (de 6 à 2), et par suite leurs limites ne cor-

J. B. BAILLIÈRE ET FILS.

Fig. 48. — *Pirarucu* ou Arapaima gig
(1/20

poisson d'eau de la Région Néotropicale
nat.).

respondent pas toujours à celles de Wallace. — On peut
remarquer à ce sujet que l'étude des faunes terrestres
d'Invertébrés a conduit presque toujours les naturalistes
qui s'en sont occupés à établir des Régions zoogéographiques plus nombreuses que pour les Vertébrés (30 régions, d'après Fischer). Cela tient à ce que les différences sont ici plus difficiles à saisir, la plupart des
familles étant cosmopolites, de sorte qu'il faut arriver
aux genres et aux sous-genres, souvent même aux espèces
pour trouver des distinctions suffisamment tranchées.
Or ces genres et sous-genres ont, chez les Mollusques,
comme chez les Insectes, une aire d'habitat beaucoup
moins étendue que les familles des Vertébrés. — Pour les
Mollusques comme pour les Poissons, il convient de
faire des réserves expresses lorsque l'on traite de la
répartition d'un type qui vit à la fois dans l'eau douce,
l'eau saumâtre et l'eau salée, ou d'une famille naturelle
qui possède des représentants à la fois dans ces trois
genres d'habitat.

Le type par excellence des Mollusques terrestres est
constitué, au moins dans notre pays, par les Limaçons
(*Helix*) qui constituent aujourd'hui une vaste famille
(*Helicidæ*), absolument cosmopolite, sauf aux îles
Sandwich où ils sont remplacés par des Gastropodes à
coquille plus allongée et conique, constituant la famille
des Achatinelles (*Helicteridæ*) propre à cet archipel. Le
grand genre *Helix*, riche aujourd'hui de plus de 3,400
espèces, a été subdivisé en un grand nombre de sous-
genres qui caractérisent généralement une région ou
sous-région géographique. Nous citerons les principaux :
Helix (ou *Cochlea*), *Helicella*, *Anchistoma* sont d'Europe et à peu près cosmopolites ; *Calcarina* est de la sous-
région méditerranéenne ; *Punctum* d'Europe et d'Amérique ; *Sagda*, *Polymita*, des Antilles ; *Helicogena*,
Caracolus, *Solaropsis*, de la région Néarctique ; *Acavus*
de Ceylan ; *Cochlostylus* des Philippines avec une espèce
à Madagascar ; *Geotrochus* de la Papouasie ; *Helico-*

phanta d'Australie et de Madagascar ; *Obba* de Polynésie ; *Patula* (d'ailleurs cosmopolite) est un des types qui s'étendent dans la Polynésie. Des autres genres d'*Helicidæ*, *Arion* est Paléarctique, *Oopelta* de l'Afrique Occidentale ; *Ariolimax*, Néarctique (versant du Pacifique) ; *Geomalacus*, d'Europe et d'Algérie ; *Anadenus*, Indien ; *Prophysaon*, Néarctique ; *Cryptostracon*, de Costa Rica ; tous ces genres sont comme *Arion* des Limaces nues ou à coquille rudimentaire. *Bulimus* représente les limaçons dans la R. Néotropicale, et *Rhodea* est du même pays. Les *Limax* et *Testacella* sont surtout paléarctiques.

Dans la région circum-méditerranéenne asiatique (steppes du Turkestan) on constate la présence de types terrestres indiens (*Nanina* ou *Macrochlamys*) au milieu d'une faune en majorité spéciale et de mollusques fluviatiles européens. Le sud du Japon (qui se rattache, nous l'avons dit, à la faune Indienne) nourrit des *Clausilia* d'une taille gigantesque. Le g. *Craspedopoma* (des *Cyclophoridæ*) est caractéristique des iles Atlantiques (Açores, Madère, Canaries).

L'Afrique équatoriale est caractérisée par de grandes Achatines (*Achatina*) (fig. 49), avec les genres *Limicolaria, Ennea, Lanistes, Etheria, Fridina, Spatha.* — *Cyclophorus* (genre surtout indien) se retrouve sur la côte Occidentale. Les *Helix*, rares sous les tropiques, sont au contraire abondants dans l'Afrique australe (*Pella, Dorcasia*), avec le genre *Erope*.

Madagascar est caractérisée par la prédominance des *Cyclostomidæ*, qui ont dans cette ile leur centre de dispersion. *Cochlostylus* rattache sa faune à celle des Philippines.

La région Indienne est riche en *Buliminus, Cyclophorus, Nanina, Diplommatina, Ampullaria*, etc., dont les coquilles aux couleurs variées atteignent souvent une grande taille. Les Limaces nues sont remplacées par des *Vaginulidæ*. La Malaisie, riche en espèces de *Nanina*, est le centre du genre *Amphidromus* (*Bulimulidæ*). Les Philippines possèdent une faune, très riche en belles coquilles, comparable à celle des Antilles (*Nanina, Rhysota, Helicarion, Cochlostylus,* des *Auriculidæ,* etc.).

Fig. 49. — Achatine (*Limicolaria*) kambeul, mollusque de la Région Éthiopienne (grand. nat.)

La Nouvelle-Guinée est aussi très riche : *Geotrochus, Chloritis, Papuina, Perrieria, Leucoptychia, Leptopoma,* etc. Les *Placostylus* et *Partula* commencent à se montrer aux îles Salomon. Le continent Australien possède des *Helix* (sous-genre *Xanthomelon, Geotrochus*), surtout abondants dans le nord (*Panda, Trochomorpha*), un *Leptopoma*, etc. Dans le sud, le genre à faciès austral *Athoracophorus*, qui remplace nos Limaces, relie cette région à la Nouvelle-Zélande et à la Nouvelle-Calédonie. Dans cette dernière île, dont la faune est relativement très riche, les genres *Rhytida, Diplomphalus, Placostylus, Heterocyclus, Cyclophorus* sont les plus caractéristiques. Dans le reste de la Polynésie, le genre *Partula* est seul représenté avec quelques *Patula, Trochomorpha, Nanina, Diplommatina*, etc., de petite taille. Les Sandwich font exception, comme nous l'avons dit, par leur faune toute spéciale : sur 400 espèces, 288 sont des *Achatinella* (*Helicteridæ*) qui vivent sur les arbres à la manière de nos limaçons; les genres *Carelia* (7 espèces) et *Auriculella* (18 espèces) sont également propres à cet archipel. — La Nouvelle-Zélande se rattache à l'Australie par les genres *Paryphanta, Athoracophorus, Rhytida*, à la Nouvelle-Calédonie par *Placostylus, Melanopsis*, à l'Europe par *Daudebardia*, et le singulier genre *Latia*, voisin des *Ancylus*, lui est propre.

La Région Patagonienne est très pauvre en Mollusques terrestres : les types d'eau douce prédominent : les genres *Odontostomus, Chilina, Monocondylus, Leila, Azara* sont caractéristiques. Les Bulimes (*Bulimus* et *Bulimulus*) sont surtout abondants au Chili, au Pérou et aux îles Gallapagos; ceux de cet archipel constituent le sous-genre *Nesiotes*.

Si nous passons à la Région Néotropicale, nous trouvons d'abord aux Antilles une faune terrestre que l'on peut considérer comme la plus riche du monde, ce qui tient sans doute à l'humidité de la plupart de ces îles, où la chute annuelle de la pluie dépasse 2 m. 50, jointe à une température moyenne qui varie de 15° à 25°. Les Pulmonés operculés prédominent (*Geomelania, Chittya, Jamaicia, Licina, Choanopoma, Ctenopoma,*

Diplopoma, Stoastoma, Lucidella), et ce type forme la moitié de la faune malacologique de la Jamaïque et de Cuba. Kobelt remarque que cette faune ressemble beaucoup à celle de l'Europe à l'époque miocène.

La faune Néotropicale, telle qu'elle se montre dans la sous-région Brésilienne, est caractérisée par l'abondance des *Bulimulidæ* qui remplacent presque complètement les *Helix*. Les genres *Macrodontes, Odontotosmus, Streptaxis, Anostoma*, etc., sont les plus caractéristiques. Dans la région Néarctique, au contraire, les *Helicidæ* prédominent comme en Europe.

La faune des Gastropodes et Pelécypodes d'eau douce est tellement uniforme, d'une région à l'autre, qu'il est à peu près impossible d'y établir des sections géographiques analogues à celles qui servent de guide pour les Gastropodes terrestres. Les grandes *Ampullaridæ* sont surtout des régions tropicales des deux continents, mais les *Hydrobiidæ, Limnæidæ, Paludinidæ, Melaniidæ, Neritidæ*, sont cosmopolites, et ces deux dernières familles sont représentées jusque dans la Polynésie. Les *Melaniidæ* néarctiques forment un groupe à part sous le nom de *Strepomatidæ*. — Les grands Pélécypodes (Bivalves) constituant la famille des *Unionidæ* (*Unio* et *Anodonta*) ont un développement considérable dans les grands lacs et les fleuves de la Région Néarctique qui possède à elle seule les trois quarts des espèces : la Région Indo-Chinoise vient ensuite, puis la Région Néotropicale, et l'Europe a le dernier rang, avec seulement 10 espèces. Cette famille manque aux Philippines et dans la Polynésie, mais se retrouve à la Nouvelle-Zélande. La famille voisine des *Ætheriidæ* est propre à la zone tropicale de l'Afrique et de l'Amérique du Sud. Les *Cyrenidæ* sont Indiennes, Africaines, Néarctiques et Polynésiennes. Le cosmopolitisme de tous ces types est la conséquence de leur antique origine.

IV

Les *Crustacés d'eau douce* les plus remarquables son
les Ecrevisses (*Astacidæ*), famille qui renferme à la fois
des types marins (*Homarus, Nephrops*) et d'eau douce
(*Astacus*). Les Ecrevisses fluviatiles ne se trouvent que
dans les régions tempérées du globe et peuvent être
réparties en deux sous-familles : les *Astacinæ* (ou *Pota-
mobiidæ* des auteurs) qui sont de l'hémisphère boréal et
les *Parastacinæ* qui sont de l'hémisphère austral. Le
genre *Astacus*, qui renferme nos Ecrevisses d'Europe,
s'étend sur une grande partie de la région Paléarctique
et se retrouve dans le bassin de l'Amour et au Japon. Il
n'y a d'Ecrevisses ni dans la région Africaine, ni dans la
région Indienne, mais le genre *Astacus* se retrouve de
l'autre côté du Pacifique, sur le versant occidental des
Montagnes Rocheuses, de l'Orégon à la Californie. Le
reste de la région Néarctique est habité par le genre
Cambarus, qui pénètre dans la région Néotropicale,
s'étendant des Grands Lacs au Guatémala. Les *Parastacinæ* sont surtout abondants en Australie, où certains
Parastacus atteignent, sans quitter l'eau douce, la taille
de nos Homards. *Engæus* vit en Tasmanie et *Paranephrops*
à la Nouvelle-Zélande et aux îles Fidji. Le genre *Parastacus* se retrouve au Chili et dans le sud du Brésil.
Enfin, le genre *Astacoïdes* représente *Parastacus* dans
le sud de Madagascar. La distribution singulière, disjointe,
en quelque sorte, de ce type, s'explique par son origine
ancienne, que l'on peut faire remonter aux genres fossiles
Pseudastacus, Eryma (Jurassique d'Europe), types qui
avaient probablement une dispersion très étendue dans
les mers de cette époque.

Par opposition aux Ecrevisses, les *Telphusidæ* ou
Crabes d'eau douce sont surtout communs dans les
régions intertropicales des deux continents. Une seule

espèce de *Telphusa* vit dans le sud de l'Europe (sous-région Méditerranéenne). Les genres *Telphusa* et *Para-telphusa* sont de l'Ancien Continent, et le premier vit à Madagascar, avec un genre spécial (*Hydrotelphusa*, M.-Edw.). Les genres *Boscia* et *Epiloboceras* sont au contraire du Nouveau Continent. Les espèces de chacun de ces genres ont, d'ailleurs, un habitat très restreint. — L'ensemble de ce court aperçu des régions carcinologiques d'eau douce prouve que la subdivision du globe en Paléogée et Néogée s'applique mieux, à l'époque actuelle, aux faunes tropicales et la subdivision en Arctogée et Notogée aux faunes des régions froides ou tempérées.

CHAPITRE IX

Distribution géographique des Animaux pourvus d'ailes ou aériens.
Chiroptères, Oiseaux, Insectes (Lépidoptères, etc.).

Les Animaux ailés possèdent des moyens de locomotion exceptionnels et qui permettent *à quelques-uns
d'entre eux* de passer d'un Continent dans l'autre. On
aurait tort, en effet, de généraliser sous ce rapport, et
nous verrons que, dans toutes les classes, à côté d'espèces
voyageuses et largement répandues, il en existe d'autres
qui sont, en réalité, presque aussi sédentaires que les
espèces terrestres. Le Moineau (*Passer domesticus*), par
exemple, n'a pas les mêmes moyens de locomotion que
l'Hirondelle ou le Pigeon : aussi a-t-il d'autres habitudes
et un habitat beaucoup plus restreint. De même, la
plupart des Papillons nocturnes ou crépusculaires paraissent avoir un habitat moins étendu que les Papillons
diurnes. Il n'en est pas moins vrai que la possession
d'ailes assure à ces animaux une supériorité marquée sur
les animaux terrestres, supériorité qui doit leur permettre,
dans certaines circonstances, de survivre à l'extinction de
toute une faune. Dans la catastrophe de Krakatoa, par
exemple, on conçoit facilement que la plupart des
Oiseaux et des Insectes pourvus d'ailes aient pu gagner
les îles voisines, éloignées seulement de quelques kilomètres, tandis que les animaux terrestres ont dû presque
tous périr. C'est ce qui explique pourquoi les archipels
de l'Océanie ne sont peuplés que d'Oiseaux et de Chauves-

Souris, dont plusieurs cependant appartiennent à des types particuliers et que l'on ne retrouve nulle part. Ce sont les derniers survivants d'une faune Polynésienne dont nous ne possédons plus que des lambeaux dispersés.

I

Les Chauves-Souris ou *Chiroptères* ont des ailes autrement conformées que celles des Oiseaux, mais tout aussi vigoureuses et capables de soutenir un vol prolongé. Les grandes Roussettes de l'Inde (*Pteropus medius*) exécutent par bandes, en une seule nuit, des voyages de dix à douze lieues, sans se reposer, à la recherche des fruits mûrs dont elles se nourrissent. Une espèce plus petite, *Cynonicteris amplexicaudata*), qui vient dévaster la nuit les vergers du Népaul, disparaît avant le jour, et l'on a constaté qu'elle faisait ainsi douze à dix-huit lieues d'une seule traite et autant au retour, en une seule nuit, pour se procurer sa nourriture.

On trouve des Chauves-Souris dans toutes les régions et même dans la plupart des îles : les localités où elles n'ont pas encore été signalées sont intéressantes à connaître : ce sont l'Islande, l'île Sainte-Hélène, celle de Kerguelen, et les archipels les plus reculés de la Polynésie, les îles Basses et les Marquises. Elles paraissent aussi manquer aux îles Gallapagos, dont Darwin a constaté la pénurie en insectes pouvant servir à leur nourriture. D'ailleurs quatre seulement des six familles qui composent l'ordre des Chiroptères s'étendent dans la Polynésie (*Pteropodidæ, Rhinolophidæ, Emballonuridæ, Vespertilionidæ*), et ces deux dernières jusqu'à la Nouvelle-Zélande. Les Roussettes (*Pteropodidæ*) sont représentées, comme nous l'avons vu, à l'île Christmas et plus au sud jusqu'à Tonga ; le *Phyllorhina speoris* représente les *Rhinolophidæ* à Tahiti, et la *Mystacina tuberculata* les *Emballonuridæ* à la Nouvelle-Zélande. Mais c'est la famille des *Vespertilionidæ* qui présente la plus vaste extension, car elle est répandue du Nord au Sud sur les deux continents, et se trouve dans la Polynésie et à la Nouvelle-Zélande (genre *Chalinolobus*), c'est-à-dire partout où l'on trouve des Chauves-Souris. Sous ce rapport elle semble représenter à la fois les Rats et les Musaraignes des Mammifères terrestres, différant de ceux-ci par l'impossibilité absolue où l'on se trouve d'établir des types génériques ou sub-génériques pour les Vespertilions d'Amérique. Sur l'Ancien Continent, le genre *Miniopterus* s'étend de l'Espagne et du sud de la France aux îles Loyalty dans la Polynésie et à l'Afrique australe avec Madagascar. Les autres familles ont un habitat plus restreint : les *Pteropodidæ*, *Nycteridæ*, *Rhinolophidæ* sont de l'Ancien Continent, représentés dans la région Néotropicale par l'unique famille des *Phyllostomidæ*, à la fois frugivores, insectivores et même carnivores. Les *Vespertilionidæ* et *Emballonuridæ* sont seuls communs aux deux continents. Les *Pteropodidæ* frugivores, qui sont les plus grands de tous les Chiroptères ont, sous la zone équatoriale de l'Ancien Continent, une dispersion que G.-E. Dobson compare à celle des Lémuriens, mais qui dépasse celle-ci dans tous les sens : le centre de dispersion des Roussettes est dans la Malaisie, d'où elles ont colonisé toutes les îles et tous les continents du pourtour de l'Océan Indien s'étendant à l'Ouest jusqu'à l'Afrique occidentale, au Nord jusqu'à la Syrie et l'île de Chypre, à l'Est jusqu'au centre de la Polynésie, au Sud jusqu'à la Nouvelle-Hollande, Madagascar et l'Afrique australe [1]. — Quant aux voyages périodiques que feraient certaines espèces insectivores, à l'exemple des Hirondelles, le fait demande à être confirmé par de nouvelles observations.

---

1. Pour plus de détails sur ce sujet, voyez: E. Trouessart, *La Distribution géographique des Chiroptères* (*Annales des Sciences naturelles*, Zoologie. 1879, t. VIII).

II

Les *Oiseaux*, qui sont le type le plus parfait des animaux ailés et migrateurs, sont cependant très inégale-
ment doués sous le rapport des moyens de locomotion.
Si l'on compare sous ce rapport les *Falconidæ* aux
Vulturidæ, les *Hirundinidæ* aux *Fringillidæ*, les *Columbidæ* aux *Phasianidæ*, on a, d'une part, des familles très
largement réparties sur le globe et dont les représentants
ont des ailes puissantes, un vol soutenu ; de l'autre, des
familles dont l'habitat est plus borné, ce qui s'accorde
avec des ailes plus faibles et dont les oiseaux qui en
sont pourvus se servent plus rarement. En général, on
peut dire que les ordres des Rapaces, des Pigeons, des
Échassiers et des Palmipèdes renferment des types d'une
vaste extension, très souvent migrateurs et par suite
cosmopolites, tandis que les Gallinacés et la plupart des
Passereaux renferment des familles dont la distribution
géographique est comparable à celle des Mammifères et
des Reptiles terrestres. Parmi les Passereaux, les *Hirundinidæ* et les *Cypselidæ* font seuls exception sous ce
rapport et ces deux familles sont célèbres par les migrations qu'elles accomplissent régulièrement chaque année.
Ces migrations, d'ailleurs, s'effectuent d'ordinaire suivant le sens du méridien, c'est-à-dire du Nord au Sud et
réciproquement, ou sont *circulaires*, l'oiseau suivant
dans son voyage une sorte d'ellipse allongée, sans passer
d'un hémisphère dans l'autre. Le passage d'une espèce
d'un continent à l'autre, spécialement à travers l'Atlantique, est beaucoup plus exceptionnel et doit être rangé
parmi les migrations accidentelles provoquées par les
ouragans qui jettent les Oiseaux hors de leur route
habituelle [1]. D'ailleurs, beaucoup de types, assez mal

1. L'influence des vents réguliers sur la direction des mi-

doués sous le rapport du vol, émigrent sur une petite échelle, sans dépasser d'étroites limites, passant, suivant les saisons, des forêts aux plaines et des plaines aux montagnes, comme on en pourrait citer de nombreux exemples sans quitter notre pays.

Les causes des migrations des Hirondelles et des Oiseaux insectivores ont depuis longtemps attiré l'attention des naturalistes. Le fait que les espèces granivores n'émigrent pas suffit à prouver que la poursuite des insectes qui forment la nourriture des autres est la principale cause de ces voyages. Lorsque le froid de l'hiver fait disparaître les insectes en Europe et dans tout le nord de la région Paléarctique, la saison pluvieuse, qui est le seul hiver de l'Afrique intertropicale et de l'Inde, favorise le développement de la faune entomologique et attire les Oiseaux insectivores. Mais ceux-ci retournent au printemps vers le Nord pour y bâtir leurs nids et élever les petits sous un climat plus tempéré.

Le Chanoine H. B. Tristam, dans un Mémoire dont nous avons déjà parlé [1], a pris ce fait pour point de départ d'une théorie sur l'*Origine Polaire de la Vie* et des Oiseaux en particulier. La véritable patrie d'un Oiseau est le point du globe où il se reproduit ; or, la plupart des Oiseaux migrateurs reviennent vers le Nord pour pondre leurs œufs et élever leurs petits. Tristam en conclut que les régions les plus rapprochées du pôle Nord ont été le berceau de la plupart des types ornithologiques qui peuplent actuellement toutes les régions du globe. On sait, d'ailleurs, par les recherches de la Paléontologie, que la température des régions circumpolaires était, à l'époque Tertiaire, beaucoup plus élevée que de nos jours. Une flore et une faune entomologique relativement florissantes ont laissé leurs débris au

grations des Oiseaux et des Insectes n'a pas encore été suffisamment étudiée.

1. Voyez page 28.

Groënland dans les couches miocènes, aujourd'hui recou-
vertes de glace et de neige d'un bout de l'année à l'autre.
L'abaissement de température qui s'est produit ensuite
dans ces régions boréales a été la cause de ces migrations que nous voyons s'accomplir chaque année, et qui
ramènent au printemps vers le pôle tant de Palmipèdes
et d'Echassiers, qui ne sont dans notre pays que des
oiseaux de passage. Tristam est d'avis que la très grande
majorité des types de familles actuelles sont originaires
du pôle Nord, les familles considérées comme propres
aux régions équatoriales étant celles qui ont émigré les
premières, parce qu'elles étaient plus sensibles au froid,
et qui se sont acclimatées dans la zone intertropicale, au
point d'en faire une seconde patrie et d'y élever
leurs petits. D'après Tristam, le Pôle Sud a eu peu de
part dans le peuplement du globe : les Manchots (*Spheniscidæ*) et les Becs-en-fourreau (*Chionidæ* et *Thinocoridæ*) sont les seuls types qu'il admet comme ayant
incontestablement une origine antarctique. Nous avons
montré cependant[1], d'après les recherches de M. A.
Milne Edwards, que cette liste devait être notablement
allongée, à moins d'admettre au préalable une première
et très ancienne migration d'un pôle à l'autre. D'ailleurs,
sous les tropiques mêmes, on rencontre un certain
nombre d'oiseaux de mer qui n'appartiennent de préférence à aucune région continentale et sont caractéristiques, à l'époque actuelle, de la zone intertropicale des
deux hémisphères : tels sont les *Phaetonidæ*, les *Plo-
tidæ*, les *Rhynchopsidæ* et les *Tachypetidæ*, c'est-à-dire
les Paille-en-queue, les Anhingas, les Becs-en-ciseau et
les Frégates. Enfin les grands Oiseaux coureurs (Autruches) semblent aussi originaires de l'hémisphère
austral. Il est donc difficile, dans l'état actuel de la
science, de nier l'existence d'une faune ornithologique
antarctique et même d'une faune tropicale, indépendantes

1. Voyez chap. II, page 44.

de la faune d'origine arctique, quelle que soit la prépondérance numérique de celle-ci. D'ailleurs certains types de la zone intertropicale continentale, les Perroquets et les Oiseaux-Mouches par exemple, sont beaucoup plus répandus vers le Sud, ou s'étendent beaucoup plus loin, dans leurs migrations, vers le pôle austral que vers le pôle boréal. Les Perroquets sont encore assez nombreux à la Nouvelle-Zélande et aux îles Auckland et Macquarie (*Cyanoramphus*), par 55° de lat. australe, et le *Conurus cyanolyseus* se montre, sous la même latitude, à la Terre-de-Feu, tandis que dans le Nord aucune espèce n'atteint même le 10° de lat. boréale (*Palæornis derbyanus*, dans le nord du Thibet, et *Conurus carolinensis* dans le sud des États-Unis). On a fait la même remarque pour les *Trochilidæ*. Ces latitudes cependant correspondent dans l'hémisphère austral à la ligne isotherme de 5° centigrades, tandis que dans le Nord elles représentent une température moyenne de 15°.

Quoi qu'il en soit, Tristam admet trois lignes principales de migrations qu'auraient suivies les Oiseaux partis du pôle Nord pour se répandre sur le globe : ces trois grandes routes correspondent aux rives de l'Asie orientale, sur le versant du Pacifique, aux rives de l'Europe Occidentale et à celles de l'Amérique Orientale, sur les deux versants de l'Atlantique. L'exemple qu'il cite de ce mode de distribution est d'ailleurs bien choisi et tout à fait démonstratif : les Pics (*Picidæ*), en effet, ont leur centre de dispersion dans les forêts du nord des deux Continents, d'où ils se sont propagés peu à peu vers le Sud ; mais ils manquent totalement à Madagascar (malgré l'abondance des forêts) et dans toute la Région Australienne, y compris la Nouvelle-Guinée, leurs derniers représentants s'arrêtant, dans la Malaisie, à Bali, sur la limite de la ligne de Wallace, tandis qu'en Amérique ils ont pénétré jusqu'en Patagonie. Il est difficile d'expliquer cette distribution autrement qu'en admettant, avec Tristam, que ce type des Pics a rayonné des régions circumpolaires, sa patrie d'origine, sur le reste du globe, en suivant les continents et n'a pu atteindre la zone Australo-Malgache, dont un vaste Océan, la mer des Indes, la séparait. Les Hirondelles doivent aussi avoir une origine boréale, car toutes les espèces migratrices vont nicher plus au Nord ; aucune espèce ne se dirige vers le Sud pour vaquer aux soins de la reproduction.

Sclater a, le premier, cherché à tracer les limites des grandes régions ornithologiques du globe. Les divisions établies par lui, en 1858, sont à peu de chose près celles adoptées par Wallace, en 1876, et que nous avons reproduites dans le présent ouvrage. Sclater insiste sur la division en *Paléogée* et *Néogée*, qui s'applique surtout à l'étude des familles du grand ordre des Passereaux, et fait concorder la répartition géographique de cet ordre avec celle des Sauriens. On peut établir le parallélisme suivant entre un certain nombre de familles qui se remplacent et se représentent *plus ou moins exactement* dans la faune des deux continents :

PALÉOGÉE.	NÉOGÉE.
1. *Conuridæ.*	1. *Platycercidæ.*
2. *Ramphastidæ.*	2. *Bucerotidæ.*
3. *Trochilidæ.*	3. *Nectarinidæ.*
4. *Tyrannidæ.*	4. *Muscicapidæ.*
5. *Icteridæ.*	5. *Oriolidæ.*
6. *Tanagridæ.*	6. *Ploceidæ.*
7. *Sylvicolidæ* (ou *Mnio-tiltidæ*).	7. *Sylviidæ.*
8. *Formicaridæ.*	8. *Timaliidæ.*

et les sous-familles suivantes :

9. *Sarcoramphinæ.*	9. *Vulturinæ.*
10. *Meleagrinæ.*	10. *Pavoninæ.*
11. *Odontophorinæ.*	11. *Perdicinæ.*

Par contre, mettant à part les Palmipèdes et les Echassiers, les familles suivantes peuvent être considérées comme cosmopolites, c'est-à-dire représentées dans toutes les régions zoologiques :

Columbidæ, Falconidæ, Strigidæ, Cuculidæ, Alcedinidæ, Caprimulgidæ, Cypselidæ, Hirundinidæ, Corvidæ, Motacillidæ, Alaudidæ, Paridæ, Turdidæ. Les *Fringillidæ* le sont aussi en y comprenant les *Ploceidæ* (ou *Spermestidæ*) qui en diffèrent si peu et les remplacent dans le sud de l'Ancien Continent, notamment à Madagascar et dans la Région Australienne.

Tout récemment, le Dr A. Reichenow a proposé[1] une nouvelle division du globe par zones ornithologiques qui diffère sensiblement de celle de Sclater et Wallace. Il admet 6 zones qui se subdivisent en régions de la manière suivante :

1. *Zone Arctique*, bornée au Sud par la ligne septentrionale des forêts qui coïncide avec celle du genre Tétras (*Tetrao*).

2. *Zone Occidentale*, comprenant toute l'Amérique au sud de cette ligne jusqu'au Cap Horn et aux îles Falkland, avec les groupes d'îles qui en dépendent, notamment les Gallapagos et Tristan d'Acunha. Cette zone renferme deux régions :

a. Région Occidentale tempérée : l'Amérique du Nord jusqu'au nord du Mexique, comprenant la Californie, mais non le sud de la Floride à partir du 28° de lat. nord ;

b. Région Sud-Américaine : l'Amérique Centrale et Méridionale avec le sud de la Floride, les Antilles, les Falkland, les Gallapagos et Tristan d'Acunha.

3. *Zone Orientale*, comprenant l'Eurasie avec la Malaisie (non compris Célèbes, Lombok, Sumbawa et les îles au Sud-Est), l'Afrique jusqu'à Sainte-Hélène et les

---

1. *Die Zoogeographischer Regionen vom Ornithologischen Standpunkt* (*Zool. Jahrbuch,* III. Abtheil I, Systemat., 1887, avec une carte).

îles de l'Atlantique y compris l'Islande. Cette zone se subdivise en 3 régions :

a. *Région Orientale tempérée :* l'Europe avec les îles Atlantiques, l'Afrique à l'Ouest jusqu'au Sénégal, à l'Est jusqu'au 15°, l'Arabie sauf ses côtes méridionales, l'Asie jusqu'aux chaînes de montagnes au sud du Yang-tse-Kiang, l'Himalaya et les montagnes à l'ouest de la vallée de l'Indus, enfin le Japon ;

b. *Région Ethiopienne :* l'Afrique au sud du 15°, les côtes méridionales de l'Arabie, Socotora, Zanzibar, les îles Occidentales et Sainte-Hélène ;

c.) *Région Malaise :* l'Inde et le sud de la Chine, les îles de la Sonde, à l'Est jusqu'à Bornéo, Java, Formose, les Philippines et les îles Chagos [1].

4. *Zone Australe,* comprenant l'Australie avec la Nouvelle-Guinée, la Polynésie, la Nouvelle-Zélande avec les îles Auckland et Macquarie, et s'étendant au Nord-Ouest jusqu'à Célèbes et Lombok qui en font partie. Deux régions :

a.) *Région Australienne,* pour l'Australie, la Nouvelle-Guinée et la Polynésie.

b.) *Région Néo-zélandaise,* pour la Nouvelle-Zélande, et les îles qui en dépendent, plus Norfolk et l'île de Lord Howe.

5. *Zone Malgache,* comprenant Madagascar, les îles Mascareignes, les Comores et les Seychelles.

6. *Zone Antarctique,* comprenant les îles autour du pôle Sud : Géorgie du Sud, îles du Prince-Edouard, Crozet, Kerguelen, Macdonald, Saint-Paul, Amsterdam.

Le diagramme suivant est dressé d'après la carte où le Dr Reichenow figure ces six zones ornithologiques :

---

1. Groupe d'îles situé au milieu de la mer des Indes, au nord de l'île Maurice et à égale distance des Maldives et des Seychelles avec lesquelles elles forment un triangle.

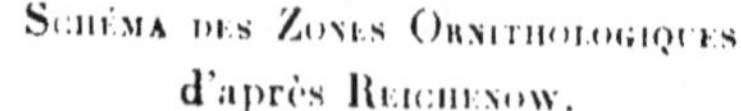

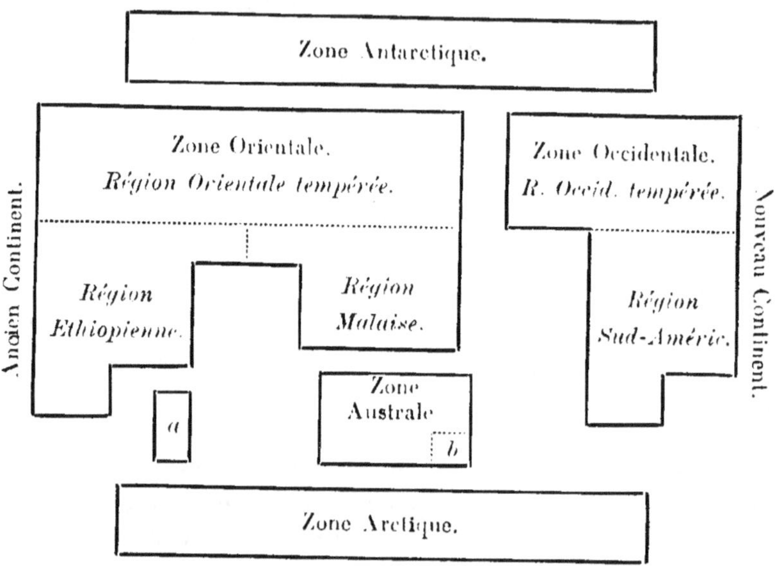

a. Zone Malgache; b. Région Néo-Zélandaise.

On voit que ces divisions diffèrent tout d'abord de celles de Sclater et Wallace par l'admission des deux Zones Arctique et Antarctique, que nous avons également admises dans cet ouvrage. Les deux grandes divisions primaires qui viennent ensuite (Zone Orientale et Zone Occidentale) correspondent à la Paléogée et à la Néogée de Sclater, et Reichenow insiste sur ce fait que, par suite des migrations annuelles des Oiseaux, la faune Paléarctique Occidentale (Europe) n'est qu'une dépendance de la Région Ethiopienne, de même que la faune Paléarctique Orientale (Asie) n'est qu'une dépendance de la Région Malaise, qui correspond à la Région Orientale ou Indienne de Wallace; de même la faune Néarctique est dans des conditions identiques par rapport à la Région Néotropicale ou Sud-Américaine. La Zone Australe correspond parfaitement à la Région Australienne de Wallace, mais la sous-région Malgache de ce dernier

est élevée par Reichenow au rang de Région et même de
zone.

Cette *Zone Malgache*, en effet, ne possède pas moins de
cinq familles ou sous-familles qui lui sont propres: *Mesi-
tidæ, Dididæ* (éteints), *Atelornithidæ, Leptosominæ,
Eurycerotinæ.*

La *Zone Australe* est plus riche, car elle possède en

Fig. 50. — Paradisier rouge, type de la Région Australienne
(Nouvelle-Guinée) (1/8 de grand. nat.)

propre treize familles ou sous-familles : *Dromæidæ,
Apterygidæ* (fig. 30), *Didunculidæ, Strygopidæ* (fig. 29),
*Plyctolophidæ, Platycercidæ, Micropsittacidæ, Tricho-
glossidæ, Formicariinæ, Menuridæ* (fig. 51), *Gymno-
rhinæ, Paradiseinæ* (fig. 50), *Tectonarchinæ, Glauco-
pinæ, Meliphagidæ.* Les Perroquets (cinq types de
familles) et les Pigeons (deux types) peuvent être considérés comme ayant ici leur centre de dispersion et le plus

grand nombre de leurs représentants. Les *Bucerotidæ* lui sont communs avec les deux régions suivantes.

FIG. 51. — Ménure lyre, le plus grand des Passereaux, type de la Région Australienne (Nouvelle-Hollande (1/8 de grand. nat.).

La *Région Malaise* possède en propre quatre types : *Pavoninæ, Phasianinæ, Eurylaiminæ, Phyllornithinæ* ; La *Région Éthiopienne*, sept types : *Struthionidæ,*

Scopidæ, Balænicipidæ, Numidinæ, Psittacidæ, Musophagidæ, Coliidæ;

La *Région Sud-Américaine,* dix-huit types : *Rheinæ, Palamedeidæ, Parridæ, Eurypygidæ, Thinocoridæ, Crypturidæ, Opisthocomidæ, Crotophagidæ, Bucconidæ, Galbulidæ, Rhamphastidæ* (fig. 52), *Todinæ, Prionitinæ,*

FIG. 52. — Toucan toco, type de la Région Néotropicale
(1/6 de grand. nat.).

Ampelidæ, presque tous les *Trochilidæ, Conuridæ* et *Tyrannidæ,* les *Anabatidæ, Formicariinæ* et *Dacnidinæ.* C'est la région la plus riche de toutes.

Par contre, la Région Néarctique ne possède en propre qu'une sous-famille (*Meleagrinæ*), et la Région Paléarctique deux sous-familles peu importantes (*Fregilinæ, Sylviinæ*).

Ces chiffres suffisent à montrer que les Oiseaux, malgré la puissance de leurs ailes, sont, en général, beaucoup moins cosmopolites qu'on ne serait tenté de le croire au premier abord.

III.

La distribution des *Lépidoptères* ou Papillons *diurnes*, telle qu'elle ressort des travaux d'ensemble de Staudinger et G. Koch[1], n'est pas sans présenter des rapports avec celle des Oiseaux, ainsi qu'on devait s'y attendre. Mais ici, les Zones Arctique et Antarctique, dépourvues de Lépidoptères, ne peuvent figurer qu'à titre négatif, et la région Malgache n'est pas distinguée par Koch de la région Ethiopienne. Ce fait est à noter, car M. Künckel d'Herculais a montré[2] que, par ses Coléoptères, Madagascar (au moins sur son versant oriental) avait des affinités avec la Malaisie et même l'Australie. De même, par ses Papillons, cette grande île n'est pas sans avoir des rapports avec la Malaisie, l'Australie et même l'Amérique du Sud. *Abisara* (des *Nemeobiidæ*) est un genre indien, malais et qui se retrouve à Madagascar, mais aussi dans l'ouest de l'Afrique ; *Urania* (des *Uraniidæ*) a cinq espèces en Amérique et une seule, très belle d'ailleurs, à Madagascar : ce genre est représenté dans la Malaisie par *Nyctalemon* qui se retrouve en Australie et en Amérique. Aucun type important n'est spécial à Madagascar.

Koch admet trois grandes régions dont deux se subdivisent chacune en deux sous-régions :

1. *Die geographische Verbreitung der Schmetterlinge* (*Geogr. Mittheil. von Peterman*, 1850, p. 20 et 52, avec 1 carte).

2. *Distribution géographique des Insectes coléoptères de Madagascar* (*Association française pour l'Avancement des Sciences*, 1887).

1. La *Région Européenne* (Faune Occidentale de Koch ou Territoire de la *faune Européenne* de Staudinger) correspond à la Région Holarctique et comprend l'Europe, l'Asie au nord du plateau central, la sous-région méditerranéenne, et le Canada ou l'Amérique du Nord jusqu'aux Etats-Unis ; elle est caractérisée dans : *a.*) la sous-région Européenne proprement dite par les genres: *Argynnis, Melitœa, Thaïs, Lycœna, Satyrus, Erebia, Zygœna, Deilephila,* etc. — On en distingue comme sous-région : *b.*) la *Sous-Région Africaine* (Afrique au sud du Sahara et Madagascar), qui a surtout des rapports avec l'Europe, et possède les genres *Anthocaris, Acrœa, Charaxes, Romaleosoma.*

2. La *Région Indienne* ou *Sud-Asiatique* comprend aussi deux sous-régions : *a.*) *sous-région Indienne* comprenant le sud de l'Asie, l'Arabie avec les bords de la mer Rouge, la Malaisie, le Japon, la Nouvelle-Guinée, les îles Salomon et le nord de l'Australie (un tiers du continent); elle est caractérisée par les genres *Ornithoptera, Danaïs, Euplea, Limenitis, Adolias, Diadema, Parnassius.* — *b.*) La sous-région *Australienne*, comprenant le sud de l'Australie, la Polynésie et la Nouvelle-Zélande, est caractérisée par *Antipodites, Agarista, Hecatesia, Synemon, Teara, Opsirhina, Oiketicus.*

3. La *Région Américaine*, ou Trans-Atlantique, s'étend des Etats-Unis à la Patagonie (celle-ci exclue comme n'étant pas encore suffisamment connue pour ses Lépidoptères) : elle est caractérisée par les familles, sous-familles ou genres suivants : *Papilio (Æneas), Pieridæ (Euterpe, Leptalis, Pieris), Heliconidæ, Nymphalidæ, Satyridæ, Erycininæ, Lycæninæ, Hesperidæ, Castnia, Glaucopis, Euchromia* et *Hyperchiria.*

Le diagramme suivant indique les rapports naturels de ces grandes divisions qui, sur la carte de M. Koch, sont indiquées par des teintes plates se fondant insensiblement les unes dans les autres, pour bien indiquer l'impossibilité d'établir une limite précise :

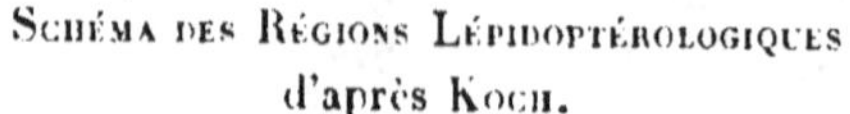

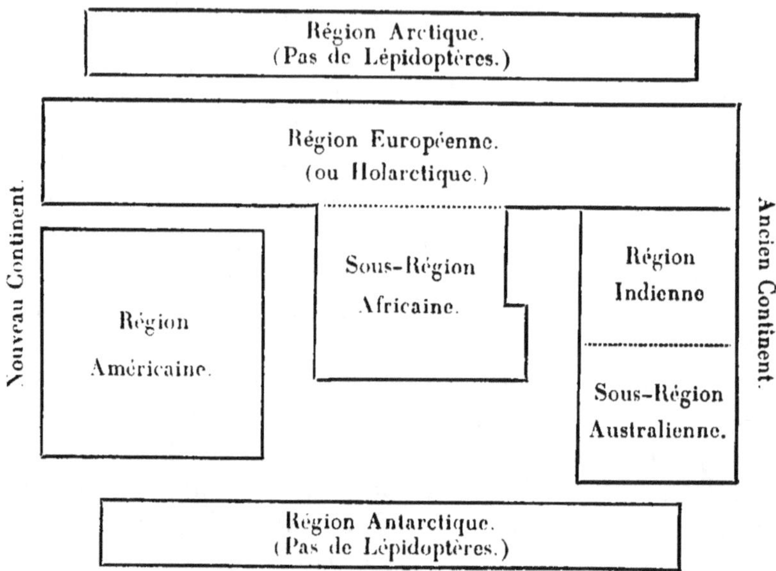

Les types les plus remarquables par leur grande taille
et leurs brillantes couleurs, sont parmi les *Papilionidæ*,
les *Ornithoptera* de la Malaisie ; parmi les *Morphidæ*, le
genre *Morpho* (fig. 53) d'Amérique, représenté dans la
Malaisie par *Hyades, Clerome, Æmona*, etc.; parmi les
crépusculaires, *Urania* d'Amérique et de Madagascar, et
parmi les *Bombycidæ*, si précieux par la soie de leurs
cocons, le genre *Saturnia* presque cosmopolite, mais
dont les plus grandes et les plus belles espèces viennent
de la Chine, du Japon, de Madagascar et de l'Amérique
du Nord.

Parmi les *Névroptères*, les Libellules (*Odonates*) ont
un vol plus puissant que celui des Papillons et émigrent
souvent par bandes innombrables. Aussi ces insectes,
très carnassiers, comparables sous ce rapport aux Hirondelles, sont-ils à peu près cosmopolites. Notre excellent

ami R. Martin (du Blanc) a bien voulu dresser pour
nous des tableaux de la distribution des *Libellulidæ*,
d'après les savantes monographies de M. de Sélys Longchamps. Il en résulte que des six sous-familles qui com-

FIG. 53. — Morpho Néoptolème, Lépidoptère diurne de la
Région Néotropicale (grand. nat.).

posent ce groupe, les *Agrioninæ* (et le genre *Agrion* lui-
même) sont absolument cosmopolites, s'étendant jusque

dans la Polynésie et à la Nouvelle-Zélande. Les *Libellu-linæ* et les *Æschninæ* manquent dans ces deux sous-régions, et ces derniers à Madagascar, où les *Cordulinæ* sont au contraire représentés (*Macromia*), ainsi que dans toute l'Océanie (*Cordulia*). Les *Gomphinæ* ont *Petalura* en Australie et à la Nouvelle-Zélande. Les *Calopte-ryginæ* manquent à Madagascar et dans toute la Région Australienne. Le genre *Macromia*, qui est des régions chaudes de l'Ancien Continent et du sud de l'Amérique septentrionale, paraît s'égarer quelquefois jusqu'en Europe, où une seule espèce, très rare (*Macromia splen-dens*, a été prise en France dans les départements de l'Hérault et de la Charente. Le genre *Tachopteryx* relie le Japon à l'Amérique du Nord.

Les *Orthoptères*, à côté d'espèces voyageuses comme les Criquets (*Pachytilus*, *Acridium*), renferment des espèces beaucoup plus sédentaires comme les Mantes, les Phasmes, les Phyllies (fig. 51). La distribution géographique de tous ces types n'a pas encore été suffisamment étudiée. Koppen a tracé une carte de l'aire de dispersion du Criquet voyageur (*Pachytilus migratorius*), qui nous montre cette espèce, célèbre par ses dévastations, s'étendant sur tout le centre de l'Ancien Continent : cette aire de dispersion représente un vaste parallélogramme allant, à l'Ouest, des îles Açores à la côte de Mozambique, à l'Est, du Japon à la Nouvelle-Zélande, borné au Nord par le centre de l'Europe et de l'Asie, au Sud par l'île Maurice et le centre de l'Australie. Les côtés de ce paral-lélogramme, fortement inclinés du Nord-Ouest au Sud-Est, semblent indiquer que les migrations[1] se font de préférence vers l'Est et ne sont arrêtées ni par l'Océan Indien, ni par l'Océan Pacifique.

Le savant spécialiste, M. I. Bolivar (de Madrid) est

---

1. Influencées sans doute par les *Moussons*, vents de l'Océan Indien qui soufflent en été vers le Nord-Est.

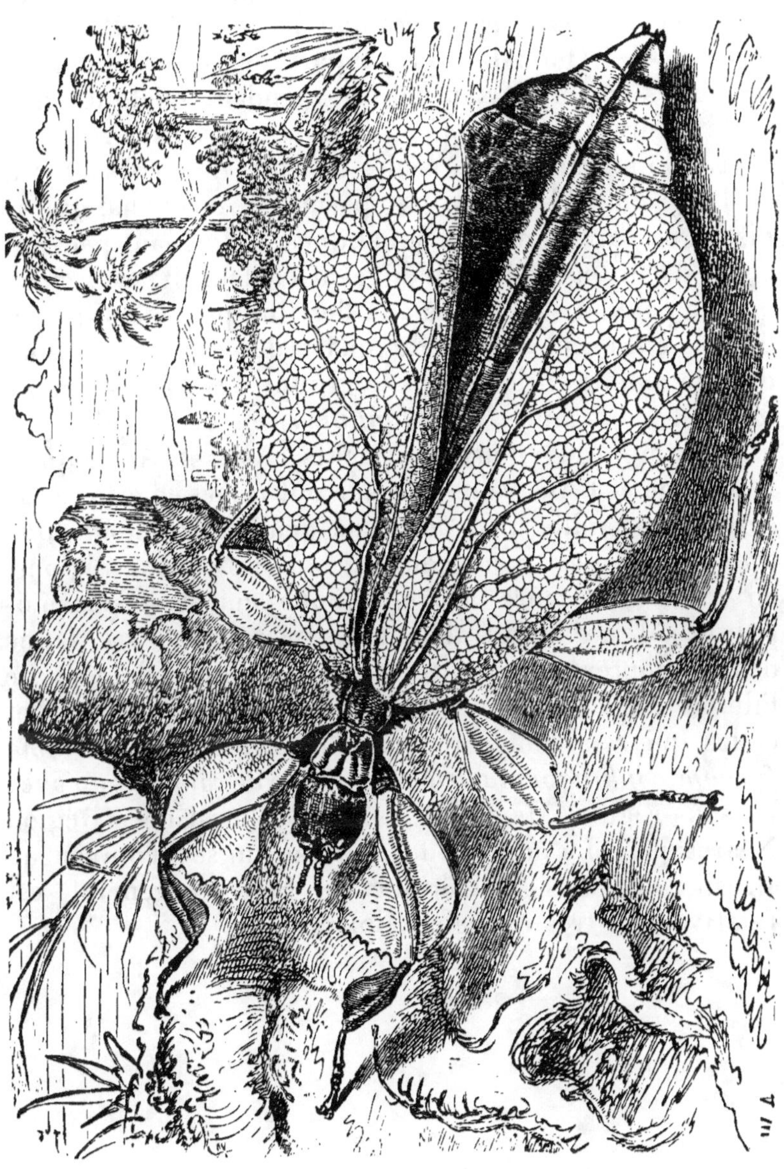

FIG. 54. — Phyllie feuille sèche, Orthoptère de la Région Orientale (grand. nat.).

d'avis que la distribution géographique des Orthoptères, dans son ensemble, et en tenant compte des exceptions que nous venons de signaler, se rapproche beaucoup plus de celle des Coléoptères que de celle des Lépidoptères et des Odonates. La plupart des Orthoptères ne peuvent se maintenir au vol que pendant quelques instants (Bolivar, *Communication particulière inédite*). Les espèces émigrantes sont seules capables d'un vol soutenu. — Le groupe des *Tettigidæ*, parmi les Acridiens, qui se distingue par ses mœurs aquatiques, s'éloignant peu des cours d'eau, nageant et plongeant facilement, est remarquable par son abondance aux îles Philippines qui possèdent, à elles seules, plus du quart des espèces connues dans le monde entier. Dans le groupe des *Pirgomorphinæ*, un seul genre (*Aspidophyma*) en dehors du type est commun aux deux continents (Asie et Amérique). L'Afrique et l'Australie sont surtout riches en espèces de cette sous-famille, mais les seuls genres *Atractomorpha* et *Chrotogonus* sont communs à ces deux régions, en plus du genre *Pyrgomorpha* qui serait cosmopolite s'il ne faisait défaut à l'Australie. La faune des Orthoptères des Antilles, et plus spécialement de l'île de Cuba, si on met à part les espèces propres et celles qui semblent importées d'Europe (*Stethophyma fuscum, Sphingonotus cœrulans*), n'a de rapports qu'avec la sous-région Mexicaine ou les États-Unis (Région Néarctique). Le nombre des espèces qui se retrouvent au Brésil, ou dans l'Amérique du Sud en général, est relativement très restreint (Bolivar).

DISPERSION DES ANIMAUX MARINS PAR LES COURANTS

On a représenté sur cette carte la Distribution Géographique et les Migrations que les *Mammifères* et les *Oiseaux nageurs* ont accomplies en se laissant entrainer par les courants marins (V. Chap. X).

Chaque type générique ou spécifique est indiqué, par un *signe conventionnel* particulier, sur tous les points du globe où il a été observé. L'explication de ces *signes conventionnels* se trouve dans le bas de la carte, à gauche.

Le sens des Courants Marins et des Migrations est indiqué par les flèches.

Le mode de notation employé sur cette carte est en même temps un spécimen du procédé employé, d'une façon générale, par M. le Professeur A. Milne Edwards, pour indiquer sur les cartes la distribution géographique des animaux (V. page 172).

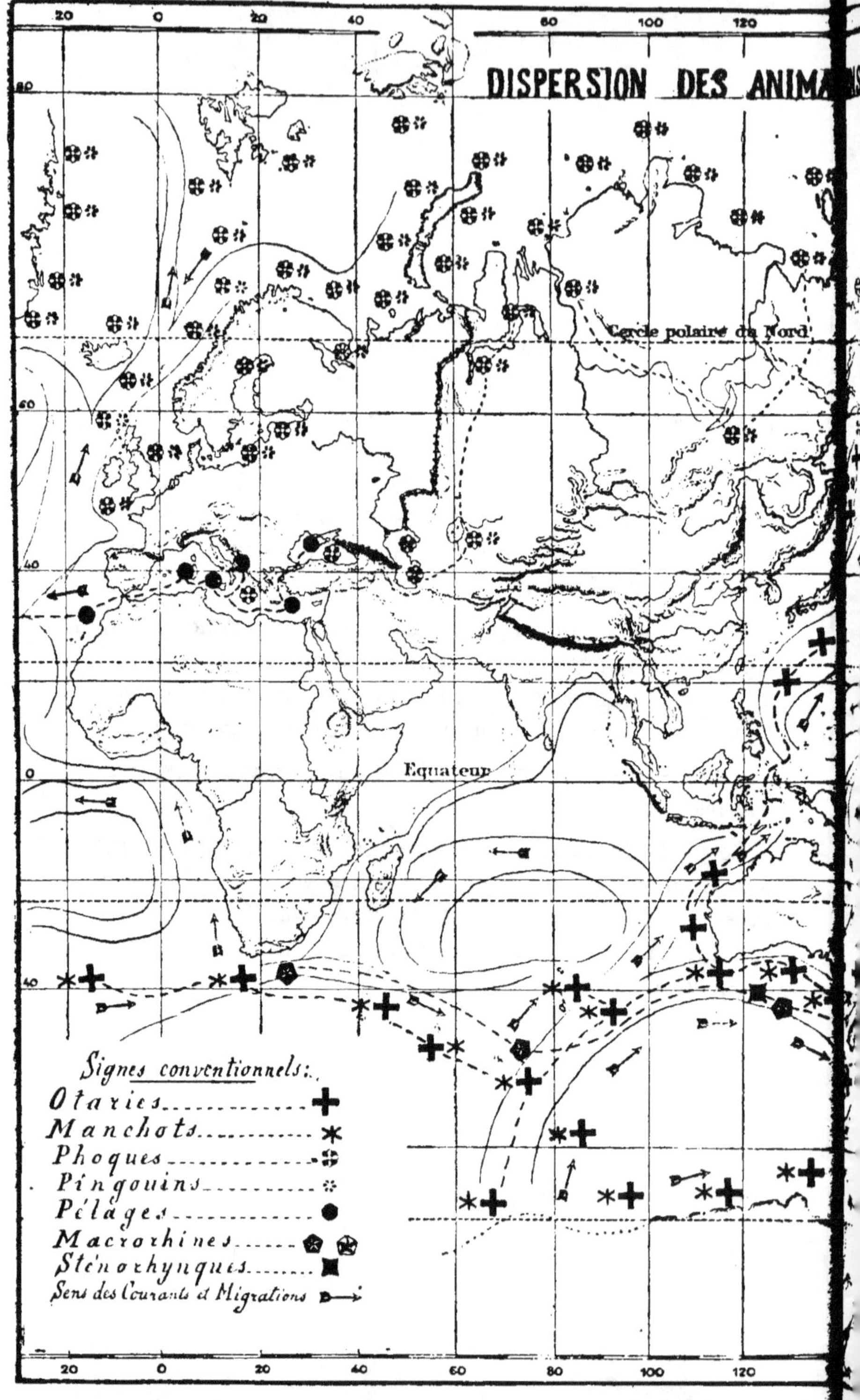

280
DISPERSION DES ANIMA[UX]
Cercle polaire du Nord
Équateur
Signes conventionnels:
Otaries
Manchots
Phoques
Pingouins
Pélages
Macrorhines
Sténorhynques
Sens des Courants et Migrations
20 0 20 40 60 100 120
20 0 20 40 60 80 100 120

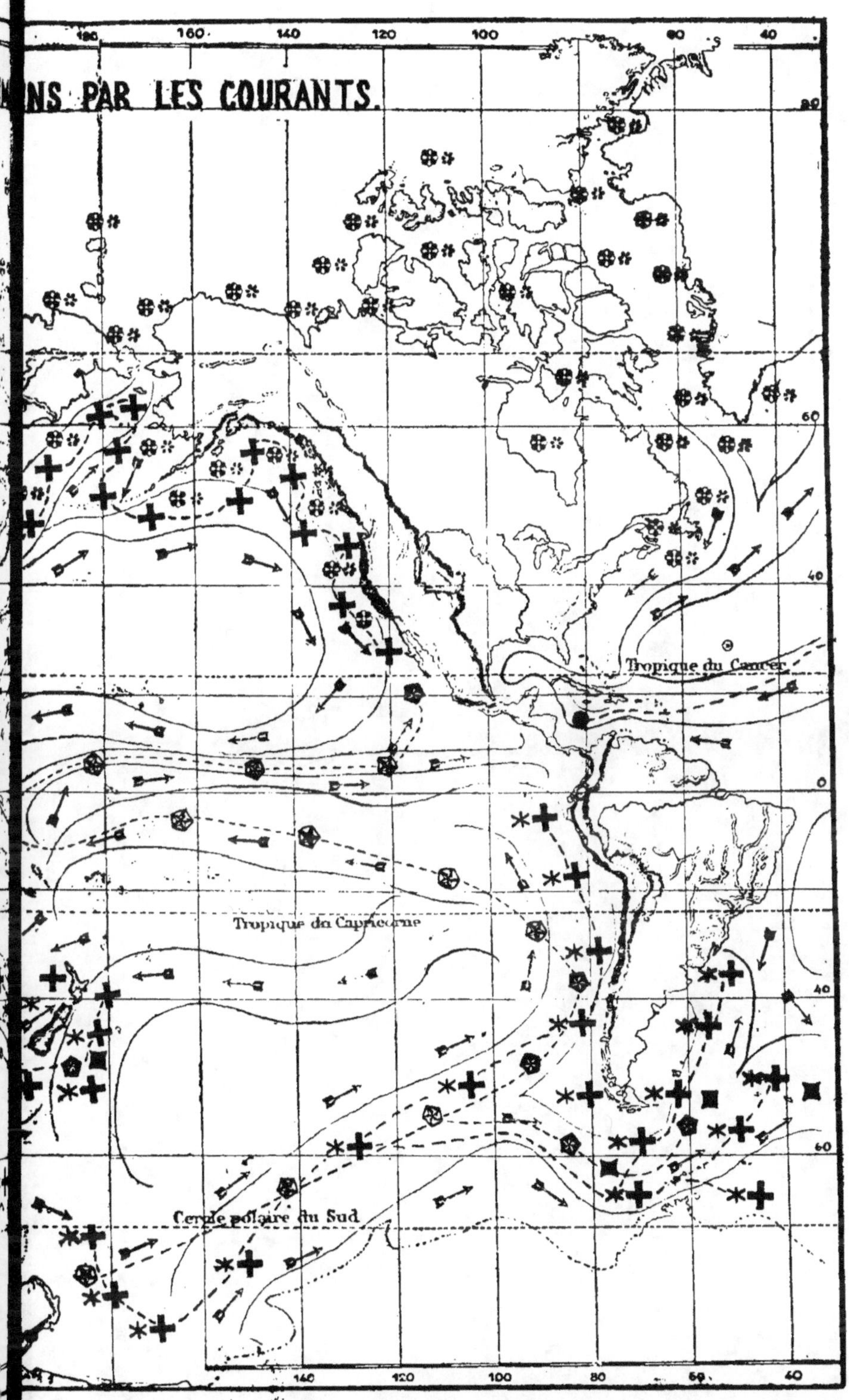
NS PAR LES COURANTS.
Tropique du Cancer
Tropique du Capricorne
Cercle polaire du Sud

CHAPITRE X

La distribution géographique des animaux marins diffère beaucoup de celle des animaux terrestres : elle ressemble davantage à celle des animaux aériens, l'influence des courants (marins dans le premier cas, aériens dans le second) ayant sur cette répartition une influence prépondérante. Il n'y aura donc pas lieu de s'étonner de voir les divisions par grandes zones plus ou moins parrallèles à l'équateur primer ici, comme pour les animaux aériens, les divisions par régions continentales qui ont tant d'importance pour la répartition des animaux terrestres. Nous verrons aussi que, chez les animaux marins, la question de la classe ou du groupe auxquels ils appartiennent n'a plus qu'une importance très secondaire, l'action des courants marins s'exerçant sans distinction sur tous les groupes et toutes les classes. (Carte II.)

I

Mammifères Amphibiens ou *Pinnipèdes*. — Si l'on veut étudier l'influence des courants marins sur la dispersion des animaux nageurs, il est impossible de trouver de meilleurs exemples que ceux qui nous sont offerts par les Manchots, dont nous avons déjà décrit les migrations[1], et par les Otaries dont il nous reste à parler. Nous avons vu que les Otaries (fig. 55) remplacent les Phoques dans toute la Région Antarctique et qu'on peut les considérer comme originaires de cette région ; mais, à l'exemple des Manchots, ils ont poussé leurs migrations vers le Nord et sont venus coloniser de nouveaux

FIG. 55. — Otaries, mâle et femelles *(Eumetopias Stelleri)*, du Pacifique Nord (d'après J. A. Allen) (1/20 de grand. nat.).

rivages[2]. Partis, comme les Manchots, de l'échancrure du grand glacier antarctique qui sépare la terre Victoria

---

1. Voyez chapitre II, page 40 et suiv.
2. E. Trouessart, *Du Rôle des courants marins dans la distribution géographique des Mammifères Amphibies, Phoques et Otaries (Comptes Rendus de l'Académie des Sciences de Paris*, 1881, t. XCII, p. 1118; *Bull. Soc. Scient. d'Angers*, XI, p. 21).

de la terre d'Alexandre Ier, les Otaries se sont laissés porter vers le Nord par les courants froids qui semblent sortir de cette échancrure comme les eaux d'un fleuve. Le *Courant Chilien* les a entraînés sur les côtes du cap Horn et de l'Amérique du Sud ; le *Courant du Cap* sur celles de l'Afrique Australe, des îles Kerguelen et d'Amsterdam ; enfin le *Courant d'Australie* sur celles de la Nouvelle-Hollande et de la Nouvelle-Zélande.

Le *Courant de Humboldt*, qui n'est que le prolongement du courant Chilien et qui refroidit tout le versant occidental de l'Amérique du Sud, a poussé les Otaries jusqu'aux îles Gallapagos, sous l'Equateur, tandis que sur la côte orientale, repoussés par le courant chaud du Brésil, ils n'ont pas dépassé le nord des îles Falkland et l'embouchure du Rio-de-la-Plata. Ces animaux manquent dans tout le reste de l'Atlantique. Dans le Pacifique nous avons vu que les îles Gallapagos étaient la limite extrême des migrations des Manchots vers le Nord. Les Otaries ont dépassé cette limite et ont pénétré dans le nord du Pacifique, mais par une voie détournée et en faisant un long circuit. Cette migration a dû se faire par étapes successives et exiger de longues années.

On trouve des Otaries, dans le nord du Pacifique, sur les côtes de la Californie et plus au Nord jusqu'au détroit de Behring : mais ce n'est certainement pas par la route directe, des Gallapagos à la Californie, qu'ils y sont parvenus, car on n'a jamais rencontré de ces animaux sur la côte ouest de l'Amérique comprise entre le Pérou et le nord du Mexique, sur une étendue de plus de 20 degrés : d'ailleurs les Otaries des îles Gallapagos et ceux de la Californie sont d'espèces et même de genres différents (*Arctocephalus australis* aux Gallapagos, *Zalophus californianus* sur les côtes de Californie).

C'est le grand *courant Equatorial* marchant en ce point dans le sens contraire à la rotation du globe, qui a formé une véritable barrière aux migrations des Ota-

ries comme à celles de beaucoup d'autres animaux nageurs. De même les courants chauds de l'Atlantique ont
repoussé les Otaries sur les côtes de la Patagonie et de
La Plata, et le courant équatorial de l'Océan Indien, qui
donne naissance au *courant de Mozambique,* a toujours
empêché ceux qui se sont établis au Cap de remonter
sur la côte orientale d'Afrique. Il ne reste donc plus que
la côte occidentale de l'Australie, et c'est en effet
par cette voie que la migration s'est accomplie.

Parvenus, comme nous l'avons dit, sur les côtes méridionales de la Nouvelle-Hollande, les Otaries ont remonté
de rivage en rivage sur la côte occidentale de ce
Continent, qu'ils peuplent encore aujourd'hui, et sont
arrivés, au Nord, jusqu'à Port-Essington, par 10° environ de latitude australe : dans les parages de l'île Melville on trouve deux espèces de cette famille, et l'une
d'elles appartient au genre Zalophus qui se retrouve sur
les côtes du Japon. C'est évidemment en suivant le courant secondaire qui va de l'Océan Indien dans le Pacifique, que les Otaries ont franchi les passes des Moluques ou même le détroit de Macassar. Ce courant est
assez important pour que le Commodore Maury le considère comme l'origine du grand courant du Pacifique
septentrional. Il est à noter, d'ailleurs, que ce point
correspond à la *ligne de Wallace,* et il est probable qu'à
une époque antérieure, vers la fin du tertiaire, un vaste
bras de mer réunissait les deux Océans.

Les Otaries sont arrivés ainsi sur les côtes méridionales du Japon ; de là, le grand courant (*Courant de
Tessan, Kouro-Sivo,* ou « fleuve noir » des Japonais),
leur a fait faire le tour de l'Océan Pacifique du Nord,
en longeant le Kamtschatka, la chaîne des îles Aléoutiennes, les côtes de l'Alaska et de l'Amérique jusqu'au
sud de la Californie. La preuve que c'est bien ainsi que
les choses se sont passées, c'est que le genre *Zalophus*
a été trouvé à l'état fossile dans le pliocène de la *côte
sud* de l'Australie : aujourd'hui il ne vit plus que sur la

côte nord de ce Continent, au Japon et sur les côtes de la Californie. Pour les Otaries acclimatés dans le nord du Pacifique, l'*orientation* qui les dirige dans leurs migrations annuelles s'est trouvée forcément changée. Les îles Pribilov dans la mer de Behring, sont actuellement le principal centre de reproduction des deux espèces (*Callorhinus ursinus, Eumetopias Stelleri*), que les Américains viennent y chasser régulièrement chaque été pour leur fourrure. Pendant l'hiver, ces animaux se répandent sur les côtes plus méridionales de l'Amérique et de l'Asie, sans qu'on connaisse bien leur genre de vie pendant cette période de l'année, mais sans s'approcher jamais de la zone équatoriale. Au printemps ils reviennent tous dans la mer de Behring, mais ne pénètrent pas dans l'Océan Arctique.

Des considérations analogues s'appliquent à la distribution géographique des Phoques, qui sont originaires des mers Arctiques [1]. Ainsi le genre *Pelagius* était considéré jusque dans ces derniers temps comme propre à la Méditerranée : mais on sait maintenant que le phoque moine (*Pelagius monachus*) existe aussi *en dehors* du détroit de Gibraltar, car on a constaté sa présence jusqu'à Madère et aux Canaries. Plus récemment encore, on a découvert une seconde espèce du même genre (*P. tropicalis*, Gill), de l'autre côté de l'Atlantique dans la mer des Antilles, où elle vit sur quelques îlots déserts (les îles Triangles, par 20° 55 de latitude au nord du Yucatan). Il est infiniment probable que cette espèce, qui diffère très peu de celle de la Méditerranée, tire son origine d'une petite troupe de cette dernière espèce qui, surprise dans les parages des Açores par la branche nord du courant Equatorial, origine du *Gulf-Stream*, a été entraînée jusque dans la mer des Antilles où elle a constitué une race nouvelle. Ces types des pays chauds ou

---

1. Voyez chap. II, p. 34, fig. 2.

tempérés n'émigrent plus et paraissent tout à fait sédentaires.

Il n'en est pas de même des Phoques proprement dits
(*Phoca* ou *Calocephalus*), dont la plupart des espèces,
chassées par les glaces des mers arctiques, émigrent
chaque automne vers les côtes de l'Amérique du Nord
et de l'Europe septentrionale, arrivant en grandes bandes
dans le golfe du Saint-Laurent et s'avançant jusqu'au
sud de Terre-Neuve sans qu'on connaisse exactement la
limite extrême de cette migration, se montrant à la
même époque sur les côtes de la Norwège et dans la
mer du Nord : quelques individus égarés viennent se
faire prendre, chaque hiver, sur nos côtes de France.
Au printemps, tous retournent vers le nord pour aller
se reproduire sur les banquises de glace des parages de
l'île Jean Mayen et sur les côtes du Groënland. Aucune espèce de véritable Phoque ne se montre au sud
de l'Equateur, pas plus dans le Pacifique que dans
l'Atlantique.

La distribution géographique du *Macrorhinus leoninus* ou *Eléphant marin* est plus difficile à comprendre,
car ce type se montre des deux côtés de l'Equateur. La
présence dans les mers du Nord d'un genre voisin
(*Cystophora*) semble indiquer que le Macrorhine est,
comme les vrais Phoques, originaire de l'hémisphère
boréal. S'il en est ainsi, ce type de l'Eléphant marin a
dû opérer, dans les temps géologiques, deux migrations
successives et en sens contraire : la première, dans
l'Atlantique et du Nord au Sud, l'a fait passer dans les
mers antarctiques ; la seconde, évidemment plus récente,
l'a conduit (probablement par la même voie que les
Otaries) du sud de la mer des Indes et du Pacifique,
jusque dans le nord de ce même Océan, sur les côtes de
la Californie, où il a constitué une race bien distincte
(*Macrorhinus angustirostris*), aujourd'hui presque dé-
truite par suite de la chasse acharnée qu'on lui a faite.

Cétacés. — La distribution géographique des Cétacés

est beaucoup plus simple et plus facile à comprendre que celle des Amphibiens ou Pinnipèdes. Les zones que ces animaux parcourent dans les Océans sont beaucoup plus régulières. Les *Delphinidæ* et *Ziphiidæ* sont largement répandus dans toutes les mers, aussi bien sous la zone torride que dans les mers glacées des deux pôles : les deux seuls genres Narval (*Monodon*) et *Beluga* sont des mers Arctiques et ne sont représentés ni dans les mers chaudes ni dans l'Océan Antarctique. Les Baleines, et plus particulièrement les Baleines franches (genre *Balæna*), sont confinées dans les mers froides et tempérées des deux hémisphères, et ne se montrent jamais au voisinage de la zone intertropicale. Maury a le premier montré que les courants chauds qui coulent sous l'équateur, faisant le tour du globe d'un continent à l'autre, étaient pour les Baleines comme un « *cercle de feu* » dont elles se tiennent prudemment éloignées. Mais il est bien probable qu'il n'en a pas toujours été ainsi : les deux types de Baleines (à petite et à grosse tête) que l'on rencontre dans les mers froides des deux hémisphères se représentent si bien qu'il est impossible de nier leur commune origine. Il est probable qu'à l'époque glaciaire les courants froids du Nord se sont avancés beaucoup plus loin vers le sud, jusque sous l'Equateur (comme le fait encore le courant de Humboldt dans l'hémisphère austral), et ont ainsi permis aux Baleines du Nord de pénétrer dans les mers Antartiques. Les Baleinoptères (*Balænoptera*) redoutent moins la chaleur que les Baleines franches, aussi les trouve-t-on partout, même dans la zone intertropicale et notamment dans la mer des Indes où les vraies Baleines font complétement défaut. — Les Cachalots (*Physeteridæ*), à l'opposé des Baleines, ne se plaisent que dans les mers chaudes et tempérées : ils remplacent celles-ci dans la zone torride et ne s'aventurent jamais dans les mers Arctiques ou Antarctiques.

II

Poissons et Invertébrés marins. — La distribution géographique de tous les animaux marins est soumise aux mêmes influences de milieu et par suite aux mêmes lois : il ne faut pas oublier, en effet, que les espèces les plus sédentaires, celles qui vivent en colonies ou qui sont fixées à l'âge adulte par un support ou par un *byssus*, comme certains Mollusques, les Bryozoaires, les Coralliaires, certains Echinodermes ou Crustacés, etc., ont eu dans leur jeune âge une vie plus active et aventureuse, pendant laquelle ils se sont laissés facilement entraîner, sous forme de *larves*, par les courants marins. Alex. Agassiz a montré que ces *formes larvaires* existaient même chez les Poissons, qui ne sont pas généralement classés parmi les animaux à métamorphoses : cependant chez beaucoup d'espèces à habitudes littorales, les jeunes au sortir de l'œuf ne sont pas semblables aux parents, et leur forme est en rapport avec des habitudes *pélagiques :* l'instinct et le besoin d'une eau plus chargée d'oxygène les pousse vers la haute mer, et ce n'est qu'en grandissant qu'ils se rapprocheront des côtes et prendront peu à peu les formes et les habitudes de leurs parents.

En tenant compte de ces différences d'habitudes, on peut diviser les animaux marins en *littoraux* et en *pélagiques ;* mais on n'oubliera pas que beaucoup de types sont pélagiques dans leur jeune âge et littoraux, ou côtiers, à l'âge adulte, et que d'autres passent des côtes à la pleine mer, ou réciproquement, sans autre raison que la recherche de la nourriture qui leur convient. Quant aux animaux des grandes profondeurs, il en sera question dans le chapitre suivant.

Faunes littorales. — Le Dr Günther divise de la manière suivante les *faunes littorales* de Poissons marins :

I. Zone de l'Océan Arctique.

II. Zone Nord tempérée, comprenant deux Régions : *A*. Atlantique Nord tempéré, avec trois districts : Britannique, Méditerranéen et Nord-Américain. — *B*. Pacifique Nord tempéré, avec trois districts : Kamtschadale, Japonais et Californien.

III. Zone Equatoriale avec trois Régions : *A*. Atlantique tropicale ; *B*. Indo-Pacifique tropicale ; *C*. Côte Pacifique de l'Amérique tropicale, cette dernière avec trois districts : de l'Amérique centrale, des Gallapagos et Péruvien.

IV. Zone Sud tempérée, ne comprenant qu'une seule région et quatre districts : du Cap de Bonne-Espérance, Sud-Australien, Chilien et Patagonien.

V. Zone de l'Océan Antarctique.

Cette classification, dans la plupart des cas, s'applique également aux Mollusques, aux Crustacés et aux Echinodermes. En effet, les subdivisions proposées par Dana pour les Crustacés, par Agassiz pour les Echinodermes et par Woodward pour les Mollusques, examinées d'un peu près, ne font que reproduire *sous d'autres noms* les mêmes divisions géographiques.

Il est une de ces régions surtout qui doit tout particulièrement appeler l'attention, tant par sa vaste étendue que par l'accord avec lequel tous les naturalistes ont indiqué ses limites naturelles : c'est la *Région Indo-Pacifique* qui s'étend de la mer Rouge à travers tout l'Océan Indien et l'Océan Pacifique, comprenant les côtes de l'Australie et des archipels de la Polynésie, jusqu'aux îles Sandwich. L'unité de cette faune marine est d'autant plus remarquable, qu'elle baigne des continents appartenant au moins à trois des grandes régions zoologiques de Wallace (Ethiopienne, Indienne, Australe).

Après cette grande région viennent par rang d'importance : la *Région Atlantique tropicale*, puis la Région de l'*Amérique occidentale,* enfin les deux zones tempérées et les deux zones polaires, qui pourraient être réunies deux à deux, de manière à n'avoir que trois zones dont une seule (la zone Equatoriale) comprendrait trois régions.

Nous aurions ainsi :

1° Zone Arctique froide et tempérée.

2° Zone Equatoriale avec trois régions : *A*. Indo-Pacifique, *B*. Atlantique, et *C*. de l'Amérique Occidentale.

3° Zone Antarctique.

La faune Arctique littorale est surtout caractérisée par le développement des *Gadidæ* ou Morues (*Gadus, Merluccius, Molva*), qui sont la principale nourriture des habitants des côtes. Les g. *Cyclopterus* et *Liparis* (*Cyclopteridæ*), sont propres à cette zone et les *Acipenseridæ* ont été mentionnés avec les poissons d'eau douce. Les poissons Blennoïdes de la famille des *Lycodidæ* sont communs aux deux régions Arctique et Antarctique, ainsi que les *Myxines*, poissons vermiformes qui se fixent en parasites sur le corps des Morues.

La faune Antarctique est caractérisée, dans sa région tempérée, par la réapparition de types de la zone arctique qui ne se trouvent pas dans la zone Equatoriale intermédiaire. Cette réapparition s'étend aux genres et même aux espèces pour les poissons (*Galeus canis, Engraulis enchrasicolus, Clupea sprattus, Conger vulgaris*). Dans sa région froide, les *Gadidæ* sont moins nombreux que dans la région Arctique (*Merluccius*, etc.) Les genres *Zanclorhynchus, Chænichthys, Harpagifer, Thysanopsetta*, etc., sont des côtes du détroit de Magellan ou de l'île de Kerguelen.

La grande Région Indo-Pacifique équatoriale est la plus riche de toutes, comme on doit s'y attendre d'après son étendue. Elle est bien caractérisée par le développement des *Coraux madréporiques* qui forment, dans l'Océan Indien et dans le Pacifique, le soubassement et la ceinture d'un grand nombre d'îles (fig. 56 et 57.) On compte environ 80 genres de Poissons propres à cette

Fig. 56. — Atoll ou îlot Madréporique de la Région Indo Pacifique.

région, mais ce sont les Perches de mer (*Diagramma,
Apogon*, etc.), les *Squamipennes* (*Chætodon*, etc.), les
Pomacentridæ, et autres poissons qui se nourrissent de
coralliaires, qui donnent à cette région son faciès carac-

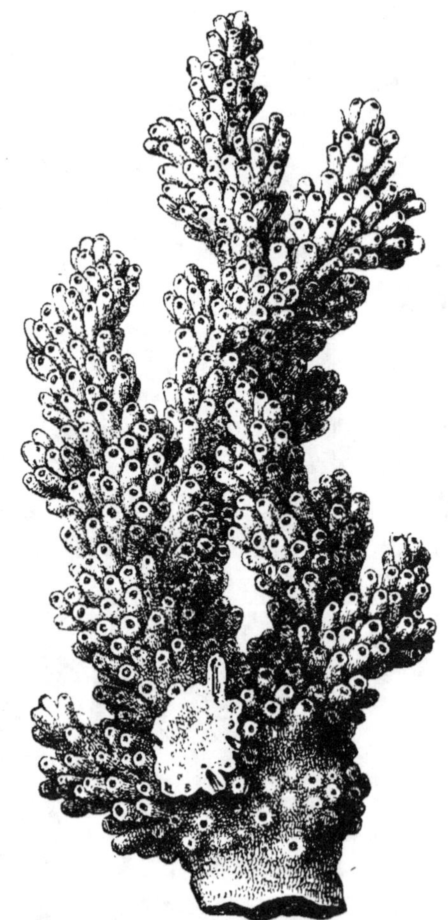

Fig. 57. — Madréporaire (*Madreporaria verrucosa*), constructeur
de récifs dans la Région Indo-Pacifique (grand. nat.).

téristique. Parmi les Mollusques également très nombreux, nous citerons les Tridacnes, les plus grands des
Pélécypodes, dont les énormes coquilles bivalves, ayant
souvent un mètre de large, se trouvent implantées sur

les récifs de polypiers, et dont le manteau est paré des
plus vives couleurs. Les mêmes genres et souvent les
mêmes espèces de Mollusques, de Crustacés et d'Échino-
dermés, se retrouvent de la mer Rouge aux îles Sandwich.

La Région Atlantique équatoriale n'a presque aucun
genre qui lui soit propre : on peut cependant citer
Centropristis, Rhypticus, Hæmulon, Malthe. La plupart
des autres sont représentés également dans la région
précédente, et les mêmes types se retrouvent des deux
côtés de l'Atlantique. Les récifs coralliens sont plus rares et ne se
rencontrent plus à l'époque actuelle
que dans la Méditerranée, où l'on
pêche le Corail (fig. 58), et dans
la région qui s'étend de la Floride
à la mer des Antilles, et que baignent les eaux tièdes du *gulf-
stream,* à leur sortie du golfe du
Mexique. Un certain nombre de
types s'étendent des mers d'Europe à l'Australie.

La Région Américaine Occidentale est essentiellement caractérisée par l'absence totale de récifs

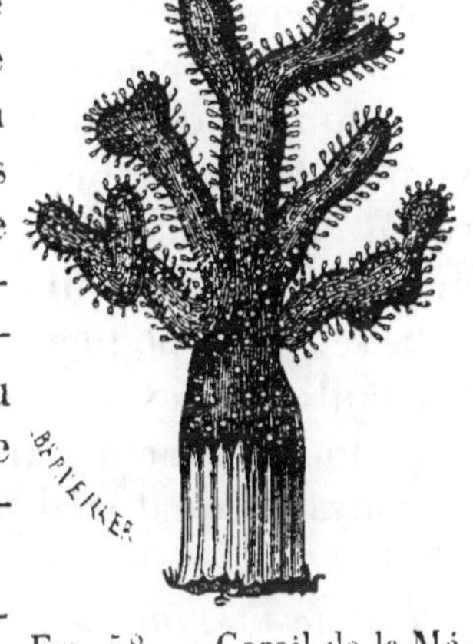

Fig. 58. — Corail de la Méditerranée.

coralliens, ce qui tient à la basse température des eaux
qui baignent ces rivages jusque sous la zone torride. Les
Coraux madréporiques ne prospèrent que dans les mers
dont la température est au moins de 19°. Or le courant
de Humbold venant du Sud jusque sous l'Equateur, le
courant de Tessan qui se fait sentir (après s'être refroidi
dans le nord du Pacifique) jusque sur les côtes de la
Californie, sont à une température beaucoup plus basse.
L'absence des Coraux entraîne celle des Poissons qui les
fréquentent, pour s'en nourrir, dans le reste du Pacifique et celle des Mollusques qui se plaisent au milieu
des récifs : les Squamipennes, *Acronuridæ* et *Tethydidæ*

font défaut, et les genres que l'on trouve dans cette région sont bien encore ceux de la zone tropicale, mais les espèces sont différentes de celles de la région Indo-Pacifique. Le district (ou sous-région) de l'*Amérique centrale* (*Province Panamique* d'Agassiz et Woodward) est surtout remarquable par la presque identité de sa faune avec celle du Golfe du Mexique et de la mer des Antilles. Les genres et la moitié au moins des espèces (pour les Poissons) sont identiques à ceux de l'Atlantique tropical. La même ressemblance a été constatée pour les Echinodermes (*Stelleridæ*) par M. E. Perrier, pour les Mollusques par Carpenter, Bertin et d'autres, pour les Crustacés par M. Milne Edwards. Elle a évidemment pour cause la communication qui devait exister, à une époque relativement récente (probablement Miocène), entre l'Atlantique et le Pacifique, à travers l'isthme actuel de Panama, avant que le soulèvement des Andes fût complètement achevé. A l'époque tertiaire, le courant équatorial de l'Atlantique devait baigner en ce point les îles d'un archipel, dont faisaient partie les Antilles, et aller rejoindre le courant équatorial du Pacifique avec lequel il se confondait.

Faune marine pélagique. — Cette faune est formée des types marins qui se tiennent presque constamment au large, nageant d'un continent à l'autre. Ce sont généralement des animaux de surface, mais certains Poissons (*Brama, Scopelidæ, Sternoptychidæ*) se tiennent pendant le jour à une grande profondeur et ne viennent que la nuit à la surface de la mer. Les plus connus des poissons pélagiques sont les Requins (*Carcharias, Rhinodon*), les Daurades *Coryphænidæ*, les Poissons-Pilotes (*Naucrates*, les Poissons-volants *Dactylopterus, Scombresox, Exocetus*), qui accompagnent et suivent les navires. On peut encore citer les Poissons-lunes (*Lampris luna*, les Maquereaux *Scombridæ*, et les familles des Espadons (*Xiphiidæ*), des *Lamnidæ, Notidanidæ, Myliobatidæ* ou Aigles de mer, véritables Requins plats, souvent plus redoutables que les vrais Requins, des *Molidæ,* etc. Les *Orthagoriscus* et quelques autres Gymnodontes représentent les Plectognathes[1]. Parmi les Mollusques, les Céphalopodes et les Ptéropodes sont surtout pélagiques. Les Argonautes et les grands Poulpes de la famille des *Ommastrephidæ* sont les plus célèbres : le

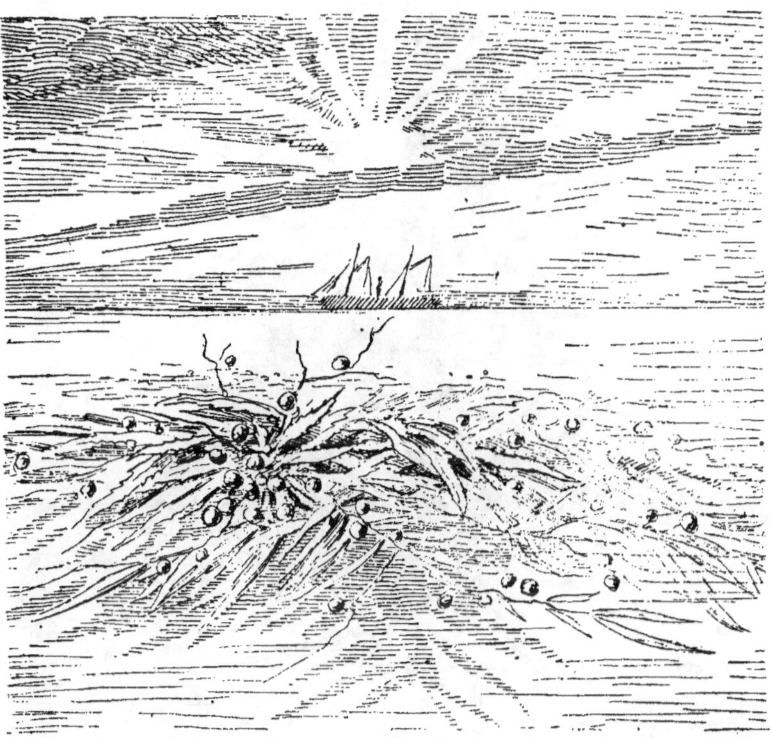

Fɪɢ. 59. — Touffe de Sargasse de la *Mer des Sargasses* de l'Atlantique [d'après de Folin].

genre *Ommatostrephus* est de l'Atlantique Nord, surtout des parages de Terre-Neuve. C'est aussi la patrie de l'*Architeuthis princeps*, espèce gigantesque qui atteint douze mètres de long avec ses bras, et qui a sans doute donné

1. Les Harengs et les Sardines, poissons de la famille des *Clupeidæ*, sont plutôt considérés comme *littoraux*.

naissance aux légendes des « *Pieuvres* » et des « *Serpents de mer* ». Le *Mouchezia* de l'île Saint-Paul, dans le sud de l'Océan Indien, est à peine plus petit. Outre les Ptéropodes, beaucoup de Malacostracés et d'Acalèphes, les Méduses, les Siphonophores, les Cténophores, les Pyro-

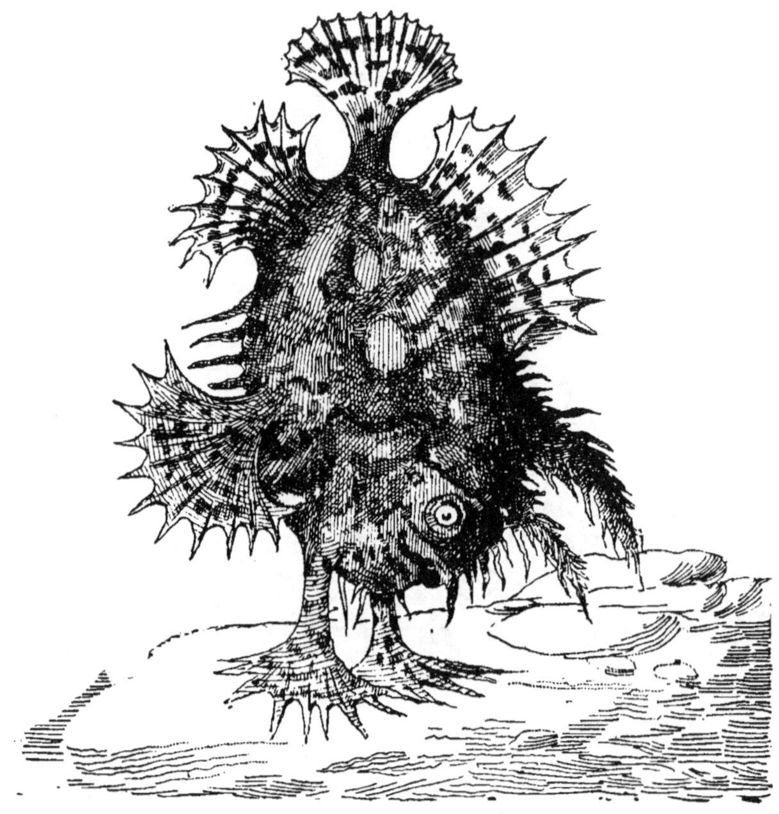

Fig. 60. — *Antennarius marmoratus*, poisson de la Mer des Sargasses, s'appuyant sur le fond avec ses nageoires antérieures (gr. nat.) [de Folin].

somes et les Salpes sont des animaux pélagiques. Cette faune pélagique varie peu d'un océan à l'autre.

Les courants marins qui coulent le long des continents en tourbillonnant dans un cercle sans fin, de chaque côté de l'Equateur, laissent au centre de ce tourbillon un large espace où la mer est relativement calme : c'est là que se développent les *Sargasses* ou *Raisins des Tropiques* (fig. 59), algues marines qui forment des bancs considérables et donnent asile à toute une faune de poissons et d'invertébrés encore peu connus. Tel est l'*Antennarius* (fig. 60), petit poisson de forme singulière et dont la couleur se confond avec celle de ces bancs dont il ne s'éloigne jamais volontairement. Les Hippocampes et les Syngnathes se laissent au contraire entraîner par les courants avec les débris d'algues auxquels ils sont attachés.

CHAPITRE XI

———

I.

Animaux des grandes profondeurs. — On a cru pendant longtemps que toute vie cessait au fond des mers,
et la profondeur de 500 mètres environ était considérée
comme la limite extrême qu'aucun être vivant ne pouvait dépasser. M. A. Milne Edwards a montré le premier
que des animaux d'une organisation relativement assez
élevée vivaient entre 2,000 et 2,800 mètres. On sait aujour-
d'hui que des mollusques et des poissons vivent encore
à la profondeur énorme de 4,789 mètres. Nous ne pouvons décrire dans tous ses détails la faune des grandes
profondeurs[1] ; nous nous contenterons d'indiquer les
principaux faits qui résultent de l'étude de cette faune
qui renferme des types de presque toutes les classes d'animaux marins.

1. Les distinctions géographiques n'ont plus de raison

———

1. Pour plus de détails sur ce sujet, voyez : Le marquis de
Folin, *Sous les Mers,* un vol. de la *Bibliothèque scientifique contemporaine,* et A.-E. Brehm. *La Vie des Animaux* (Poissons, Crustacés, Vers, Mollusques, etc.). — J.-B. Baillière et fils.

d'être lorsqu'il s'agit des grands fonds : la faune de la zone équatoriale ne diffère par aucun caractère tranché de celle de la zone arctique, et cela se comprend, car à la profondeur de deux kilomètres la température est sensiblement la même sous toutes les latitudes : tels sont les *Lithodes,* crustacés de grande taille que l'on croyait propres aux mers des deux pôles et qui ont été pêchés pendant l'expédition du *Travailleur,* par 1,500 mètres, sur les côtes du Sahara africain. D'une façon générale, on peut dire que les types de la faune abyssale sont cosmopolites.

2. Beaucoup de types connus précédemment comme fossiles, et que l'on croyait éteints, ont été retrouvés vivants dans les profondeurs de la mer ; ces types sont surtout des Echinodermes et des Brachiopodes. Les premiers sont représentés par des Crinoïdes, type très ancien (*Pentacrinus Wyville-Thomsoni,* par 1480 mètres, *Bathycrinus Aldrichianus,* par 2,730 mètres), un genre d'Oursins mous (*Calveria*), déjà connu à l'état fossile, etc. : les Brachiopodes sont de grande taille (*Terebratula Wyvillei* péchée à 2,000 et 4,000 mètres, se rapprochant de *T. Boneti* du Kimmeridjien ou Jurassique supérieur). Les *Pentacheles* et *Polycheles* se rattachent au genre *Eryon,* crustacé également jurassique.

3. Dans ces profondeurs où règne l'obscurité la plus complète, on est étonné de trouver relativement peu de types aveugles : la plupart des Poissons et des Crustacés ont des yeux bien développés, dont l'utilité s'explique par la présence d'organes phosphorescents d'éclairage dont beaucoup d'entre eux sont munis : tels sont les *Brisinga* (fig. 61), magnifiques étoiles de mer (*Asteridæ*), dont les longs bras sont lumineux et qui vivent de 500 à 2,500 mètres dans toutes les mers ; les *Malacosteus* et les *Stomias,* poissons qui portent des plaques lumineuses au-dessous des yeux ou sur les côtés du corps.

4. Les animaux vivant à ces profondeurs ne sont pas davantage privés de couleur : les poissons, il est vrai, sont

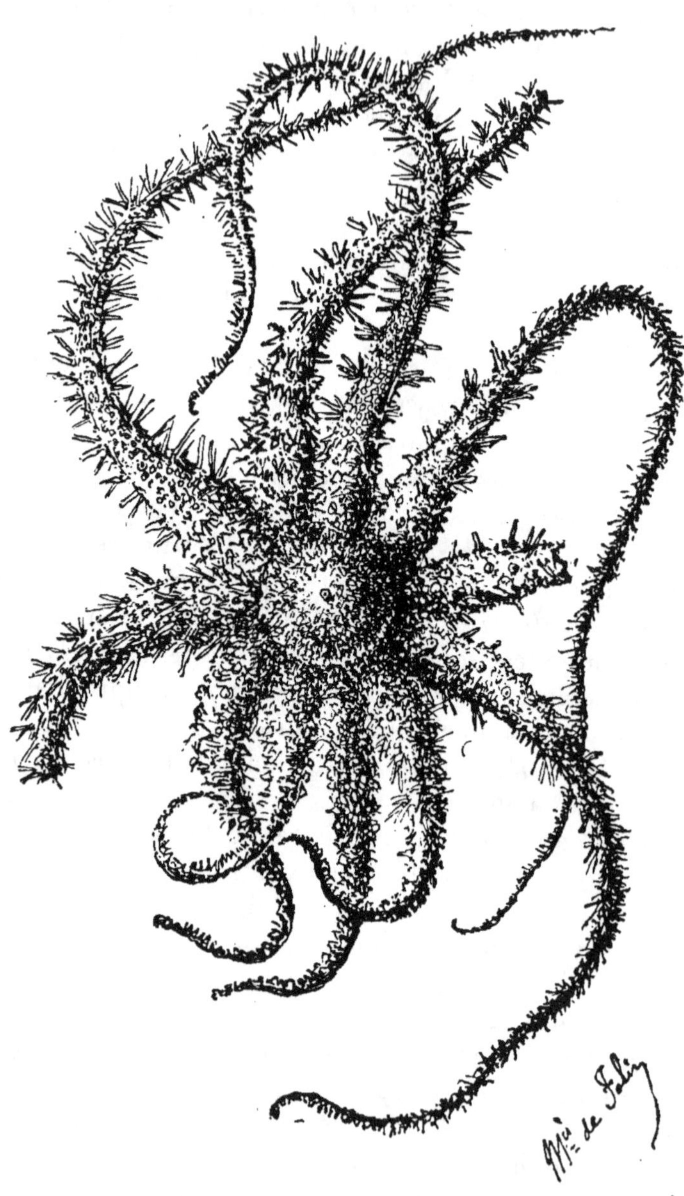

Fɪɢ. 61. — *Brisinga coronata*, Étoile de mer phosphorescente
des grandes profondeurs (1 3 de grand. nat.) [de Folin].

d'un gris sombre ou d'un noir velouté ; certains crustacés (*Pentacheles, Polycheles, Willemœsia, Ethusa*)
sont blanchâtres et transparents, mais beaucoup d'autres
sont parés de couleurs dont l'intensité dépasse même
celle des types qui vivent à la surface : tels sont les
grandes Crevettes du g. *Aristeus* (par 1,000 à 3,000 m.)
dont la teinte rouge carminée est tellement intense qu'on
la croirait factice.

5. Enfin beaucoup de ces animaux sont d'une taille
relativement gigantesque pour le groupe auquel ils appartiennent, comme le *Gnathophausia goliath* (2,270 m.),
le géant des Schizopodes (25 centimètres de long), le
Bathynomus giganteus (1,700 mètres), énorme pour un
Isopode (23 centimètres), le *Colossendeis titan* (4,010 m.),
Pygnogonide de 70 centimètres d'envergure avec ses
longues pattes d'araignée, tandis que les espèces de nos
côtes ne dépassent pas 2 centimètres.

6. La pression est tellement forte à ces profondeurs
que la plupart des poissons sont morts avant d'arriver
à la surface, par suite de la dilatation brusque des gaz du
sang et de ceux qui sont contenus dans la vessie nata-
toire, qui distend et déforme leur abdomen. — La plupart
des animaux des grandes profondeurs sont vivipares.

D'après M. Perrier on peut admettre 5 zones dans la
faune abyssale, en se fondant sur l'étude des Echino-
dermes, qui sont les animaux les plus caractéristiques
de cette faune : 1ᵉ zone : de 100 à 500 mètres avec
Antedon phalangium, Eponges calcaires, *Askonema,
Gorgones*. — 2ᵉ zone : de 500 à 1,000 mètres avec
Letmogone ; les *Holtenia, Euplectelles, Brisinga* et
Calveria commencent à se montrer. — 3ᵉ zone : de
1,000 à 1,500 mètres, riche en *Brisinga, Calveria, Pentacrinus*, etc., et en Mollusques (*Fusus, Bulla, Trochus,
Dentalium*). — 4ᵉ zone : de 1,500 à 2,000 mètres, avec
Caulaster, Democrinus et Dentales de grande taille. —
4ᵉ zone : de 2,500 à 5,000 mètres et plus avec *Bathycri-
nus, Hemiaster, Pourtalesia, Brisinga Edwardsi*. Les

Fig. 62. — *Macrurus*, poisson des grandes profondeurs (1/10 de grand. nat.).

Oneirophenta et *Peniagone* qu'on ne trouve qu'à 5,000 mètres pourraient caractériser une 6e zone.

Les poissons des grandes profondeurs ont un faciès spécial : leur peau est couverte d'un enduit muqueux très épais et les écailles se détachent facilement. Les muscles sont mous et peu épais, les os spongieux et fragiles. La bouche est généralement grande et armée de dents aiguës en forme d'hameçons. Ces animaux sont tous carnivores et doivent vivre dans la vase. Les uns sont allongés, anguilliformes, comme les *Cyema, Stomias, Chauliodus, Bathypteroïs, Malacosteus, Eurypharynx, Macrurus* (fig. 62) ; les autres sont plus courts et ne semblent formés que d'une bouche et d'un estomac, comme les *Melanocetus* et les *Dibranchus* : les *Scopelus* et *Neoscopelus* se rapprochent davantage par leurs formes des poissons ordinaires. Le *Melanocetus Johnsoni* est celui qui provient des plus grandes profondeurs (4,789 mètres). Les familles auxquelles appartiennent ces poissons sont assez nombreuses : *Macruridæ, Scopelidæ, Lophiidæ, Luciocephalidæ, Sternopthycidæ, Stomiatidæ, Murænidæ*, etc.

II.

Faune des hauts sommets. — Les montagnes présentent, comme les abîmes de la mer, des étages ayant chacun leur faune particulière. Le Condor (*Sarcoramphus*) est probablement de tous les Oiseaux celui qui s'élève le plus haut dans la chaîne des Andes. Le Gypaète (*Gypaetus*) le remplace sur les hautes chaînes de l'Ancien Continent, mais ne s'élève pas jusqu'aux sommets. La limite des neiges éternelles oscille entre 2 et 5 kilomètres d'altitude suivant la latitude : à cette limite, les derniers Mammifères que l'on rencontre, dans les Alpes, sont le Campagnol des neiges (*Arvicola nivalis*), le Lièvre variable (*Lepus variabilis*), le Chamois (*Capella rupicapra*) ; dans l'Himalaya les Mouflons (*Ovis Hodgsonii*) jusqu'à 5,000 mètres et le Yack (*Pœphagus grunniens*) presque aussi haut : la Bécasse (*Scolopax rusticola*) est un des rares oiseaux que l'on rencontre à cette hauteur en dehors des Rapaces. Parmi les Singes, les Semnopithèques se montrent jusqu'à 4,000 mètres. De même en Amérique, des Oiseaux-mouches (*Oreotrochilus*) trouvent encore des insectes sur les fleurs à 5,000 mètres, limite des neiges sur les flancs du Chimborazo.

Un fait bien remarquable est la ressemblance que présente la faune des hautes montagnes situées sous des latitudes tempérées ou même près de l'Equateur avec la faune des régions polaires : nous avons déjà signalé cette ressemblance [1]. Elle s'étend aux invertébrés comme aux vertébrés, et frappe surtout chez des Insectes qui sont, comme les Coléoptères, mal pourvus de moyens de locomotion. C'est ainsi que la faune des Coléoptères des Alpes présente un faciès arctique : celle des montagnes du sud de l'Abyssinie ressemble à celle des Alpes d'Europe ; enfin nous avons vu que les Andes du Pérou et du Chili elles-mêmes se rattachaient aux montagnes de la région Paléarctique par la présence du genre *Carabus* et de quelques types du même genre.

D'après l'étude de la faune malacologique des Alpes et des Pyrénées, M. P. Fischer établit les 4 zones suivantes : 1° *Basses-Vallées*, jusqu'à 1.000 mètres ; très riche en mollusques terrestres et surtout fluviatiles ; 2° de 1,000 à 1,500 mètres, presque tous les mollusques d'eau douce ont disparu ; 3° de 1,500 à 2,000 mètres, ou zone de l'*Helix nemoralis* ; 4° de 2,000 à 2,500 mètres, on ne trouve plus qu'une dizaine d'espèces dont *Limnæa glacialis* et *Pisidium lenticulare* sont les seules qui habitent les eaux douces : *Helix glacialis, H. alpestris, Vitrina nivalis*, etc., caractérisent cette faune. Dans les Alpes,

---

1. Voyez chap. III, p. 57.

les Mollusques atteignent une plus grande altitude que dans les Pyrénées et l'Auvergne.

Zones côtières. — La *faune littorale*, envisagée surtout au point de vue des Invertébrés dont l'habitat est plus restreint que celui des Poissons, peut se diviser en un certain nombre de zones qu'il est important de connaître, car telle espèce qui vit abondamment dans l'une fait complètement défaut dans l'autre. E. Forbes a proposé les 4 zones suivantes : 1° *Zone littorale,* entre les limites du balancement des marais, zone des *algues épaves* que le flot pousse au rivage, habitat des *Littorina* (fond de rocher) et des *Hydrobia* (fond vaseux) : c'est la *région subterrestre* de L. Vaillant. — 2° *Zone des Laminaires,* des plus basses marées à 27 mètres de profondeur, dite aussi *zone des Zostères* et subdivisée en région des *Algues vertes* jusqu'à 12 et 15 mètres, et région des *Algues rouges* jusqu'à 36 mètres : c'est l'habitat des Mollusques herbivores (*Rissoa, Trochus,* etc.), et notamment de l'Huitre comestible. — 3° *Zone des Corallines,* entre 27 et 91 mètres, assez mal dénommée, car les Corallines, ou Algues incrustantes, habitent déjà la zone des Laminaires : on pourrait l'appeler *Zone des grands Buccins* (*Buccinum, Fusus, Triton, Cassis,* etc). — 4° *Zone des Brachiopodes et des Coraux,* entre 91 et 185 mètres et plus, où la végétation est rare ou fait complètement défaut : les Coralliaires que l'on trouve sur nos côtes sont des *Oculina* (mers du Nord) et des *Dendrophyllia* (Golfe de Gascogne et Méditerranée), sur lesquels s'attachent les Bryozoaires, les Alcyonnaires et les Brachiopodes.

Faunes lacustres. — La faune des lacs d'eau douce reproduit en petit les divisions que nous avons signalées dans les mers dont ces lacs ont tiré primitivement leur origine. On y trouve une *faune littorale,* une *faune pélagique* et une *faune abyssale* aussi bien caractérisées que celles des Océans, bien que les types exclusivement marins fassent défaut. Forel, qui s'est occupé tout spécialement de cette question, a reconnu que la plupart des types littoraux sont représentés dans la faune profonde (ou abyssale) par des variétés ou même des espèces qui ne diffèrent des espèces de la faune superficielle que par des caractères d'adaptation aux eaux profondes. La faune pélagique est surtout composée de petits Crustacés (*Copépodes, Amphipodes,* etc.), pour la plupart microscopiques.

Faunes souterraines : faune des Cavernes. — La faune des cavernes est surtout composée d'Insectes, d'Arachnides et autres Arthropodes presque toujours aveugles et constituant généralement des types bien distincts et qui ne se trouvent pas ailleurs : tel est, parmi les Coléoptères, le genre *Anophthalmus*. — Les eaux douces qui coulent, ou forment des lacs, dans certaines de ces cavernes renferment des Amphibiens et des Poissons également aveugles : tel est le Protée (*Proteus anguinus*) des lacs souterrains de la Carniole, et, parmi les poissons, l'*Amblyopsis spelæus* de la caverne du Mammouth dans le Kentucky (États-Unis), le *Lucifaga dentata* des eaux souterraines de l'île de Cuba, et d'autres encore. Ce dernier genre (*Lucifaga*), de la famille des *Ophidiidæ*, est voisin de types également aveugles (*Aphyonus*) qui habitent les grandes profondeurs dans l'Océan Pacifique.

CHAPITRE XII

Relations de la Paléontologie avec la Géographie zoologique. — Époque
d'apparition des différentes classes du Règne Animal; origine et migrations des faunes modernes. — Conclusion.

Dans l'étude que nous venons de faire de la distribution géographique des animaux, nous avons souvent eu
l'occasion de nous poser cette question : pourquoi tel
type qui vit sur un point donné du globe n'existe-t-il
pas sur tel autre point, placé, en apparence, dans des
conditions identiques ? Dans un certain nombre de cas,
nous avons pu nous rendre compte des causes de ces
différences en examinant de plus près les conditions de
climat, de végétation, d'altitude, d'humidité ou de sécheresse du sol, etc., qui ont une influence profonde sur
la composition d'une faune. Mais, dans beaucoup d'autres
cas, nous avons été forcés de laisser le problème inso-
luble faute de connaître l'histoire ancienne, c'est-à-dire
l'*histoire géologique* d'un pays, dont la faune s'est constituée, pour ainsi dire, de pièces et de morceaux, par
suite d'extinctions et de migrations successives dans sa
population zoologique.

Le problème serait résolu si nous connaissions parfaitement la forme des continents et la composition de
leur flore et de leur faune à toutes les époques géologiques, et si nous pouvions suivre pas à pas les changements qui se sont produits dans l'une et dans l'autre
depuis les temps les plus reculés jusqu'à nos jours. Mal-

heureusement, nous sommes encore loin de cette connaissance parfaite dont la Géologie et la Paléontologie ne nous donnent que des lambeaux. Quoi qu'il en soit, il n'est pas sans intérêt de rechercher quels sont les renseignements que la Paléontologie peut fournir à la Géographie zoologique. Nous verrons que, si ces renseignements sont peu de choses lorsqu'il s'agit des Invertébrés, ils prennent de plus en plus d'importance à mesure que l'on remonte dans la série animale, et sont d'une très grande valeur dans la classe des Mammifères, qui sont les mieux connus de tous les animaux fossiles.

I

Les Invertébrés marins ont été les premiers habitants du globe. Les couches paléozoïques les plus anciennes (Cambrien) renferment des Annélides, des Hydroïdes, (*Oldhamia*), des Brachiopodes, puis des Crustacés (*Trilobites*), des Ostracodes, des Branchiopodes, des Échinodermes, des Spongiaires, enfin des Mollusques Acéphales (*Ctenodonta*, *Palæarca*). Beaucoup de ces types, aujourd'hui éteints, n'ont d'intérêt, au point de vue qui nous occupe, que parce qu'ils indiquent la présence, dès l'époque Silurienne, dans les mers du globe, de tous les Embranchements des Invertébrés. Les Brachiopodes et les Mollusques n'ont presque pas changé depuis cette époque : parmi les premiers, les genres *Lingula* et *Discina*, qui datent du Cambrien, sont encore représentés, par des espèces peu différentes, dans l'Océan Pacifique. Les Mollusques bivalves des genres *Mytilus* (Moule), *Avicula*, *Nucula* ; les Gastropodes des g. *Pleurotomaria* (fig. 63), *Trochus*, *Capulus*, etc., encore vivants, sont du Silurien. Cette faune marine paléozoïque devait s'étendre uniformément sur tout le globe.

Presque en même temps, et dès la première formation des continents qui n'étaient alors que des îles, on voit apparaître les premiers Arthropodes terrestres. Le Scorpion (*Palæophoneus nuncius*) du Silurien de Suède est un type relativement élevé. C'est seulement à l'époque Dévonienne[1] et surtout à l'époque Carbonifère que se montrent des Mollusques pulmonés (terrestres), représentés par les genres *Dawsonella*, *Pupa* et *Zonites*, ces deux derniers vivant encore. Enfin les Pulmonés d'eau douce ne se montrent guère avant le Lias (*Planorbis*),

Fig. 63. — Pleurotomaire, Mollusque rare à l'époque actuelle et datant du Silurien (grand. nat.).

mais n'en indiquent pas moins la haute antiquité des *Limnæidæ* actuelles.

Il y a peu de choses à dire sur la répartition ancienne des Mollusques : on remarque, surtout lorsqu'il s'agit des Acéphales (Bivalves) que plus on se rapproche de l'époque actuelle, plus la répartition géographique actuelle tend à s'établir. Ainsi les Bivalves de l'Éocène

---

1. *Strophites grandæva*, Dawson, du Dévonien de l'Amérique du Nord.

d'Europe ont encore leurs analogues dans le Pacifique et l'Océan Indien : ceux du Miocène et surtout du Pliocène ont leurs plus proches alliés dans les mers actuelles les plus voisines. Les types qui ont la plus haute antiquité, les Brachiopodes et les *Pleurotomaria* par exemple, sont manifestement en voie d'extinction à l'époque actuelle. Les premiers ne dépassent pas 125 espèces, tandis qu'on les compte par milliers dans les couches paléozoïques. Les Pleurotomaires, dont on connaît plusieurs centaines d'espèces fossiles, sont une véritable rareté à l'époque actuelle : on n'en connaît que 4 espèces vivantes (2 des Antilles, 1 de l'Inde et 1 du Japon). Ce genre a vécu, à l'époque Eocène, dans les mers d'Europe et même dans le bassin de Paris, et il en est de même de beaucoup d'autres Mollusques dont les représentants ne vivent plus que dans les mers intertropicales. Leur dispersion devait être beaucoup plus étendue aux époques Paléozoïque, Mésozoïque, et même à l'époque Miocène. Les Mollusques nous font ainsi toucher du doigt un fait que l'étude des Vertébrés mettra encore mieux en lumière : c'est que la faune actuelle n'est, dans la plupart des cas, qu'un *reste très incomplet* d'une faune antérieure plus riche et plus généralement répandue : en d'autres termes la distribution actuelle des types qui ne sont pas cosmopolites s'explique par des extinctions partielles et locales.

L'histoire des Arthropodes terrestres est plus intéressante pour nous que celle des Mollusques. A côté des Arachnides, déjà très variées dans le Carbonifère, nous voyons apparaître les Myriapodes qui constituent dès l'époque Dévonienne un ordre synthétique (*Archipolypoda*) ayant donné naissance à tous les types actuels. Le plus curieux de ces Myriapodes primitifs est le gigantesque *Acantherpes major* de 38 centimètres de long, à mœurs probablement amphibies, qui vivait dans les marais de l'époque houillère. On a trouvé des Arachnides et des Myriapodes dans les couches paléozoïques et mésozoïques du nord des deux continents, mais ces faunes fossiles sont trop incomplètes pour nous servir de termes de comparaison avec les faunes actuelles.

Les premiers Insectes (Hexapodes) munis d'ailes sont aussi anciens que les Arachnides. Dans le Silurien moyen du Calvados, on a trouvé l'empreinte d'une aile que Brongniart rapporte à un Orthoptère plus ou moins voisin des Blattes et qu'il nomme *Palæoblattina Douvillei*. Dès l'époque Carbonifère, les Insectes sont beaucoup plus nombreux, mais ils ne sont pas encore de types très variés. Scudder les rapporte tous à un ordre synthétique (*Palæodictyoptera*), ayant donné naissance par la suite aux types actuels des Orthoptères, Névroptères, Hémiptères et Coléoptères. Tous ces insectes paléozoïques étaient dépourvus de métamorphoses complètes, c'est-à-dire que la larve, souvent aquatique, ne différait de l'adulte que par l'absence d'ailes. Ils ressemblaient plus ou moins aux Blattes, aux Mantes, aux Phasmes, aux Sauterelles et aux Libellules de l'époque actuelle : quelques-uns atteignent une taille gigantesque, comme le *Titanophasma Fayoli* des houillères de Commentry (Allier), qui avait près de 50 centimètres de long. Ces Insectes ont vécu dans le nord des deux continents, mais les types Américains paraissent différents des types Européens, fait remarquable, s'il vient à être confirmé, comme indiquant la séparation très ancienne de la Néogée et la Paléogée. Les Blattes seules font exception sous ce rapport, et l'on sait combien ce type est cosmopolite à l'époque actuelle. Les véritables Coléoptères font leur apparition dans le Trias, les Diptères et Hymenoptères dans le Lias, les Lépidoptères, les derniers de tous, dans le Jurassique.

Les Coléoptères sont assez abondants dans les couches secondaires et tertiaires d'Europe : presque toutes les familles et même les genres actuels de cette région sont déjà représentés, de telle sorte que le faciès de la faune entomologique diffère à peine de celui qu'elle a aujourd'hui. On n'a pas encore trouvé une seule forme qui soit comparable, pour la taille, aux grands Lamellicornes et Longicornes qui vivent actuellement sous les tropiques. Ce fait est d'autant plus remarquable que nous avons vu qu'il n'en était pas de même à l'époque paléozoïque, dont la faune présente tant de formes éteintes et gigantesques: il contraste en outre avec ce que nous montrent la faune marine et la faune des vertébrés terrestres de cette époque qui renferment tant de types à faciès tropical. Il semble que l'évolution du type des Insectes était totalement terminée à l'époque tertiaire et que leurs principaux genres étaient déjà cantonnés dans les régions zoologiques qu'ils habitent aujourd'hui, ce qui donne beaucoup de poids à la classification de ces régions proposée par A. Murray[1]. La faune Miocène du Groënland indique un climat plus chaud que le climat actuel de la région arctique, mais cette faune ressemble à celle de l'Europe et ne nous en apprend pas davantage.

La faune entomologique de l'Europe tertiaire ne se distingue de la faune actuelle que par une plus grande extension vers le nord du *faciès Méditerranéen*, ce qui n'a pas lieu de surprendre si l'on se rappelle la condition *insulaire* des contrées de l'Europe moyenne à cette époque. — En résumé, d'après ce que nous en savons, il faut admettre que la distribution géographique des Insectes était, dès la fin de l'époque Mésozoïque, à peu de choses près ce qu'elle est aujourd'hui.

II

Les plus anciens Poissons que l'on connaisse seraient

---

1. Voyez chap. VII, p. 214. — Les genres de *Buprestidæ* exotiques décrits par Heer sont du Lias; les Coléoptères de Florissant (Amérique du Nord) ne sont pas encore décrits, mais il est bien probable que, s'il s'y était trouvé des formes très remarquables par leur taille ou leurs caractères, M. Scudder n'aurait pas attendu si longtemps pour les signaler.

des *Cyclostomes,* plus ou moins analogues à nos Lamproies, si les dents que l'on trouve dans le Cambrien des provinces russes de la Baltique, et que l'on désigne sous le nom de *Conodontes,* devaient, comme le pensent Rohon et Zittel, être réellement rapportées à des poissons. Quoi qu'il en soit, dans les couches suivantes, c'est-à-dire dans le Silurien supérieur, on trouve, sur les deux continents, des restes incontestables de Poissons. Tous sont cartilagineux. Les uns, représentés par des débris très incomplets, (*Onchus, Plectrodus*), ont été rapprochés des Squales ; les autres, beaucoup mieux connus, grâce à la cuirasse complète, comme celle des Crustacés, qui les couvrait, appartiennent à la sous-classe des Ganoïdes qui possède encore des représentants dans la faune actuelle. Ces poissons cuirassés (*Pterichthys, Cephalaspis*) sont éteints depuis longtemps, mais les Placodermes, dont le corps était couvert, en guise d'écailles, de fines plaquettes osseuses formant mosaïque, ont leurs proches parents dans les Lépidostées et les Amies de l'Amérique du Nord. Enfin les Poissons Dipnoïques (*Dipterus, Ceratodus*), qui commencent dans le Dévonien, ont également des représentants à l'époque actuelle. La classe des Poissons est donc une de celles qui se sont le moins modifiées : à part les types à cuirasse complète comme le *Pterichtys,* presque tous les autres types de sous-classes ou d'ordres connus à l'état fossile ont quelques représentants vivants, et réciproquement la plupart des types inférieurs (Ganoïdes, Dipnoïques), qui vivent encore dans certaines régions du globe, sont représentées à l'état fossile, en Europe, dans les couches paléozoïques ou mésozoïques.

Une autre remarque que l'on peut faire, c'est que ces types archaïques ne se trouvent plus actuellement que dans les eaux douces, bien qu'ils aient certainement commencé par être marins. C'est une nouvelle preuve à l'appui de ce que nous avons dit de la persistance et de l'ancienneté des faunes d'eau douce.

Tous les poissons paléozoïques que l'on connaît étaient très probablement marins. Les plus remarquables sont de gigantesques Requins (*Carcharodon*), dont la taille égalait ou surpassait celle des Plagiostomes de l'époque actuelle. Ce type des Requins a très peu varié, puisque des poissons du même genre et d'autres de la même famille vivent encore dans toutes les mers. Les Cestraciontes ou Squales à *dents en pavés* datent du Silurien, et le genre *Cestracion* vit encore dans le Pacifique.

Les Poissons osseux (*Téléostéens*), n'apparaissent pas avant le Permien, où ils sont encore fort rares (*Dorypterus*) et le Trias où ils sont représentés par des types voisins des Harengs (*Clupeidæ*), tels que les genres *Megalopterus, Leptolepis*. Mais les Ganoïdes et les Plagiostomes sont encore en majorité, jusqu'à la fin de l'époque Jurassique. Ce n'est qu'à partir du Crétacé que les Poissons osseux deviennent prépondérants, et c'est seulement à l'époque Éocène que les Ganoïdes disparaissent des mers d'Europe. Pendant le Tertiaire ces mers étaient habitées par une faune dont le faciès ressemble à celui des mers intertropicales de l'époque actuelle et où les Physostomes (*Siluridæ, Osteoglossidæ*), les Paryngognathes (*Labridæ*), les Acanthoptérygiens (*Carangidæ, Berycidæ, Acronuridæ,* etc.), sont représentés. Les *Trachinidæ*, aujourd'hui très rares dans l'hémisphère boréal (genre arctique *Trichodon*), habitaient le sud de l'Europe. La présence de récifs coralliens dans cette région explique celle des genres *Acanthurus* et *Naseus*, qui vivent encore dans le Pacifique.

Les types d'eau douce, précédés par une faune saumâtre remontant à l'époque Carbonifère, ne se montrent qu'assez tard, dans le Miocène inférieur du centre de l'Europe où l'on trouve les genres de *Cyprinidæ* actuels, *Leusciscus, Aspius, Rhodius,* etc. Dès le Miocène supérieur, la faune actuelle de la Méditerranée est à peu de chose près représentée dans le sud de l'Europe.

Nous ne savons rien, ou presque rien, des faunes

icthyologiques anciennes de l'hémisphère austral. Pour la faune de l'hémisphère boréal, voici les principaux faits géographiques qui sont à noter, outre ceux que nous avons déjà signalés.

Les divergences que l'on signale entre le Dévonien d'Europe et de l'Amérique du Nord peuvent tenir à la nature différente des dépôts, littoraux en Europe, de grands fonds en Amérique. Les Lépidostées et les Amies, abondants dans le Lias et le Jurassique d'Europe, se continuent dans le Crétacé et ont leurs derniers représentants dans l'Eocène (*Lepidosteus*), tandis que ce genre et les *Amiadæ* traversent toute l'époque tertiaire et vivent encore en Amérique. Les *Osteoglossidæ* qui, de même que les Dipnoïques, ne sont plus représentés que dans les fleuves des régions intertropicales, ont eu des représentants (*Dapedoglossus*) dans l'Eocène de l'Amérique du Nord. Les types de poissons d'eau douce confinés actuellement dans les régions intertropicales, les *Chromidœ* par exemple, ne sont pas connus, à l'état fossile, en dehors de ces régions. Enfin, d'après l'examen de ses poissons (*Cyprinidæ*), la faune des eaux douces d'Europe aurait une origine plus récente que celle de l'Amérique du Nord (*Lepidosteidæ*) et surtout que celle des régions tropicales (*Osteoglossidæ*, Dipnoïques).

Les *Amphibiens* ou Batraciens actuellement vivants sont en général de très petite taille. La grande Salamandre de la sous-région Mantchourienne (*Cryptobranchus*), d'un mètre de long, est le plus grand de tous. Ce type, au contraire, a joué un certain rôle au début de l'Europe Secondaire (*Trias*), car certains Labyrinthodontes de cette période atteignaient la taille des plus grands Crocodiles actuels. Les Anoures, si nombreux à l'époque actuelle, apparaissent presque subitement dans le Tertiaire, tandis que l'on retrouve les ancêtres des *Protées* et des *Cryptobranches* encore vivants dans les terrains crétacés d'Europe. Ce type des Amphibiens est donc manifestement en voie d'extinction. Si l'on considère, en outre, que des 650 espèces actuellement connues dans cette classe plus des deux tiers (480) habitent l'hémisphère austral, dont la paléontologie nous est presque totalement inconnue, on reconnaîtra que l'étude de la distribution géologique de ce type ne peut rien nous apprendre au point de vue qui nous occupe, au moins dans l'état actuel de la science.

Il en est de même, jusqu'à un certain point, des Reptiles et même des Oiseaux. Pour les Reptiles, tous ces types qui jouent un rôle prépondérant à l'époque Jurassique, où ils tiennent la place à la fois des Mammifères terrestres, des Oiseaux et des Cétacés (les Dinosauriens, les Anomodontes, Dicynodontes et Thériodontes, les Ptérosauriens et les Énaliosauriens), paraissent s'être éteints sans laisser de descendants directs. Les Tortues et les Crocodiles, qui en sont probablement des branches collatérales, se montrent dans le Trias, où ils sont exclusivement marins : les *Lacertiliens* (Sauriens et Ophidiens), si nombreux à l'époque actuelle, seraient plus anciens, car on peut les faire remonter au *Proterosaurus* permien ; mais ce type reste rare et toujours représenté par des types relativement de petite taille jusqu'à l'époque actuelle. Il en résulte que la paléontologie ne nous donne que très peu de renseignements pouvant être utilisés pour expliquer la distribution actuelle des Reptiles.

Les Chéloniens et les Crocodiliens sont déjà très variés dans le Crétacé et l'Éocène, plus variés probablement qu'à l'époque actuelle. Ainsi les trois types de Crocodiliens (Crocodile, Gavial, Alligator), dérivés des Crocodiles marins (*Mesosuchia*) jurassiques, se montrent côte à côte dans presque tous les gisements connus : on doit donc expliquer par des extinctions partielles la distribution actuelle de ce type. Il en est de même des Tortues. Les Sauriens Lacertiliens, au contraire, n'ont leur entier développement que dans le tertiaire et à l'époque actuelle : leurs débris sont trop rares dans ces couches modernes pour qu'on puisse en tirer des indices relativement à leur distribution géographique. Le seul fait à signaler, c'est la présence de formes de grande taille voisines des Varans (*Geosaurus giganteus*), dans le Crétacé d'Europe et de l'Amérique du Nord. Un fait beaucoup plus intéressant, c'est la présence des *Rhynchocephalia*, qui n'ont plus qu'un seul représentant vivant (*Hatteria*) à la Nouvelle-Zélande, dans les couches Triasiques d'Europe (*Hyperodapedon*), car elle assigne une très haute antiquité à certains éléments de la faune Néo-Zélandaise. — Les Ophidiens, plus récents que les Lacertiliens, dont ils se séparent seulement dans le Crétacé, n'ont leur entier développement qu'aux époques Tertiaires et actuelles. Les débris d'un Serpent, dont la taille devait égaler celle des Boas et des Pythons de l'époque actuelle (*Palæophis typhæus*), ont été trouvés dans les couches éocènes des environs de Londres, et le *Laophis crotaloïdes* de Grèce (plus de 3 m. de long), devait être un serpent venimeux voisin des Crotales.

Les Oiseaux de l'époque Tertiaire ne nous sont pas beaucoup mieux connus que les Lacertiliens, ce qui tient surtout à la petite taille de leurs os. Les faits les plus intéressants que nous présente cette classe se réduisent à ceci : beaucoup de types exotiques, actuellement confinés dans la zone intertropicale, ont vécu en Europe, notamment en France, à l'époque Tertiaire. — M. A. Milne Edwards a reconnu les affinités de ces oiseaux fossiles avec les Perroquets, les Couroucous (*Trogonidæ*), les Calaos (*Bucerotidæ*), les Salanganes, les Serpentaires, etc., types qui ne vivent plus en Europe, mais (fait à noter) appartiennent tous à la faune des régions chaudes de l'Ancien Continent. — Les oiseaux coureurs, incapables de voler, étaient plus nombreux et plus variés aux époques Tertiaire et Quartenaire que de nos jours, mais ils sont surtout abondants dans les couches les plus récentes de l'hémisphère Austral : les *Dinornis* et genres voisins à la Nouvelle-Zélande, l'*Æpyornis* à Madagascar, le *Dromornis* en Australie, etc.

L'Autruche (*Struthio camelus*) a vécu, à l'époque Pliocène, dans l'Inde avec une espèce de Casoar : la première a émigré vers le Sud, en Arabie et en Afrique.
Quant aux Casoars, qui vivent encore en Papouasie, il
est à supposer qu'ils ont eu autrefois plus d'extension
vers le Nord qu'à l'époque actuelle.

III.

L'histoire paléontologique des Mammifères présente
un intérêt beaucoup plus grand, sans doute parce qu'elle
nous est mieux connue dans ses traits principaux ;
les plus anciens Mammifères connus à l'état fossiles étaient des quadrupèdes de petite taille comparables à nos Rats et à nos Musaraignes, dont ils avaient
probablement l'apparence extérieure et les mœurs, mais
on a lieu de supposer qu'ils étaient Didelphes (marsupiaux) ou même ovipares (Cope), comme les Monotrèmes.
On les désigne d'une façon générale sous le nom d'*Amphithères*. Les plus anciens de ces animaux sont le *Micro-
lestes antiquus* du Trias d'Allemagne et le *Dromotherium
sylvestre* du Trias de l'Amérique du Nord. Pendant la
période Jurassique, d'autres types également de petite
taille s'adjoignent à ceux-ci : ce sont les *Plagiaulacidæ*
qui vivaient encore, en Europe, au début de la période
Éocène. Ces Mammifères ne sont comparables qu'aux
Didelphes australiens ; les types insectivores ressemblent
au *Mirmecobius* et aux *Dasyures* ; les types à incisives
de Rongeurs (*Plagiaulax*) rappellent les Potorous et les
Phalangers phytophages par la forme de leurs dents. On
en connaît actuellement de presque tous les points du
globe : d'Europe (*Plagiaulax*, *Neoplagiaulax*), de l'Amérique du Nord (*Ptilodus*, *Diplocynodon*, *Triconodon*),
de l'Amérique méridionale (*Abderites*, *Palæothentes*,
Microbiotherium), de l'Afrique australe (*Tritylodon*), et
de l'Australie, où ils vivent encore à l'époque actuelle,

après s'être éteints dans toutes les autres régions sauf dans la Région Néotropicale. Le genre *Peratherium,* si voisin des *Didelphydæ* américains, a vécu en Europe jusqu'aux époques Oligocène et Miocène, et dans l'Amérique du Nord cette famille ne disparaît du Pliocène que pour reparaître aux époques Quartenaire et actuelle. Ces Mammifères Mésozoïques, tous Didelphes et onguiculés, ont donc été cosmopolites : les plus grands n'atteignaient pas la taille d'une Marte ou d'un Chat domestique, mais leurs dents indiquent des habitudes carnivores. La durée de quelques-uns de ces types a été fort longue ; ainsi la famille des *Plagiaulacidæ* commence dans le Jurassique, traverse toute la période Crétacée et ne s'éteint en Europe que vers le milieu de l'époque Eocène.

Le début de l'époque Tertiaire a été le signal du grand développement de la classe des Mammifères. Les Ongulés, inconnus jusqu'alors, apparaissent pour la première fois, en même temps que des Carnivores monodelphes, plus puissants que les Didelphes de l'époque antérieure, et des Rongeurs plus ou moins semblables à ceux de l'époque actuelle. Chaque région a d'ailleurs sa faune, souvent différente, à la fois de celle des autres régions et de celle qu'elle possède à l'époque actuelle ; cependant la filiation des faunes tertiaires est aujourd'hui assez bien connue. Pour la comprendre il convient d'étudier chaque région en particulier.

La faune de l'Europe, ou de la Région Paléarctique en général, a été beaucoup plus riche à l'époque Tertiaire que de nos jours. Après les *Anoplotherium,* les *Palæotherium* et les *Lophiodon* éocènes, elle a possédé, dans le Miocène, des *Dinotherium,* des *Mastodontes,* des *Rhinocéros* et une foule d'autres Ongulés de moindre taille ; dans le Pliocène et le Quaternaire, enfin, des *Eléphants,* des *Hippopotames,* des *Tapirs,* des *Rhinocéros,* des *Chevaux* (*Hipparion*), des *Antilopes* et même des Girafes ou des animaux analogues (*Helladotherium*). Les Carnivores n'étaient pas moins variés : après les *Arctocyon* et les *Hyænodon* sont venus les *Amphicyon*, les *Hyænarctos*, les *Dinocyon*, les *Cephalogale* miocènes, puis les grands *Felidæ* (*Machairodus*), les *Hyènes* et les *Ours* des époques Pliocène et Quaternaire. Enfin les Lémuriens et les Singes eux-mêmes étaient représentés : les Lémuriens (*Adapis*) à l'époque Éocène, les Singes dans le Miocène et le Pliocène (*Macacus*, *Mesopithecus*), même par des Anthropomorphes (*Dryopithecus*). Comme on voit, c'est la faune actuelle de l'Afrique (Région Éthiopienne) : il semble que cette faune, très étendue vers le Nord à l'époque Tertiaire, ait émigré d'abord vers l'Orient, c'est-à-dire dans l'Inde, puis de là vers le Sud, en Afrique où elle vit encore. Certains types, comme le *Hyœmoschus*, qui n'ont pas variés depuis l'époque Miocène où ils vivaient en Europe et qui se retrouvent actuellement en Afrique, mettent cette migration en évidence.

On peut dire que la Région Paléarctique a vu, à l'époque Miocène, le grand développement des Proboscidiens et des Pachydermes. De même, à l'époque Pliocène, la Région Indienne (ou Orientale) a vu le grand développement des Ruminants : *Girafes* de types variés (*Sivatherium, Bramatherium*, etc.), *Antilopes, Bœufs*, puis *Cerfs*, abondent dans le gisement des Monts Siwaliks, avec des singes dont plusieurs (*Troglodytes, Cynocephalus*) se rattachent à des types africains : à la fin de l'époque Tertiaire ces types ont envahi le continent Africain, par l'Arabie, avec les Girafes et les Antilopes, tandis que les Cerfs restaient en Asie. Vers le milieu de l'époque Quaternaire, probablement après la principale époque glaciaire, se place une période très importante pour l'Europe, mais qui n'a été bien étudiée que dans ces derniers temps, grâce aux recherches de M. Gaudry et du Dr Nehring : c'est celle de la *vaste extension des Steppes Touraniennes*. Ces Steppes se sont étendues jusque dans le nord de l'Allemagne et de la France comme le prouve la présence, dans les couches de cette époque, de la Gerboise ou

Alactaga (*Dipus*), du Saïga, du Cheval sauvage et de l'Hemione (*Equus hemionus*), etc., tous animaux caractéristiques, à l'époque actuelle, des Steppes Asiatiques. Le Bœuf sauvage, l'Elan, le Lion ont vécu en Europe jusqu'à l'époque historique.

La faune tertiaire de la Région Néarctique diffère sous beaucoup de rapports de celle de l'Europe : elle a pourtant certains points de ressemblance. Les Ongulés de l'époque Eocène sont des *Amblypodes* (*Coryphodon, Dinoceras* ou *Uintatherium*), qui atteignent ici des proportions gigantesques et sont à peine représentés en Europe par deux ou trois espèces de *Coryphoron*. Puis viennent dans le Miocène les *Menodontidæ* non moins gigantesques (*Brontotherium*), qui n'ont en Europe et en Asie que des espèces de plus petite taille. D'ailleurs des Rhinocéros (*Hyrachyus, Anchisodon, Diceratherium*, etc.), se montrent de bonne heure sur ce continent comme en Europe : il en est de même des Tapirs et des Chevaux (*Anchiterium, Hipparion*), tandis que les Mastodontes ne font leur apparition que dans le Pliocène et les Eléphants dans le Quaternaire. Les Hippopotames manquent totalement, et les Cochons (*Suidæ*) y sont remplacés par une famille particulière (*Dicotylidæ*). Par contre, les Ruminants Tylopodes, c'est-à-dire les Chameaux et les Lamas (*Camelidæ*) se sont développés dans la Région Néarctique et n'ont émigré que très tard, les uns vers l'Asie Orientale où on les retrouve dans le Pliocène des Siwaliks, les autres vers l'Amérique du Sud en suivant la chaîne des Andes, à partir du moment où l'isthme se forma par le soulèvement de ces montagnes. L'extinction des Eléphants et surtout des Chevaux sur ce continent Américain où le second type, celui des *Equidæ*, a eu, dans le Pliocène, un grand développement, peut s'expliquer par les conditions particulières du sol qui, d'abord sec et résistant, a passé ensuite par une période d'humidité dont le Tapir et les Pécaris, seuls de tous les Ongulés de plaines, ont pu s'accommoder. Les Cerfs et les

Bœufs sont venus des régions Arctiques, par une émigration beaucoup plus récente.

Les Carnivores ont été représentés dans la région Néarctique par les analogues de ceux d'Europe : les Arctocyons par les *Mioclænus*, les Hyænodons par les *Oxyæna* et de véritables *Hyænodon* aux époques Éocène et Miocène ; puis sont venus des *Felidæ* non moins nombreux et non moins redoutables (*Nimravus, Dinictis, Smilodon*, etc.), et les *Felis atrox* et *F. imperialis* du Quaternaire sont les proches parents des Lions et des Tigres paléarctiques. Les Ours n'ont apparu qu'à la même époque, tandis que des Chiens (*Miacis, Temnocyon*) existaient déjà dans l'Éocène. Enfin, ce qui est bien remarquable, des Lémuriens plus ou moins analogues à ceux de la région Paléarctique ont existé pendant la période Éocène (*Lemuravus, Anaptomorphus, Indrodon*), ce qui indique une vaste extension de ce type. Quant aux Singes, ils sont très rares ou manquent complètement : le *Menotherium lemurinum* (*Laopithecus robustus*) est le seul type que l'on puisse rattacher avec doute aux Cébiens.

La première faune tertiaire de la Région Néotropicale est très différente de tout ce que nous avons vu jusqu'ici. C'est dans la sous-région Patagonienne qu'elle se montre à l'époque Éocène, et l'étude de ses éléments suffirait à elle seule pour démontrer l'existence, à la fin de l'époque Secondaire, de ce grand continent austral dont nous avons déjà plusieurs fois parlé. Ce sont les recherches récentes de MM. Ameghino et Moreno qui nous ont révélé toute l'importance de cette faune. A côté des Didelphes dont nous avons déjà parlé, elle possédait une grande quantité de Rongeurs dont beaucoup sont de grande taille. C'est la première fois que nous voyons les Rongeurs jouer un rôle aussi important : ils paraissent ici avoir tenu la place des Ongulés de l'hémisphère Nord, et ce fait explique pourquoi les Rongeurs sud-américains (*Caviidæ, Dasyproctidæ, Chinchillidæ*) sont encore à l'époque actuelle de très grande taille relativement au reste du groupe, et pourquoi les véritables Ongulés y font presque complètement défaut.

La faune Eocène de la Patagonie australe renferme, outre ces Rongeurs qui sont assez variés (*Caviidæ*, *Cercolabidæ*, *Echinomyidæ*, etc.), un type tout à fait spécial à cette région et qui se rapproche encore plus des Ongulés ; ce sont les Toxodontes (*Typotheridæ*, *Nesodontidæ*, etc.), qui atteignaient une très grande taille. Les Ongulés, bien que plus rares, ne font pas complètement défaut (*Astrapotheridæ*, *Macrauchenidæ*, *Proterotheridæ*, ces derniers se rapprochant des Paléotheridés). Enfin les Edentés, presque aussi nombreux que les Rongeurs, montrent que ce pays était déjà, comme à l'époque actuelle, la véritable patrie de ces animaux. Les Gravigrades sont déjà représentés par les genres *Schismotherium*, *Hapalops*, *Nematherium*, etc., les Glyptodontes à cuirasse de tortue par *Hoplophorus*, les vrais Tatous par *Eutatus*, *Euphractus*, etc. — Les Carnivores ne sont pas assez puissants pour empêcher le développement de ces grands herbivores, mais sont pourtant représentés, non seulement par des Didelphes (*Plagiaulacidæ*), mais encore par des Carnivores (*Creodontes*) de plus grande taille : *Cladosictis*, *Borhyæna*, *Anatherium*, *Acrocyon*, etc., et même des Chiens (*Canis paranensis*).

Aux époques Miocène et Pliocène cette faune s'étend davantage vers le Nord : les Toxodontes et les Edentés de grande taille en sont les principaux représentants (*Toxodon*, *Typotherium*, — *Megatherium*, *Megalonyx*, *Mylodon*, — *Glyptodon*, *Hoplophorus*, *Chlamydotherium*). Tous ces types de taille gigantesque se sont éteints brusquement pendant l'époque Quaternaire, et ne sont plus représentés que par les Edentés de petite taille qui vivent encore dans le même pays. Les grands Carnivores paraissent fort rares dans le Miocène et le Pliocène, mais avec le Quaternaire ils font irruption dans l'Amérique du Sud (*Smilodon neogæus*) avec les Eléphants (*Mastodon Andium*), les Chevaux et les Lamas, venant également du Nord ; c'est alors aussi que les Singes se montrent pour la première fois (*Protopithecus*), avec les caractères qu'ils présentent encore dans cette même région. Par contre, les Éléphants et les Chevaux n'y auront qu'une existence éphémère, tandis que les Lamas y trouvent dans la chaîne des Andes les conditions favorables à leur genre de vie.

L'Afrique australe (Région Éthiopienne), après avoir possédé une faune Triasique fort remarquable par ses Reptiles (*Theriodontia, Anomodontia*) et ses Mammifères du groupe des Amphithères (*Tritylodon, Theriodesmus*), ne semble pas avoir eu de faune terrestre tertiaire, car sa population Mammalogique actuelle, à peu d'exceptions près, est venue d'Asie ou du sud de l'Europe, à la fin du Pliocène. Peut-être l'île de Madagascar, encore si peu connue au point de vue paléontologique, nous en apprendra-t-elle davantage.

Quant à l'Australie, qui semble, comme l'Afrique, un continent de formation récente, sa faune quaternaire seule nous est connue. Cette faune ne diffère de la faune actuelle que par la présence de types de grande taille se rattachant aux Didelphes qui y vivent encore à l'époque actuelle ; les uns herbivores (*Diprotodon, Nototherium*) comme les Kangourous, les autres omnivores, ou peut-être carnivores, comme le *Thylacoleo carnifex*. Enfin des Monotrèmes d'assez grande taille (*Echidna Ramsayi*), y vivaient à la même époque. Tout cela indique que la faune actuelle de l'Australie remonte pour le moins au commencement de l'époque tertiaire, et n'a varié que par suite de l'extinction des types remarquables que nous venons de signaler. — On ignore si la Nouvelle-Zélande possède des couches tertiaires non marines, et par conséquent nous ne savons pas si sa faune mammalogique a jamais été plus riche qu'à l'époque actuelle.

Telle est, dans ses grands traits, la distribution des Mammifères à l'époque Tertiaire. On voit que les Didelphes, qui vivent encore en Australie et dans l'Amérique du Sud, étaient plus variés encore dans ces deux régions aux époques antérieures : en outre, ces mêmes Didelphes ont vécu dans le nord des deux Continents, jusque vers le milieu de la période Eocène, époque où le développement des Carnivores placentaires a probablement été la cause de leur disparition. Les Ongulés du type des Pachydermes se sont développés sur les deux Continents, bien que certains types aient la prépondérance tantôt sur l'un, tantôt sur l'autre : les Proboscidiens, par exemple, sur l'Ancien Continent où ils vivent encore ; de même les Hippopotames et les types voisins des Cochons (*Suidæ*) ont été remplacés dans l'Amérique du Nord par les *Dinoceratidæ*, les *Brontotheridæ*, les *Dicotylidæ*, etc. Les Tylopodes (Chameaux) ont eu leur centre de dispersion dans la Région Néarctique et les Ruminants à cornes creuses (*Bovidæ, Antilopidæ, Giraffidæ*), en Asie. L'Amérique Australe a été le centre de dispersion des Rongeurs subongulés et des Edentés, qui ont pénétré, plus ou moins partiellement, sur l'Ancien Continent, dans les régions Ethiopienne et Orientale. Les Lémuriens, enfin, qui semblent avoir actuellement le centre de leur habitat à Madagascar, ont habité, à l'époque Eocène, le nord des deux Continents. Des échanges nombreux et réciproques, dans le courant de la période tertiaire, échanges dont on peut suivre, avec un peu d'attention, la trace à travers les couches géologiques, se sont effectués peu à peu entre les différentes régions que nous venons de passer en revue, et ont constitué d'éléments divers les faunes de l'époque actuelle.

IV.

Ainsi la Paléontologie nous montre que les grandes lois de la Géographie Zoologique s'appliquent aux faunes anciennes comme aux faunes modernes. Presque aucun type n'a coexisté simultanément dans toutes les régions du globe, et ce sont les types de plus grande taille qui ont eu l'habitat le plus restreint et la durée la plus éphémère. C'est ce qui explique pourquoi tant de types d'invertébrés terrestres (Insectes, Mollusques) sont actuellement cosmopolites : leur antiquité géologique et leur petite taille sont la double raison de cette ubiquité et de cette survivance. Dans un grand nombre de cas on constate des extinctions locales qui suffisent à expliquer la distribution géographique de tel ou tel groupe ; il en est ainsi notamment pour les Mammifères, plus abondants à l'époque Tertiaire que de nos jours. Les grandes divisions du globe en *Paléogée* et *Néogée,* en *Arctogée* et *Notogée,* sont confirmées par ce que nous révèle la Paléontologie des origines des faunes actuelles. Toutefois le contraste entre la Notogée et l'Arctogée reste toujours plus marqué qu'entre la Néogée et la Paléogée, au point qu'on serait tenté d'admettre que la Néogée se confond avec la Notogée et n'a de raison d'être que par les caractères qu'elle emprunte à celle-ci.

Dans l'esquisse rapide de géographie paléontologique que nous venons de faire passer sous les yeux du lecteur, on est frappé de ce fait que la plupart des documents (les neuf dixièmes au moins), proviennent de l'hémisphèrs boréal. Cependant les rares gisements de l'hémisphère austral qui nous sont actuellement connus présentent un intérêt énorme, et jettent une lumière nouvelle sur l'histoire du développement des êtres. Telles sont les couches quaternaires de la Nouvelle-Zélande, de Madagascar et des îles Mascareignes si riches en Oiseaux de grande taille et privés du pouvoir de voler ; les couches tertiaires de la Patagonie australe avec leurs grands Rongeurs et leurs Édentés ; enfin les couches triasiques de l'Afrique Australe avec leurs singuliers Reptiles présentant déjà des caractères que l'on retrouve chez les Mammifères inférieurs (*Galesaurus, Theriodesmus*). Tous les naturalistes qui se sont occupés des faunes fossiles et actuelles de l'hémisphère austral, M. A. Milne Edwards en étudiant la faune des Mascareignes et celle de la région Antarctique, MM. Ameghino et Moreno dans leurs recherches sur la faune tertiaire de la Patagonie, M. Hutton enfin dans ses investigations sur les origines de la faune de la Nouvelle-Zélande, sont arrivés à cette conviction qu'ils n'avaient sous les yeux que des fragments d'une faune indiquant l'existence ancienne d'une grande étendue continentale dans l'hémisphère antarctique. Les documents géologiques que l'on possède à ce sujet permettent de faire coïncider l'ère du plus grand développement de ce continent antarctique avec la période Crétacée, époque où, de l'avis de tous les paléontologistes[1], se place une véritable lacune dans l'évolution des êtres, quand on étudie cette évolution dans l'hémisphère boréal. Il semble que la faune terrestre de cette époque ait dû chercher un refuge sur le continent antarctique, alors que la mer envahissait presque complètement l'hémisphère boréal. En rapprochant tous ces faits, en nous appuyant sur l'opinion des naturalistes illustres que nous venons de citer, nous sommes en droit de dire que c'est surtout l'exploration géologique des régions australes, actuellement accessibles aux paléontologistes, qui peut jeter le plus de lumières sur les points encore obscurs de la Géographie Zoologique.

1. Voyez chap. II, p. 51.

FIN

NOTE

SUR LE CHIEN SAUVAGE (*Canis dingo*) D'AUSTRALIE ET L'ORI-
GINE DE LA FAUNE DE MAMMIFÈRES PLACENTAIRES TERRESTRES
DU MÊME PAYS.

La plupart des naturalistes ont admis, jusque dans ces
derniers temps, comme nous l'avons dit (p. 132, 191),
que le Chien Dingo de la Nouvelle-Hollande avait
été importé sur ce continent par l'homme à l'état domestique, les chiens sauvages que l'on rencontre communément en Australie étant considérés comme les descendants *redevenus sauvages,* de cet animal domestique. —
Les recherches toutes récentes de Mac Coy et de Nehring
(*Zur Abstammung der Hunde-Rassen* dans *Zoologische
Jahrbücher*, Band. III, p. 51), viennent infirmer cette
manière de voir et changent complètement l'aspect de la
question. Des débris fossiles du *Canis Dingo* ont été
trouvés par Mac Coy dans les couches *pliocènes* et quaternaires de la colonie de Victoria, tandis qu'il n'existe
aucune trace de l'existence de l'homme à la même époque
sur le continent australien. De son côté, Nehring dé-
montre, par une comparaison attentive, que les caractères
du prétendu « Chien sauvage » d'Australie sont ceux
d'un *véritable Loup* et non d'un chien *redevenu* sauvage.
Il faut donc admettre que le Dingo a précédé l'homme
en Australie et n'a été domestiqué par ce dernier qu'à une
époque beaucoup plus récente. Le *Canis dingo* se rapproche d'ailleurs par ses caractères du *Canis pallipes* ou
Loup de l'Inde, et le « Chien sauvage » de Sumatra
décrit, en 1822, par Hardwicke a été considéré plus
récemment par Gray comme une variété du Dingo

(*Canis dingo sumatrensis*). — En rapprochant tous ces faits, on est amené à conclure que le Loup d'Australie ou *Canis dingo* a dû venir de son propre mouvement et par une route continentale reliant, à un certain moment de la période pliocène, la région Australienne (Australie et Nouvelle-Guinée) aux îles Malaises et même à la presqu'île de Malacca, c'est-à-dire au continent asiatique. Dans cette migration vers le Sud, le Dingo suivait probablement les Rongeurs placentaires qui vivent encore en Australie (*Hapalotis, Hydromys, Echiothrix, Uromys*, etc.), et la présence d'un Eléphant (*Notelephas australis*, Owen), dont les débris se trouvent dans le quaternaire du Queensland, peut s'expliquer par une migration du même genre. Dans tous les cas, la pauvreté de cette faune de Mammifères placentaires indiquerait que cette jonction continentale a été de courte durée.

TABLE ALPHABÉTIQUE

FIN DE LA TABLE ALPHABÉTIQUE.

Chartres. — Imprimerie Durand, rue Fulbert.

LES ANCÊTRES DE NOS ANIMAUX

DANS LES TEMPS GÉOLOGIQUES

Par Albert GAUDRY

Professeur au Muséum d'histoire naturelle, membre de l'Institut.

1 vol. in-16 de 320 pages, avec 49 figures............. 3 fr. 50

M. Albert Gaudry, après avoir exposé, dans de savantes monographies, les résultats de ses belles recherches sur les animaux fossiles découverts par lui à Pikermi et à Mont-Leberon. a eu l'heureuse pensée de présenter, sous une forme moins technique et plus attrayante, ses idées si originales et si élevées sur les enchaînements du monde animal : il nous fait assister au spectacle de la nature pendant les âges géologiques ; il nous montre les grands mammifères éteints qui peuplaient les paysages primitifs, et qui, transformés par une lente évolution, sont devenus nos commensaux et nos serviteurs.

L'HOMME AVANT L'HISTOIRE

Par Charles DEBIERRE

Professeur agrégé à la Faculté de médecine de Lyon.

1 vol. in-16 de 304 pages, avec 84 figures ...... 3 fr. 50

Table des matières. — I. Le berceau de l'humanité. — II. Classification. — III. L'homme tertiaire. — IV. L'homme quaternaire, âge de la pierre taillée. — V. Age de la pierre polie. — VI. Les races humaines néolithiques. — VII. Ages du bronze et du fer, ou âges métalliques. — VIII. Ancienneté de l'homme. — IX. L'homme autochtone en Europe occidentale et les immigrations orientales. — X. Portrait des populations primitives. — XI. Nature et origine de l'homme. — XII. Chemin parcouru par l'humanité des âges géologiques aux âges actuels.

LIBRAIRIE J.-B. BAILLIÈRE ET FILS

BLANCHARD (E.). — *Les poissons des eaux douces de la France.* 1880, 1 vol. gr. in-8 de 800 pages, avec 151 fig. et 32 planches hors texte. . . 16 fr.

BREHM. — *Les merveilles de la nature : l'homme et les animaux.* Description populaire des races humaines et du règne animal. Caractères, mœurs, instincts, habitudes et régime, chasses, combats, captivité, domesticité, acclimatation, usage et produits, 9 vol. in-8 de chacun 800 p. avec 6000 fig. et 176 pl. sur papier teinté. . . . . **99 fr.**

    Chaque volume séparément broché . . . . **11 fr.**

    Les Races humaines et les Mammifères, 2 vol. — Les Oiseaux, 2 vol. — Les Reptiles et les Batraciens, 1 vol. — Les Poissons et les Crustacés, 1 vol. — Les Insectes, 2 vol. — Les Vers, les Mollusques, 1 vol.

BROCCHI (P.). — *Traité de zoologie agricole et industrielle* comprenant la pisciculture, l'ostréiculture, l'apiculture et la sériciculture, 1886. 1 vol. gr. in-8 de 984 pages, avec 603 figures, cartonné. . . . . 18 fr.

CARUS (V.). — *Histoire de la zoologie,* depuis l'antiquité jusqu'au xix⁰ siècle. 1880, 1 vol. in-8 de 623 pages . . . . 10 fr.

FOLIN (marquis de). — *Sous les mers.* Campagnes d'explorations du *Travailleur* et du *Talisman.* 1887, 1 vol. in-16 de 340 pages avec 45 figures. . . 3 fr.

FREDERICQ (L.). — *La lutte pour l'existence* chez quelques animaux marins. 1889, 1 vol. in-16 de 287 pages avec fig . . . . 3 fr. 50

GADEAU DE KERVILLE (H.). — *Les végétaux et les animaux lumineux.* 1 vol. in-16, avec 50 fig. . . . . 3 fr. 50

GIROD (Paul). — *Manipulation de zoologie.* Guide pour les travaux d'histologie animale. 1879-1881, 2 vol. gr. in-8 comprenant chacun 120 pages, avec 25 pl. Prix de chaque. . . . . 10 fr.

HOUSSAY (Fréd.). — *Les industries des animaux.* 1 vol. in-16. . . 3 fr. 50

HUXLEY (Th.). — *Les sciences naturelles* et les problèmes qu'elles font surgir. In 18 jésus de 501 pages . . . . 3 fr. 50

JOURDAN (Ét.). — *Les sens chez les animaux inférieurs.* 1 vol. in-16, avec 50 fig. . . . . 3 fr. 50

LOCARD (Arnould). — *Les huîtres et les mollusques comestibles,* moules, praires, clovisses, escargots, etc. 1890, 1 vol. in-16 de 400 pages avec fig. . 3 fr. 50

MONIEZ (L.). — *Les parasites de l'homme* (animaux et végétaux). 1889, 1 vol. in-16 de 307 pages avec fig. . . . . 3 fr. 50

MONTILLOT (Louis). — *L'amateur d'insectes,* caractères et mœurs des insectes, chasse, préparation et conservation des collections. 1 vol. de 360 pages, avec 197 figures, cartonné . . . . **4 fr.**

MOQUIN-TANDON. — *Histoire naturelle des mollusques terrestres et fluviatiles de France.* 2 vol. gr. in-8 de 450 p. avec atlas de 54 planches. Fig. noires. **42 fr.**

PERRIER (Ed.). — *Le transformisme.* 1888, 1 vol. in-16 de 320 p. avec 100 fig. (*Bibliothèque scientifique contemporaine*). . . . . 3 fr. 50

SICARD (H.). — *Eléments de zoologie,* par Henri Sicard, professeur à la Faculté des sciences de Lyon. 1883, in-8 de xvi-842 p. avec 758 fig., cart. . 20 fr.

CHARTRES. IMPRIMERIE DURAND, RUE FULBERT.